全国职业院校文化素质教育课程推荐教材

职业道德与成就自我

Professional Ethics and Self-achievement

主　编◎刘　静
副主编◎周春水　　主　审◎陈国梁

2015年·北京

图书在版编目(CIP)数据

职业道德与成就自我/刘静主编.—北京：商务印书馆，2015
ISBN 978-7-100-10877-5

I.①职… Ⅱ.①刘… Ⅲ.①职业道德—教材 Ⅳ.①B822.9

中国版本图书馆 CIP 数据核字（2014）第 269711 号

所有权利保留。
未经许可,不得以任何方式使用。

职业道德与成就自我
刘静 主编

商 务 印 书 馆 出 版
（北京王府井大街36号 邮政编码100710）
商 务 印 书 馆 发 行
北京市松源印刷有限公司印刷
ISBN 978-7-100-10877-5

2015年5月第1版	开本 787×1092 1/16
2015年5月北京第1次印刷	印张 14 1/2

定价：30.00元

序

《左传》有云:"太上有立德,其次有立功,其次有立言;虽久不废,此之谓不朽。"(《左传·襄公二十四年》)两千多年来,左丘明的这段话为中国人明确了人生成就的最高标准,就是:立德、立功、立言,史称"三不朽"。"立德"是就做人而言,以德为本,德立天下。"立功"是就做事而言,勤工勉力,建功立业。"立言"是就治学而言,著书立说,言志求是。三者之中"立德"为首,"立德"是"立功"、"立言"的德性保证。

两千多年后,德国古典哲学家伊曼努尔·康德在他著名的《实践理性批判》一书中道出了和《左传》相似的话:"德性是有限的实践理性所能得到的最高的东西。"这里的"实践理性"是"人"的同义语,因此这句名言也可以理解为:"德性是人所能得到的最高的东西。"

可以说,"德"是人之为人的根本,对德的追求是做人的最高目标,古今中外概莫能外。

中国自古以来重视道德教化,德育是中国教育思想的核心内容,德业并进是对人的根本要求。《礼记·大学》有云:"大学之道,在明明德,在亲民,在止于至善。"《周易·乾卦》曰:"君子进德修业。"《十八大报告》论及教育时更明确提出:"要把立德树人作为教育的根本任务。"

德不配位,必有灾殃;能不配位,必有损害。当前国家大力推进教育改革,把发展现代职业教育作为强国战略,以"培养数以亿计的高素质劳动者和技术技能人才"(《国务院关于加快发展现代职业教育的决定》)。职业教育要针砭时弊,紧密契合社会需要,在强化学生动手能力培养的同时,大力加强和创新学生的品德修养教育,特别是职业道德、职业操守的养成教育。

近年来,深圳职业技术学院坚持以立德树人为根本任务,以高度的文化自觉、教育自觉、创新自觉,系统推进"文化育人、复合育人、协同育人"改革;以"德业并进、学思并举、脑手并用"为要求,积极探索新形势下高职院校人才培养的新理念、新方法和新路径,取得了一系列可喜成果。《职业道德与成就自我》就是我校从事思想政治理论课教育教学的教师们与时俱进、深入思考和辛勤探索的结晶。

本书以立德树人为导向，以生命成长为主线，以职业道德的内涵要求、培养实施为核心，以个人品德修养和优秀传统文化为内蕴，以名言名著、案例分析、思考讨论、延伸阅读、生命感悟与职业实践等为载体和路径，形式活泼，材料新颖，特色突出，富有感染力，改变了一般教科书的说教面孔。特别是全书贯穿着职业道德与职业技能相结合、做人与做事相结合的教育理念，充分体现了"德业并进，自强不息"的校本精神和时代要求。

期待本书对改革创新职业院校思想政治教育发挥积极而重要的探索引领作用，期待职业教育在教育实践的基础上博采众长，不断完善提升。

是为序。

刘洪一　博士　教授　博士生导师
教育部职业院校文化素质教育指导委员会主任委员
深圳职业技术学院党委书记　校长
2014年11月6日

目　录

第一章　人生与道德 … 001
第一节　人　生 … 004
　一、我是谁 … 005
　二、人生价值与个体生命的意义 … 006
　三、个人、家庭与社会 … 010
第二节　道　德 … 011
　一、伦理和伦理学 … 011
　二、道　德 … 012
　三、从道德修养看人的素质 … 015
　四、道德评价 … 016
　五、道德的社会作用 … 018
　六、为什么要成为有道德的人 … 019

第二章　职业与职业道德 … 029
第一节　职　业 … 030
　一、什么是职业 … 030
　二、职业的产生和演变 … 031
　三、职业的分类 … 032
　四、职业对于个人意味着什么 … 034
　五、认真选择自己所要从事的职业 … 035
第二节　职业道德 … 036
　一、职业道德的含义 … 036
　二、职业道德的特征 … 038
　三、社会主义职业道德 … 039
　四、职业道德对职业、人生、社会的意义 … 039
　五、职业道德规范 … 042

第三章　职业道德的基本要求 …… 052

第一节　爱岗敬业，最可贵的职业品质 …… 054
一、爱岗敬业是最可贵的职业品质 …… 054
二、爱岗敬业助你明确职业方向 …… 055
三、让爱岗敬业成为一种习惯 …… 056

第二节　诚实守信，做人做事最基本的品质 …… 058
一、诚实守信是做人的基本原则 …… 058
二、诚实守信是职业道德的立足点 …… 059
三、诚实守信是企业之命，员工之魂 …… 062

第三节　办事公道，做事的原则 …… 065
一、办事公道是人际交往的基本准则 …… 065
二、办事公道可以获得持续发展 …… 066
三、办事公道从"坚持"做起 …… 067

第四节　服务群众，对他人生命的关怀 …… 069
一、服务群众是履行岗位责任的必然要求 …… 070
二、服务群众是个人与企业发展的起点 …… 070
三、服务群众是对群众最好的回报 …… 071

第五节　奉献社会，实现职业的社会责任 …… 073
一、奉献社会是职业道德的最高要求 …… 074
二、奉献社会是人生的最高境界 …… 074
三、奉献社会升华职业道德 …… 075

第四章　职业道德的特殊要求 …… 079

第一节　医务人员职业道德规范 …… 080
一、中国传统医德 …… 081
二、医乃仁术——中国现代医学职业道德 …… 083

第二节　工程人员职业道德规范 …… 088
一、工程与工程师 …… 088
二、工程人员与道德 …… 089
三、工程造福人类——工程人员职业道德的基本要求 …… 090

第三节　财会人员职业道德规范 …… 096
一、会计职业道德的形成与发展 …… 097
二、会计职业道德要求 …… 099

第四节　商业服务业人员职业道德规范 …… 106
　　一、商业服务业人员职业道德的重要性 …… 106
　　二、商业服务业人员基本职业道德 …… 107

第五章　职业道德修养的途径与方法 …… 134
第一节　学思并重：职业道德修养的前提基础 …… 136
　　一、"学"是"思"的前提和基础，"思"离不开"学" …… 137
　　二、"思"是"学"的升华和提高，"学"也离不开"思" …… 139
　　三、"学"与"思"是辩证统一的关系，要"学""思"并重 …… 140
第二节　慎独自律：职业道德修养的价值核心 …… 146
　　一、如何理解慎独自律 …… 147
　　二、如何才能做到并坚持慎独自律 …… 149
第三节　榜样感召：职业道德修养的力量源泉 …… 152
　　一、榜样感召是传统文化中重要的教育方法和修养方法 …… 152
　　二、榜样感召在职业道德修养中的作用 …… 153
第四节　躬行践履：职业道德修养的实践精神 …… 160
　　一、躬行践履是一种实践精神 …… 160
　　二、躬行践履是职业道德修养的起点和终点 …… 162

第六章　职业道德与个人修养 …… 169
第一节　职业道德与个人修养 …… 171
　　一、何谓个人修养 …… 172
　　二、修养对于个人的意义 …… 173
　　三、个人修养的内容 …… 175
　　四、个人修养是职业道德的基础 …… 177
　　五、不断提升个人修养是树立良好职业道德的有效途径 …… 179
第二节　个人修养与传统文化 …… 184
　　一、何谓传统文化 …… 185
　　二、传统文化为提升个人修养提供了丰富的养分 …… 187
　　三、个人修养是事业有成的关键 …… 190
第三节　融会贯通，增长职场智慧 …… 195
　　一、己所不欲，勿施于人：职场生涯在于从己心处人事 …… 197
　　二、仁者爱人：职场最根本的道德智慧 …… 199

三、执事敬：做事的首要原则 …………………………………… 201

四、人无信不立：职场生存与发展不可或缺的品质 …………… 204

五、行己有耻：职场有所为有所不为 …………………………… 207

主要参考文献 ………………………………………………………… 219

后　　记 …………………………………………………………… 221

第一章 人生与道德

人生的道路虽然漫长，但紧要处常常只有几步，特别是当人年轻的时候。

没有一个人的生活道路是笔直的、没有岔道的，有些岔道口，譬如政治上的岔道口，事业上的岔道口，个人生活上的岔道口，你走错一步，可以影响人生的一个时期，也可以影响一生。

——柳青

学习目标：

人活在世界上并不是毫无意义的，人与人之间互相构成一定的利益关系，正是在这种关系中的取与舍决定了一个人的精神高度和品格优劣。学习本章，通过对人生和道德及其相互关系的认识，要求掌握以下几方面主要内容：

1. 对社会中"我"的个体存在的思考，明确自我意识的概念；
2. 正确理解人生、价值的概念，深入领会生命意义的内涵；
3. 学会对个人、家庭和社会三者的关系做出合理分析，为自己的人生坐标找到一个明确的社会定位；
4. 对伦理、伦理学、道德等概念范畴形成基本认知，为人生思考提供必要的理论准备；
5. 懂得道德修养是人的素质的重要体现，学会合理做出道德评价；
6. 了解道德的社会作用，增强道德修养自觉性，立志成为有道德的人。

导入案例：

工人的楷模　时代的呼唤[①]
——记上海电气集团首席技师李斌

他初中毕业后进入上海液压泵厂技工学校学习，毕业后分别在上海液压泵厂二车间和斜轴车间任工人、工段长。在十余年间，他曾多次荣获国家和上海市的最高

---

① 资料来源：http://www.sh.xinhuanet.com/misc/2007-09/05/content_11058350.htm；http://www.jc35.com/News/Detail/2424.html；http://news.sina.com.cn/c/2007-08-15/181113670856.shtml.

荣誉称号：1992荣获上海市劳动模范称号；1994年荣获机械工业部劳动模范称号；1995年荣获上海市劳动模范称号和上海首届十大工人发明家称号；1996年荣获全国"五一劳动奖章"和全国杰出青年岗位能手称号；1997年荣获全国十大杰出青年称号、中国青年五四奖章；1997年当选上海市第七次党代会代表；1998年当选上海市第十一届人代会代表；2002年当选中国共产党第十六次全国代表大会代表；2009年作为敬业奉献的代表荣膺全国道德模范称号；2011年他的攻关成果获得国家科学技术进步二等奖……

他的名字叫李斌。他以自己的经历告诉我们：一个初中毕业生，是如何成长为具有工程师和高级技师职称的机械行业数控技术应用专家的。

"让我试一试"

"让我试一试"是李斌的口头禅。

1980年，刚从技校毕业到液压泵厂二车间当学徒工的李斌，看到铣床的师傅以较低的转速加工高精度零件，李斌突然对师傅说："让我试一试，把加工转速提高一档，是不是也可以保证加工精度。"恰巧这位师傅要出去开会，李斌代他操作只用慢速加工了一个零件，加工第二个零件时提高了一挡转速，结果加工出了完全符合精度要求的零件。第一次"让我试一试"让李斌获益匪浅。

1986年8月，李斌远赴瑞士公司学习培训。一天快下班的时候，有一批复杂零件必须马上加工，而瑞士公司的技术人员都不在，机床编程调试无法进行，急得车间负责人犹如热锅上的蚂蚁。这时李斌从人群中站了出来，他以自信的语调说："让我试一试。"在充满疑惑的目光的注视下，李斌从容地拿过图纸，一番计算，一阵书写，不一会儿就编制出生产工艺，接着制订数控程序，随后准备刀具，按动电钮，输入程序，四大技术要素一气呵成。随着一阵隆隆的机器声，零件加工开始了。

当车间负责人拿到经过测试合格的零件时，满脸兴奋，对李斌的高超技术深表钦佩。"让我试一试"使李斌成为这家外国公司第一个中国工人调试员。公司希望李斌留下来发展，并向李斌当时所在单位提出以一台市值人民币一百多万元的数控机床作为交换条件，厂领导坚定地回绝了。李斌深知中国企业高技能人才奇缺，企业需要自己，因此毫不犹豫地回到了祖国的怀抱。

就这样，一次又一次的"让我试一试"让李斌不断迈向新境界，为企业带来巨大经济效益。数年间，李斌在自己的工作岗位上完成数控机床的各种系列刀具设计，制造196把替代进口刀具，节约外汇22万美金；制造改进各种工装夹具105付，节约工装制造费115万元；以技术革新和技术攻关为企业提高生产效率8倍以上，直接创造经济效益近2000万元；他还承接多项国家重点工程加工任务，创造经济效益近3000万元。

创新靠的是"充电"

勇于尝试和创新需要勇气，但更需要充分的知识积累。从技工到大专生，再到本科毕业生，李斌通过不断"充电"，实现了工作、学习的双丰收。

1982年，李斌进入上海电视大学学习，1985年大专毕业。对于一个普通工人，这也许就意味着学习的结束，而李斌却把自己比喻成徜徉于学海中的一叶扁舟，仍孜孜不倦地进行着知识积累。

1998年，李斌重新回到上海第二工业大学，开始"专升本"的艰苦求学过程。李斌努力做到不让学习拖工作的后腿，企业生产任务繁忙，他总是不辞劳苦地驾驶着助动车从上海的西南角赶到西北角上学。他工作忙，社会活动比较多，课程却一点也没有落下。1998年12月，在北京参加"中华技能颁奖大会"时，他随身带着书本和笔记，坚持学习。

"梅花香自苦寒来"，经过刻苦努力，李斌取得了骄人的成绩：高等数学90分；积分变换98分；机械设计98分……2001年，李斌的毕业设计获得优等，圆满完成学业。

谈判桌上的车间工人

上海液压泵厂有一条不成文的规定：购置数控机床的谈判，都要请李斌出场，他是谈判桌上唯一的普通工人。

1996年7月，上海液压泵厂好不容易筹措到一笔资金，打算购进一台数控机床。在设备选定后的商务谈判一开始，外方就把数控机床附件列成分项目进行报价，并把数控机床本身固化的程序也作了价，开口就是120多万元。这时，平时从不与他人争执，甚至与陌生人讲话都会脸红的李斌却显得十分老练。"这不是明摆着要敲我们一笔吗？"李斌站起身，摊开准备好的资料，对数控解锁程序逐项分析，阐述自己的观点。"按惯例机床固有程序不应再次记价，我有能力打开这些程序。"李斌如此熟悉数控机床令外方大吃一惊。"你是否用过我公司的机床，或得到过机床的设计资料？"外方发问了。厂长和参加会谈的我方人员都笑着说："他是我厂的专家，是一位车间工人。"外方人员深深为李斌高超的技能所折服，在一阵讨价还价之后，外方终于做出让步，答应签订一份给予液压泵厂的特殊优惠合同。

判"死刑"的机床被他救活了

李斌常说，学习、钻研和实践，使其心胸豁然开朗。肯吃别人不愿吃的苦，肯学别人不愿学的技术，肯动别人不愿动的脑筋，肯牺牲别人不肯牺牲的休息时间，这些都是李斌成才的催化剂。

2002年7月，厂方从日本购进一台"玛扎克"数控机床，设备进厂后才发现还需要追加十多万元另购配件。"怎样使设备早日投产？如何能为企业省下这笔钱？"成为李斌的"心病"。他废寝忘食地一头扎进工作中去，白天围着机床测量部件、安装调试，晚上则挑灯夜战，查阅资料、修改图稿。经过反复试验，各种所需部件的设计制造终于圆满完成，设备很快投入正常生产，加工出大批优质零件。

李斌没有将新学的知识作为增加自己身价的筹码，而是将它转化为实际能力，在工作岗位上实现自身实实在在的价值，努力为企业创造效益，成为名副其实的专家型工人。他把从课堂里、外国劳务中学到的知识，以及多年来积累的经验，都用在了开发数控机床加工功能、研制各种刀具磨具扩大生产和节约资金上，为企业生产服务。

一台几乎被判了"死刑"的"TNS-42"机床，被李斌救活了！厂里1993年购买的一台设备，没用几年就出现了刀盘破裂、精度不准、系统不稳定等毛病，向多家维修单位咨询，均被告知无法修复。李斌遂向厂领导主动请战，带领年轻同志，利用下班后和休息日进行加工，凭着丰富经验和顽强毅力，不断摸索，做出新的刀盘，修复了系统，使机床恢复正常运转。修复后的机床加工精度比原来高，加工的零件质量非常稳定。

十多年来，面对荣誉和鲜花，李斌始终坚守一线生产岗位，始终保持一个普通劳动者的本色。为了带动更多的人，1996年李斌小组成立。李斌和他所带领的小组不断为企业创造出巨大经济效益，赢得了许许多多的荣誉。

李斌曾说过，"学知识、学技能，仅仅是我的第一步追求，用知识和技能搞创新，为企业和国家创造更大效益，才是我的最终追求"。在他看来，"一个人的价值在于有所作为，乐于奉献，特别是要帮助更多的人成才"。

为了培养更多"李斌"，发扬光大"李斌精神"，上海电气集团于2003年成立了以李斌名字命名的技师学院，还命名了"李斌班组"，建立了"李斌师徒网站"，积极推广"李斌班组工作四法"，大力开展岗位练兵活动。

第一节 人 生

人生是什么？谁都可以就此发表一些各自的见解，但谁的答案都难以让别人甚至让自己完全信服，更不用说让所有人相信。在路遥的中篇小说《人生》发表和获奖之后，许多人就把他当成掌握人生奥妙的导师，纷纷写信向他求教："人应该怎样生活？"还有一些遭受挫折的失意青年，规定他必须赶在几月几日之前回信开导他们，否则就要死给他看，令其哭笑不得。虽然我们不能说路遥已经掌握了人生真谛的"金钥匙"，但却不能怀疑他具有自己对于人生的深刻理解。他曾自白道："只有在无比沉重的劳动中，人才会活得更为充实。这是我的基本人生观点。"①

也许正因为每一个人所处的环境不同，个性不同，有其特殊性，人生问题并不存在唯一正确的解答，所以我们也就不能企望获得前人以生命成就的固定样板，而必须努力创造自我的人生，并以实际行动做出回应。这说明人生具有探索的性质。那么，我们是否能够寻找到一些人生参照呢？这是肯定的。我们可以从前人的榜样中获得教益，也可以借理论照亮善与恶、美与丑的分野，从而增强前行的自信。

一、我是谁

金庸笔下的欧阳锋面向漠漠荒野高喊着："我是谁？"那是发了疯的表征，但这绝不仅仅是疯子的无稽妄语。从20世纪80年代开始，"我是我自己的，谁也没有干涉我的权利"此类要求个性解放的呼声越来越高，至今未有止步的迹象，渴望人的自我实现成为这个时代的一个重要追求。对个体生命价值、权利的确认，对个人欲望与利益的肯定和保护，无疑具有积极的社会意义。然而，脱离了社会的普遍关系，符号化地以时尚为特征的自我追求难免陷入偏执的误区。"我是谁"这一问题虽然得到了凸显，但大多数青年对问题的回答却依然缺乏应有的自信。

爱因斯坦曾经忧心忡忡地指出："在我们的教育中，往往只是为着实用和实际的目的，过分强调单纯智育的态度，已经直接导致对伦理价值的损害。我想得比较多的还不是技术进步使人类所直接面临的危险，而是'务实'的思想习惯所造成的人类相互体谅的窒息，这种思想习惯好像致命的严霜一样压在人类的关系之上。"②今天，这种情形有增无减，金钱价值观表现出各种极端的色彩并大肆流行，致使许多原本善良的人们也开始对美好的、高尚的东西敬而远之，一些丑陋的东西趁机披金戴银地粉墨登场。面对复杂的现实社会，假如我们不能多领会一些人生道理，就难保不让人生偏离正确方向，从而迷失自我。

欲对"自我"有明确自觉，对"我是谁"这个问题，我们有必要先反躬自问。

古希腊的苏格拉底建立起一种融贯认识论和道德哲学为一体的人的哲学，而且将这种思想归结为镌刻在德尔斐神庙墙上的"认识你自己"这句箴言，那就是指"人必须先考察自己作为人的用处如何，能力如何，才能算是认识自己"。所谓

---

① 路遥文集（第5卷）[M].北京：人民文学出版社，2005：247.
② 爱因斯坦文集（增补本）（第3卷）[M].北京：商务印书馆，2009：339—340.

"认识你自己"也就是苏格拉底最重视的、作为人的本性的一种美德"自制",即要有自知之明,能实现自己的智慧本性①。在苏格拉底那里,节制包含着三重含义:一是指理智健全、稳健,同理智不平衡、愚妄而无自知之明、看问题偏狭等相反的意思;二是指谦和、仁慈、人道,尤其指少者对长者、位卑者对位尊者的谦恭态度;三是指对欲望的自我约束和控制,也正是在这重意义上才可称为节制②。

"他(苏格拉底)第一次使道德生活的精神明确诞生出来,并使其成为道德努力的核心。诚然,这种对自我的认识经历了比苏格拉底所预想的更为曲折和痛苦的道路。在两千多年的科学历程中,人不得不通过自然而迂回曲折地发现自身,而且尚未完全回到他自身——他似乎很多次迷失在外部世界的荒野之中。"③美国著名教育家杜威的这番论述不无道理,人们要完全解开"我是谁"之谜,并不容易。虽然存在自我揭示的困难,但人类未曾放弃过努力。譬如佛教,它一方面要求人去除我执,另一方面又要求人舍弃虚妄的物欲贪求,其实质也是想通过这种放下的努力,使人清醒地看到自我的本真。要想知道"我是谁",对自己有一个明确的心理认知,并不是简单地靠奇装异服和语言的大胆出位之类的特立独行、与众不同就可以实现的,"我"之寻求只能在道德回归的路上逐步发掘出正果。

二、人生价值与个体生命的意义

"动物和自己的生命活动是直接同一的。动物不把自己同自己的生命活动区别开来。它就是自己的生命活动。人则使自己的生命活动本身变成自己意志的和自己意识的对象。他具有有意识的生命活动。这不是人与之直接融为一体的那种规定性。有意识的生命活动把人同动物的生命活动直接区别开来。"④人与动物分道扬镳,一个明确的标志就是人能够对自己提出自己生命活动的意义和价值这样的问题。

亚里士多德认为,人是理性的动物。笛卡儿保持了他本人坚持的二元论立场,认为人不只是一个有机物的整体,而是心灵和肉体这两个不相容成分的混合。尽管两个人的观点存在差异,但也不难发现亚里士多德和笛卡儿都把具有理性作为人的本质特征。在这个意义上,人类被用作"人"(person)的同义词,被看作优于非人的动物,对生活、自由具有不可剥夺权利的存在物。当代道德哲学倾向于把人同人类区别开来,认为前者是自我意识的存在,后者是指"有理智的人"(Homo

---

① 汪子嵩,范明生,陈村富,姚介厚.希腊哲学史(第2卷)[M].北京:人民出版社,1993:375.
② 参看《希英大辞典》的sophrosyne条目.[英]A. E. 泰勒.柏拉图其人及其著作[M].50—51.
③ 杜威全集·早期著作(1882–1898)(第3卷)[M].上海:华东师范大学出版社,2010:331.
④ 马克思恩格斯选集(第1卷)[M].北京:人民出版社,2012:56.

sapiens）这一物种中的一员。运用这一区分，我们就可以问"我"、"自我"、"人类"、"人"、"个体"之类的概念在内容和使用上有何不同。①

诚如马克思所言："人的本质不是单个人所固有的抽象物，在其现实性上，它是一切社会关系的总和。"②人从本质上说是社会关系的总和，社会性是首位的，但人又总是逻辑先在地以个体的形式存在，而后与其他个体发生各种相互作用的联系。"人是特殊的个体，并且正是人的特殊性使人成为个体，成为现实的、单个的社会存在物。"③

正是作为个体的存在，才可能提出作为个体存在的人的人生和生命意义等问题。

谈到人生，事实上是对人生观的理性思考和关照。何谓人生观？其实它所指向的是人们对人生根本观点的总和。之所以是总和，是因为它既包括概念抽象的内容，也意味着人生的观点涉及诸多不同方面的内容，譬如一个人对于人生目的、意义的认识和对人生的态度等，必须是通过他所持有的生死观、苦乐观、公私观、义利观、荣辱观、幸福观等具体体现出来的。人们在社会实践中的生活境遇、文化素养、所处地位和所受教育的不同，都会促使不同的人形成不一样的人生观。我们大致可以将不同的人生观归纳为享乐主义、禁欲主义、乐观主义、悲观主义、幸福主义和共产主义等类型。

共产主义的人生观以辩证唯物主义和历史唯物主义的观点看待人生，以共产主义道德作为行为准则。在社会主义制度下，要坚持社会利益、集体利益高于个人利益的集体主义精神，坚持以主人翁态度和实事求是的科学态度对待人生，把全心全意为人民服务作为人生的最大价值，把实现共产主义作为人生的最高理想，因而是科学的、革命的人生观。共产主义的人生观通俗地说，正体现了"人人为我，我为人人"的道德原则。它表明个人利益和他人利益、个人利益和社会集体利益在本质上是一致的，每个人在为他人和集体服务的同时，也是在为自己尽力，个人只有为他人和集体服务，才能更好地实现自己的价值和利益。

换句话讲，人生观的追求实际上是提升人生境界的努力。冯友兰先生把人生意义由低到高区分为自然、功利、道德、天地四种"人生境界"。自然境界中的人，只是顺习而行，完全受本能支配；功利境界中的人，在利益驱动下追逐自己财产的增加，发展自己的事业或增进自己的荣誉；道德境界中的人，以"义"为生命追求的主要内容，所作所为能为社会作贡献，以尽职尽伦为目的；天地境界中的人，"知人不但是社会的全的一部分，而并且是宇宙的全的一部分。不但对于社会，人

---

① ［英］布宁，余纪元编著. 西方哲学英汉对照辞典［Z］. 北京：人民出版社，2001：447.
② 马克思恩格斯选集［M］. 北京：人民出版社，2012：139.
③ 马克思恩格斯文集（第1卷）［M］. 北京：人民出版社，2009：188.

应有贡献；即对于宇宙，人亦应有贡献。人不但应在社会中，堂堂地做一个人；亦应于宇宙间，堂堂地做一个人"①。在冯友兰看来，前两种境界只是"自然的礼物"，而后两种境界则是"精神的创造"，必须经过特别的修养功夫，渐次达到"贤人"和"圣人"的高度。值得注意的是，冯先生所言的道德境界，有别于我们平时用来指人们在日常生活、工作、学习和待人接物过程中，凭借已经形成的道德观念分析处理"公"、"私"关系时表现出来的，体现个人道德水平层次高低的"道德境界"。前者只是境界区分中的一个层面，包含于后者当中。

人生观帮助我们理解和回答"人为什么活着"，"应当如何度过自己的一生"等生存的基本问题。人生观决定着人的不同理想和奋斗目标，对人们的生活道路的选择起着决定性作用，并对人们的道德行为和道德品质的形成具有重大影响。树立正确的人生观需要通过虚心学习自觉培养。

实际上，离开价值，是无法深入讨论人生问题的。人生问题最核心的部分就是人在世界上生存的意义。那么价值又是什么呢？先从贬义的"废物"一词着手，我们不难发现对应于价值内涵的一些线索。废物一方面用于指物，意味着被我们指为废物的就是那些没用或用处很少的东西，与政治经济学中的"使用价值"概念相关；另一方面用于喻人，什么样的人是废物？通常指涉那些既不能满足自己的需要，又不能对他人和社会有益的人。把两个方面综合起来看，无论是指物还是喻人，两者共同否定的都是有用性、"用处"，它与"价值"的内涵最为接近。

关于商品的使用价值和价值二因素的区分是马克思主义政治经济学的一个基本特征。价值（value）源自拉丁词valere，意为"值得的"、"有力量的"。初时，它主要出现在经济学中。这个概念也可以追溯到古希腊苏格拉底和柏拉图等人关于善的理念。"价值"一词与"善的"或"值得"有着相同的应用范围，实际上被用作"善"在哲学上的同义词。

在19世纪，德国哲学家诸如新康德主义者、叔本华、尼采扩展了价值的意义，把它用作一个重要的哲学概念。由于在现代哲学中对事实与价值的区分、"应该是什么"和"是什么"的区分的承认，它的使用变得日益广泛，发展出了关于价值一般性研究的理论——价值论。

一般而言，价值意味着那使某件东西或某个人成为值得欲求的、有用的或成为兴趣的目标的性质。价值也被看作是主体的主观欣赏或是主体投射进入客体的东西。在此意义上，"价值"等同于"被判定为有价值"。由此看来，同一对象对不同的个体、群体及国家有不同的价值。然而，对于是否存在客观价值，即与主体的偏好无关的价值，还存在争议。如果说存在客观价值，则需要进一步追问：在什么意

---

① 冯友兰. 三松堂全集（第4卷）[M].郑州：河南人民出版社，2001：500.

义上、在什么方面它是客观的。

价值可划分为不同类型。最通行的一种是把价值分为内在价值、内含价值和外在的或工具价值。工具价值本身不是善的，但就其作为某种目的的工具而言又可以是善的，正如我们说科学是一把双刃剑，就有此类意思。内在价值是作为目的或其本身就是善的。内含价值是我们把某物看作是可欲求的东西的基础。

18世纪法国启蒙思想家冲破神学束缚，以人性反对神性，以人权反对神权，提出"天赋人权"说，坚持人的权利不是神赐的，人生而自由、平等，自由、平等、追求幸福是人的本性。

幸福（Eudaimonia）在希腊语中的意思是"人的兴旺"，它是由eu（好）和daimon（神灵）组成，字面意义为"有一个好的神灵眷顾"（或"吉星高照"），是人类最高的善。英文一般把它译成happiness。这并不十分确切。因为幸福经常等同于快乐和我们情感性质的满足。这只是希腊词Eudaimonia的部分含义。在哲学上，Eudaimonia有另外一方面更为重要的含义，即我们作为主动存在物的本性的满足。在此意义上，它在希腊文中等同于"活得好"或"做得好"。由于"Eudaimonia"不是暂时的现象，而是涉及人的整个一生的状态，它也被译作"福祉"。许多希腊哲学家，包括柏拉图、亚里士多德和伊壁鸠鲁，都认为"Eudaimonia"乃是最值得过的生活状态。

"凡物各由其道而得其德，即是凡物皆有其自然之性。苟顺其自然之性，则幸福当下即是，不须外求"①。因此，在冯友兰先生看来，"一般人皆不问人生之何所为而自然而然的生。其所以如此，正因其生这目的即是生故耳"②。冯先生的这种理解具有超然的意味，却不能完全令人放下心来不去寻索人生的意味。

多数人愿意接受这样一种观点："若一个人问自己'我应做什么或者说应以什么为目标'，对他来说最重要的都是考察他的伙伴们对问题会类似做出何种回答。"③但是，当我们的伙伴的生活经验和认识水平与我们自身都不相上下的时候，也许从更广泛的他人的生活经验中获取思索的材料是个好主意。正因为如此，"近朱者赤，近墨者黑"的辐射效应也就不难于理解了。要想在不同的价值选择中做出比较合理的判断，自觉地从理论上深化自己的认识，提高自己理性思考的能力是极其有益的。

其实，作为个体其生命的意义也就是对于人生价值的认同。一个人觉得自己的存在既能够满足自己物质和精神生活的需要，又能尽可能地为别人和社会提供帮助，那么这种人生就是有意义的，或者说是值得去过的生活。

---

① 冯友兰.三松堂全集（第2卷）[M].郑州：河南人民出版社，2001：56.
② 同上，212.
③ [英]西季威克.伦理学方法[M].北京：中国社会科学出版社，1993：26.

三、个人、家庭与社会

我们不能否认人作为个体存在的价值，但又不能将个体与家庭、社会分割开来。人的价值和生命意义不能只是自己一个人的物质需要的满足，它必定与家庭和社会的集体价值的实现存在难以割裂的关系。就譬如我们听到一个获得荣誉和奖金的高水平运动员曾在面对媒体的赛后感言中称自己的努力是为了报答父母，虽然受到了社会舆论的质疑、批评，但毫无疑义地这确实充分反映了家庭对于个人价值实现的重要意义。更有报道称，有一个跳楼轻生的年青工人，在遗书中写着这样的话：如果跳楼获得的赔偿能够为父母减轻生活的负担，就不至于被人说是毫无用处的了。当然，这是一个不该发生的悲剧。但从这种极端的事例中，突出反映了个人对于价值实现的渴望和个人价值与家庭利益之间的密切联系。我们日常谈论人生幸福，都毫无例外地是站在家庭的立场上而非单纯个人的角度，可见家庭对于个人的特殊重要性。

"人类的善或好生活（well-being）的完整概念必须既包括获得幸福（happiness），又包括履行义务。"①在这一看法中，已经呈现出个人利益与家庭和社会整体利益之间的关系。德谟克利特提出"人是一个世界"，亚里士多德则认为"人天生是社会动物"，也显示了个人与社会是既相区别又相联系的。每一个人都既作为个人存在，有着自身区别于他人的个体特征，但每一个人又毫无例外地都来自家庭，归属于某一社会群体。

经历了"我"与"我们"、个人与集体的多次重心转移或位置互换，如今，人们又开始呼吁"回到人的个体性与群体性、'我'与'我们'的辩证统一上来，即在两者的'张力'中，既矛盾冲突、相互制约，又相互补充、妥协，在调整中，获得人性的健全发展"②。在人与社会的关系中，出现了"我们中的我，我中的我们"这样一种崭新思维，这是人的特殊本性所决定的。特别是在今天，随着信息时代的来临和网络文化的发展，人们对于个人主义膨胀、见死不救的冷漠已经深感悲哀和不安，对于营私牟利、完全弃道义和责任于不顾的种种缺德行径的愤慨，都表达了对于个人"义务"的强烈要求。

"我们中的我"，强调我们（群体）的发展，要以"我"（每一个具体的个体生命）的自由和发展为基础、出发点和旨归。社会发展的成果必须为社会的每一个成员共同享用，必须落实为每一个"我"的发展。这其实就是马克思、恩格斯在《共产党宣言》里早已确立的理想和原则：我们要建设的是"这样一个联合体，在那里，每

---

① ［英］西季威克.伦理学方法［M］.北京：中国社会科学出版社，1993：27.
② 钱理群.致青年朋友——钱理群演讲、书信集［M］.北京：中国长安出版社，2008：76.

个人的自由发展是一切人的自由发展的条件"①。

"我中的我们",强调"我"的"个体生命"是一种"大生命",是包容"我们"的,这就是鲁迅的生命体验,"无穷的远方,无数的人们,都和我有关",所谓"心事浩渺连广宇",整个国家、民族、世界、人类、宇宙的生命都和"我"有关,"我"的生命的独立、自由,是和"我们"所有的生命的独立、自由息息相关的,只要有一个生命不独立、不自由,"我"就是不独立、不自由的,也就是说,只有在"我们"的共同发展中才会有"我"的真正的个人发展。个体生命的意义和价值应该在对"我"和"我们"的双重承担中去实现。

可见,存在着两种不同的理念:一是提倡"个体生命本位",以每一个具体的人的个体生命的发展为目标;二是倡导具有自我和社会"责任感"、"承担意识"的个体生命的健全发展。两种理念最主要的区别在于是从个人出发,还是从社会出发,最终都需要互为条件。

第二节 道 德

"在完备的道德行动中,幸福和正当一定是不可分离的。"②只从个人的角度考虑,也许能得到一时的快乐,却不可能追求到真实的幸福;只从功利的角度考虑,不坚守道德的底线的追求也将与真正的幸福无缘。幸福只能是道德地选择的结果。

一、伦理和伦理学

《礼记·乐记》中记载,"凡音者,生于人心者也;乐者,通伦理者也"。东汉郑玄注"伦犹类也;理,分也"。唐代孔颖达疏"阴阳万物稳中有各有伦类分理者也"。显而易见,"伦理"早期被用以指音乐的条理。后来,伦理逐步被用来比喻父子、君臣、夫妇、长幼、朋友等各类等级尊卑关系及与其相应的道德规范和行为准则。所以,西汉时期的贾谊就倡导"以礼义伦理教训人民"③。当然,在我们日常生活的使用中,随着思想的丰富发展和语言在实际应用中的变化,"伦"和"理"各自具有了分别的意义,"伦"通常指人的长幼、尊卑"秩序"的含义,而"理"则包含"道理"、"规范"、"准则"的意思;"伦"、"理"两者合在一起使用,则表示社会上人与人之间应当遵循的行为规范及其义理。

---

① 马克思恩格斯文集(第2卷)[M].北京:人民出版社,2009:53.
② 杜威全集·早期著作(1882—1898)(第3卷)[M].上海:华东师范大学出版社,2010:325.
③ 王洲明,徐超校注.贾谊集校注[M].北京:人民文学出版社,1996:212.

"伦理学"一词在希腊文中为 êthikos，字面的意思是关涉 êthos（希腊词，意为"品格"）的，而后者又与 ethos（社会习俗、习惯）相关。西塞罗用 moralis 这一拉丁词来译希腊词 êthikos。Moralis 的字面意思是与 mores（拉丁词，意为"品格"、"作风"、"风俗"、"习惯"）相关的某种东西。因此，在西语词源学上，"伦理学"和"道德"（"道德学"）在意思上是相同的。

二、道　德

老子的《道德经》开篇即有"道可道，非常道；名可名，非常名"的经典语句。这句抽象晦涩的话，两千多年来引出人们许多不同的理解，其核心是关于"道"之所指为何。一般地讲，老子之"道"被视为具有创造生化能力的宇宙本体。

"道"最初指行走的道路，引申之后，也用来指事物运动、发展及其变化的规律和规则。最早由春秋时代的子产提出，在《左传·昭公十八年》中有"天道远，人道迩，非所及也"的论述。"天道"指自然运行规律，"人道"指做人的最高准则。《老子·二十五章》中指出："有物混成，先天地生，寂兮寥兮，独立而不改，周行而不殆，可以为天下母，吾不知其名，字之曰道。"相较而言，孔子更加重视道的伦理意义，他在《论语·述而》中强调君子要"志于道，据于德，依于仁，游于艺"。《易传·系辞》则运用对立统一的辩证思想，深化对"道"的理解，所谓"一阴一阳之谓道"、"形而上者谓之道，形而下者谓之器"。总的说来，在中国古代思想中表现出来的"道"，都具有规律和本体的意义，概括了整体的自然与社会个人之间的相互关联。它可能是自然运行的规律、原则，又可能是人生追求理想应当遵循的守则、规范。

在中国思想史上，自古"德"就作为人的品格和行为表现，成为体现中华文明最重要的范畴之一。《左传·文公元年》有载："忠，德之正也；信，德之固也；卑让，德之基也。"《左传·文公十八年》进一步区分善与恶在"德"上的不同表现，指出"孝、敬、忠、信为吉德，盗、贼、藏、奸为凶德"，此处"德"指人的品性，但不只限于好的和积极的方面。后来，"德"更多用来指与善相关的正面积极的内涵，"德"即美德。同时，"德"与"道"开始联结使用，用来指一般的、普遍的道在具体的、特殊的个体呈现方面的功用。譬如《管子·心术上》就说："德者，道之舍……德者得也，得也者，谓其所谓得以然也"，《韩非子·解老》言"道有积而德有功，德者道之功"。

"德"可解释为"得"，所谓"德者，得也"。人们认识了"道"，内得于己，外施于人，即为"德"。这也就是说，对于有德之人，做人做事都要有益于他人，使别人有所"得"，而且自己也从中得到收获。

"道德实同而名异。……无所不在之谓道，自其所得之谓德。道者，人之所共由；德者，人之所自得也。"①天地万物所以生之总原理，即名之为"道"；各物个体所以生之原理，即名之为"德"。总原理表现于万物个体之中。用现代的语言表述，"道"就是规律，它体现在万物的生发演化之中。

那么，今天我们所说的道德又是什么呢？

道德（morality）以善恶评价为标准，是依靠社会舆论、传统习惯和内心信念的力量来调整人们之间相互关系的行为原则和规范的总和②。它是受社会经济基础决定的上层建筑的社会意识形态之一。

在中国，"道德"一词始见于《荀子·劝学篇》："夫是之谓道德之极，礼之敬文也，乐之中和也，诗书之博也，春秋之微也，在天地之间者毕矣。"③

在伦理思想史上，有关道德的起源和发展有两种比较典型的观点。一是神意说，认为道德起源于上帝或天的意旨。在西方，古希腊的柏拉图认为道德是神把"善的理念"安放到人们的灵魂中的结果。封建宗教的"天启论"是这种观点的典型代表。在中国，西汉董仲舒认为"王道之三纲，可求于天。天不变，道亦不变"。宋代程朱理学则把抽象的宇宙精神本体"天理"作为"善"的本原。二是人性说，其中又有两种不同的看法。（1）认为人生来就有同情心、道德感和先验的理性。"性善论"者先验地认为，人心所固有的"恻隐"、"羞恶"、"辞让"、"是非"之心，为仁、义、礼、智"四端"。宋明理学家认为"性即理"，"心即理"，在人性和人心中具有先验的至善天理。哥尼斯堡的老人康德提出，人生来就有一种"善良意志"，这种先验的意志就是道德的根源。（2）将道德的起源归结为人的感觉和欲望，认为人具有趋乐避苦的本能，使人感到快乐的行为就是善的，感到痛苦的行为就是恶的。西方近代唯物主义思想家霍布斯、爱尔维修、费尔巴哈等人认为，道德就是人的自然本性的表现。所有这些观点，都把道德视为超越具体社会历史条件的、永恒的、绝对的现象，未能真正揭示道德起源及其发展。

马克思主义的唯物史观认为，"物质生活的生产方式制约着整个社会生活、政治生活和精神生活的过程。不是人们的意识决定人们的存在，相反，是人们的社会存在决定人们的意识"④。一定的生产方式产生一定的道德关系和对道德生活的客观要求，人们具体的社会存在差异决定人们会有不同的道德意识和道德实践。这两者

---

① 焦竑.老子翼卷七引，渐西村舍刊本，页三十八；转引自冯友兰全集（第2卷）[M].郑州：河南人民出版社，2001：56.
② 金炳华等编.哲学大辞典（修订本）[Z].上海：上海辞书出版社，2001：221.
③ 熊公哲.荀子今注今译[M].台北：商务印书馆，1977：8.
④ 马克思恩格斯选集（第2卷）[M].北京：人民出版社，2012：2.

通过种种途径形成人们的内心信念和各种道德规范，并转化为人们的道德理想，制约和引导人们的行为。这表明，道德并不是飘荡在空中的纯粹精神，而是受物质条件影响和规定了的行动及其要求。

伦理学和道德都可以指体现在文化和历史传统中的、支配人们的品格和行为的社会规则。不同的社会有不同的道德，同一个社会在不同的时期有不同的道德，或在同一时期存在着相冲突的道德，但所有伦理和道德的最重要的目标都是为了保持社会和谐。

伦理学和道德也指研究这些社会规则归属于哲学的一个学科分支。这一部分哲学要回答"一个人应该怎样生活"或"一个人应该如何行动"这类问题。在这一用法上，伦理学也可称为"伦理理论"，道德学也可称为"道德哲学"或"道德理论"。它还可以进一步被划分为"元伦理学"、"规范伦理学"、"应用伦理学"等。元伦理学研究道德语言和诸如正当、职责、义务、德性、价值、自由等主要的道德术语；规范伦理学确立人们应当遵循的道德原则和规则；应用伦理学则主要是应用道德规则去解决不同社会领域中所产生的实践问题，如经济伦理学、工程伦理学、生命伦理学等。

我们注意到，从20世纪中叶开始，有一种把伦理与道德区分开来的倾向。"道德"（因此还有道德理论）被限定于指诸如"功利主义"和"道义论"这样的现代伦理理论，它们不仅力图融合不同的道德规则成为一个连贯一致的体系，而且也力图确立一套可运用于所有社会的普遍性规则。它是与对职责或义务的强调，对职责的严格要求和对他人的非工具性的善的公正关怀紧密相关的。"伦理学"则用来指亚里士多德主义式的研究方式，即强调作为主体的德性构成，而不是他的行为，关心主体的幸福而不是他的职责或义务。

道德是一种具体的历史范畴，随着社会生产方式的变化，形成不同的道德历史类型。在原始社会，它以风俗、习惯的形式存在。随着社会分工的形成和发展，它逐渐成为一种独立的社会意识形态。进入阶级社会之后，相继出现过奴隶社会道德、封建社会道德和资本主义社会道德三种类型的阶级道德。在社会主义社会，作为绝大多数社会成员的道德规范是社会主义道德，在社会先进分子中还体现了共产主义道德。我们也必须警惕，封建社会道德和资产阶级道德的影响仍不同程度地同时存在着，少数人接受甚至将它们作为自己的行为准则。这就要求我们通过认真学习，不断提高认识水平和道德修养，勇于批评和自我批评，自觉防范错误思想的渗透和影响。

道德是人类社会的特殊现象之一，是人与人之间伦理关系的表现。它包含客观和主观两方面内容。客观方面是指一定的社会对社会成员的要求，包括道德关系、道德理想、道德标准、道德原则和规范等，它贯穿于社会生活的各个方面，如社会公共生活准则、婚姻家庭道德、职业道德等；主观方面是指个人的道德实践，包括道德意识、道德判断、道德信念、道德情感、道德意志、道德行为和道德品质等。道德属于上层建筑，是经济基础的反映，经济基础对道德起决定作用。

道德具有相对独立性，主要表现在两个方面：一是它对社会经济基础具有能动的反作用，同法律、宗教等其他上层建筑的社会意识形态一起影响着各种社会生活，特别是它直接影响社会精神文明的发展，并通过这种影响对社会物质文明的发展产生作用。二是它有自己的历史延续性或继承性，有自己的特殊发展规律，不会随着产生它的经济基础的消失而自动消失。每一个社会都需要保护和提倡与其政治制度相适应的道德，反对和抵制与其社会制度相抵触的道德。在阶级社会中，阶级的差别、对立和斗争贯穿于整个社会生活，因此不同阶级具有不同的阶级道德。即使是体现社会一般道德的社会公德，在一定程度上也会受到阶级道德的影响。

道德的主要社会职能是通过确定一定的善恶标准和行为准则，来约束人们的相互关系和个人行为，从而调节社会关系。在日常生活中，人们要评价别人和自己的言行就必须要有一个标准和尺度，道德就是一个这样的尺度。事实上，道德的核心是不同人之间的利益关系。我们说一个人缺德，就是表明此人损害了他人的利益；一个人高尚，是因为他甚至是牺牲了自己的利益而为他人增添了福祉。我们常常谈到道德底线，而这条底线应该怎么划？我们说这条底线正是以不损害别人的利益作为最基本的行为要求的。道德要求我们不做损人利己的坏事，更不做损人不利己的傻事。

三、从道德修养看人的素质

人的素质与其说要以道德为镜，不如说要以他的实际行动为镜，当然是要从他的实际行动的道德表现来反映他的真实素质水平。人的素质包括多个方面，提倡素质教育主要强调必须克服唯知识论，必须通过培养受教育者的学习态度，提高他们的学习能力，促进他们德智体美全面发展。一个人全面的素质既包含做事的素质，具体体现为身体素质、学习态度、学习能力、实践和创造能力、审美能力等，又包含做人的素质，具体体现在道德修养水平的高低上。

道德修养是人才素质观中的决定性要素。一个人有道德却无知识，至多是为社会所做的贡献小；但一个有知识没道德的人，却可能给社会造成极大的危害。果真如此，就将导向"知识越多越反动"的结局。因此北宋史学家司马光有言，"才者，德之资也；德者，才之帅也"①，就强调了这方面的意思，德才兼备是一个社会对于人才的必然要求。从当前就业的实际情况来看，我们不难发现，许多用人单位更加重视应聘者的道德素质。对于他们来说，一个缺乏道德的人，可能给企业和单位带来的损害无法估量，而一个有良好道德修养的人，即使存在知识技能等方面的不足，但通过在岗培训这些问题仍可以逐步解决，其对于用人单位的贡献前景是可预计的。通过对两者的权衡比较，你会选用哪种人才呢？做一个合理的判断和决定并不困难。

"知识无非是我们的兴趣主动关注的事物，以及我们的意志积极指向的目标。我们知道我们最迫切地想要知道的是什么东西。知道，或者不知道，这不是一个同人的道德性质无关的单纯的事情。它在本质上是一个道德的事情。"②目前社会上还存在着能力本位的消极影响，对此我们应该有清醒的认识。作为学习者，我们不能仅仅把眼光停留在知识与技能的掌握上，更应该在学习过程中提高道德认知水平，形成良好的行为习惯，才能满足社会对于人才的实际需要，促进自己人生价值的实现。

道德修养既是个人自觉地将一定社会的道德要求转变为个人道德品质的内在过程，又是个人在道德上的自我锤炼、自我改造以及由此达到的道德水平和境界。所以，我们考察一个人的素质不仅要看他现在处于什么样的水平，同时要站在辩证的立场上用发展的眼光看他主观努力的方向和程度。

四、道德评价

道德评价就是人们依据一定社会或阶级的道德标准对他人或自己的行为进行善恶、荣辱、正当与不正当等道德价值的评判，明确表示肯定或否定、赞成或反对的倾向性态度。道德评价可以是对他人的行为进行判断，也包括对自己的行为进行判断，所以可分为社会道德评价和自我道德评价两种类型。社会道德评价是行为主体之外的个人或组织通过各种形式的社会舆论，对行为者进行道德评价，以判断和认识别人的道德行为为目的；自我道德评价以行为者自身为对象，以判断和认识自己的道德行为为目的。

道德评价主要通过社会舆论和人们的内心信念实现，社会习俗对道德评价具有十分重要的影响。在阶级社会里，不同的阶级、集团因利益分歧，善恶观念和道德标准不一，对同一行为往往有着不同甚至相反的评价。即使在同一阶级内部，也可

---

① 司马光.资治通鉴·周纪一·威烈王二十三年［M］.
② 杜威全集·早期著作（1882—1898）（第1卷）［M］.上海：华东师范大学出版社，2010：51.

能由于人们根据自己所确认和理解的道德标准去进行评价，因此对同一行为也会得出不同结论。

如今，由于网络文化的兴起，人们几乎可以足不出户做到一网打尽天下，对于世界上发生的各类事件可以发表自己的议论和评价。但道德评价绝不能是随心所欲的吹捧与打击，而是应该充分依据事实，通过理性的利益得失分析得出好坏、是非、善恶等判断。从性质的不同，我们可以区分出"损己利人"、"损己不利人"、"损人利己"三种情形。当然，这主要是利益分析，但并不限于物质方面。基于这种考虑，"损己不利人"可能是不直接表现道德优劣的，可能是不道德的，也可能是道德的，这需要根据实际情况做详细的分析，才可能得出关于某个人某件事的道德表现好坏及其程度的合理判断。譬如说有一个人为了救别人，结果自己献出生命，也没能实现救人的愿望，虽说表面上有"损己不利人"的意味，但究其实质却从精神上给人以温暖友爱的鼓励，难能可贵，值得人深深敬佩，对他的这种行为我们还是会做出高尚甚至伟大的判断。

评价意义是同劝告和规定应当做什么和不做什么相关的。道德评价通过对人们行为的判断和褒贬，为人们提供关于他们行为性质和价值的信息，从而成为道德教育和修养的有力手段。合理的道德判断能有效抑制不道德行为，对道德行为具有正面鼓舞作用；如若不然，则可能事与愿违。

要想对一个人的行为做出正确评价，除了掌握正确的道德衡量标准之外，还必须掌握评价对象行为的具体情况，考察行为的动机和目的，正确分析行为的动机和效果、目的和手段之间的相互关系。

同样值得注意的是，道德评价是一种手段，最终还是应该落实到具体的道德实践中去。我们今天所面临的公民道德问题，不完全是认识的问题，更多是实践与认识的脱节。在深圳即将开始对闯红灯者实施罚款执法的前几天，有交警在红荔路口访问一个闯红灯的年轻女孩，那个女孩竟令人惊讶地说出："我知道按规矩不应该闯红灯，这是公民的素质问题。但是我是一个没有素质的公民。"她明知这样做是不文明的，可是却没有因此要求自己严格遵守交通规则，反而坦白自己今后还是会闯红灯。类似的事件也发生在西安古老的城墙之下，网友拍下一段视频上传到网上，我们看到一群年轻人为了逃票而奋力攀爬城墙的景象，其中一个男青年发现有人拍照高喊不要拍了，这是不文明的行为，却并未停止自己不文明的举动。这说明，道德修养除了知识的学习了解之外，更重要的是在生活实践中的具体表现。

五、道德的社会作用

2001年颁布的《公民道德建设实施纲要》明确指出:"通过公民道德建设的不断深化和拓展,逐步形成与发展社会主义市场经济相适应的社会主义道德体系。这是提高全民族素质的一项基础性工程,对弘扬民族精神和时代精神,形成良好的社会道德风尚,促进物质文明与精神文明协调发展,全面推进建设有中国特色社会主义伟大事业,具有十分重要的意义。"道德的社会作用主要体现在以下四个方面:

第一,始终为经济基础服务。它以自己的善恶标准从道义上论证产生它的经济基础的合理性和正义性,促进自己经济基础的形成和巩固,并谴责和否定不利于自己经济基础的思想和行为。

第二,在阶级社会里,道德是阶级斗争的工具之一。统治阶级的道德为统治阶级的利益辩护,是其阶级统治的精神力量。

第三,一切进步的道德对生产力和科学技术的发展都起着积极作用;一切落后的、腐朽的道德则对生产力和科学技术的发展起着消极的阻碍作用。

第四,道德还对上层建筑的其他领域以及社会生活秩序产生重要影响。

综上所述,凡是反映生产力发展要求的经济基础、代表社会进步力量的道德,就会对社会的发展起积极的促进作用;反之则起消极的阻碍作用。

需要特别强调的是,在道德社会作用问题上,存在两种错误倾向。

"道德决定论"片面夸大道德的作用,认为人们的道德作用特别是个别杰出人物的道德品质可以决定历史的进程,或者把道德说成是医治社会弊病的唯一良药。在中外历史上,这种观点有着深远的影响。儒家学派把道德看成国家治、乱、兴、衰的根本,认为只要"以仁义行者"就可以得天下,视礼义道德为"治辨之极"、强国之本。西方的空想社会主义者则把道德说教看作实现社会变革的主要手段,把消灭资本主义制度,建立理想社会制度的愿望建立在道德说教的基础之上,希望用"爱"的说教劝导富人仁慈,劝导穷人要忍让、自足,以此达到理想的社会。道德决定论的根本错误在于,它过分夸大道德对于经济基础和社会存在的能动反作用,以致颠倒了社会物质生活条件、经济基础同作为思想上层建筑的道德的决定和被决定的关系,把道德看成一种独立的和凌驾于一切社会生活和物质力量之上的决定性因素。

"非道德论"或"道德无用论"完全否定道德的社会作用,甚至从根本上否定道德存在的必要性和合理性。中国老庄学派从相对主义和"见素抱朴"的人性论出发,在揭露传统道德虚伪性的同时,主张"绝仁弃义"。韩非也从"自为人性"论出发,否认道德作用,导致非道德主义。德国哲学家尼采把对历史传统和道德原则的否定称作虚无主义，在道德上蔑视一切传统，主张为了获得自由，就要消灭道德和一切道德传统。他幻想强者、"超人"冲破一切已经形成的道德原则和规范，完全立于日常道德之外来主宰世界。在现实中，道德虚无主义表现为无政府主义、极端个人主义、消费主义和厌世主义等。不可否认，道德虚无主义对促进旧道德的变革具有积极作用，但它否认人类一切道德的价值则是根本错误的。

十八大报告明确提出"加强社会公德、职业道德、家庭美德、个人品德教育"的任务，让我们社会的文化发挥"引领风尚、教育人民、服务社会、推动发展的作用"。社会主义道德是社会主义核心价值观的深刻体现，也是社会主义核心价值体系的重要内容。认识道德的社会作用，对于我们增强道德修养的自觉性和积极性具有重要意义。

六、为什么要成为有道德的人

"你是一个好人！"这样一句简单的话，对于人的内心所能引起的安慰、满足和感动往往超乎想象；反之，"不要脸！"却成了对某个人极为严厉的道德批评和人生价值的无情否定。俗语说"人活一张脸，树活一张皮"，朴素地表明了成为有道德的人是社会上每一个人应该努力追求的目标。

在中国历史上，孔子以"仁"为道德理想，希求"天下归仁"和成为"圣人"。孟子说："圣人，人伦之至也。"[①]墨家以"兼相爱，交相利"为道德理想。老庄把清静无为、无知无欲的"素朴"状态作为道德理想。宋明理学家大都把实现天理流行、人欲净尽的状态作为自己的理想境界。朱熹认为"尽夫天理之极，而无一毫人欲之私"就是"止于至善"，即达到了道德理想[②]。虽然不同时期社会倡导的道德理想各不相同，但有一个共同点，那就是它们都表明道德理想是人们所追求的个人和社会道德的最高境界。我们今天追求的道德理想与以往社会不同，它是社会主义的道德理想，提倡尊重人、理解人、关心人，发扬社会主义人道主义精神，为人民为社会多做好事，反对拜金主义、享乐主义和极端个人主义等错误的人生观。

我们为什么要做有道德的人？对这个问题的回答，我们选择做与不做，是利益权衡的结果。当然这里所涉及的利益，必须综合眼前利益和长远利益，必须关注物质利益和精神利益，必须分析自我利益、他人利益和社会利益，不能片面视之。

赢得他人的认同是所有人的共同愿望，只有做一个有道德的人，才可能得到社会普遍的认同。假如我们得不到他人的认同，那么我们的人生就会充满挫折和失

---

① 孟子[M].万丽华，蓝旭译注.北京：中华书局，2006：147.
② 朱熹.四书章句集注[M].北京：中华书局，1983：3.

败。我们不妨举个与就业有关的例子，试想有谁愿意聘用一个道德修养很差，甚至缺乏道德的人作为自己的员工呢？退一步说，如果让这样一个人成为你的同事，你乐意吗？也许通过自己创业可能找到暂时的出路，但没有道德的事业之路能够长久吗？显然，做一个有道德的人是我们事业成功的必要保证。

做一个有道德的人，我们才能做到心安理得。一个人如果单纯是为了自己的物质追求，则离动物不远，只有精神上的追求方能显示出人之高贵。在大千世界里，我们平凡而又与众不同。有时候一个人可能利用不齿的手段获得意外之财，但他可能于心不安有惴惴焉，不少自首的逃犯都坦白自己的逃亡就是一条不归路，终日饱受内心恐惧和不安的折磨，而归案对于自己不法作为的偿付则成了一种解脱。只有德行能够保证一个人内心的平静和愉悦，世界于他才显得安宁、祥和而美好。付出会有收获，好人终有好报，这是在追求善的社会里人们内心的坚定信念，也是做一个有道德的人应该秉持的人生信条。

亚里士多德告诉我们："既然最好的善是幸福，而在实现中的它又是目的和完满的目的，那么，如若按照德性而生活，我们就会有幸福和最好的善。"[①] 人生价值的实现也即是理想的实现，而道德理想是人生理想的重要组成部分，只有做一个有道德的人，才能在道德理想上有所追求。不仅如此，道德理想的追求同时也是一个人的职业理想和生活理想得以实现的基本前提。

做一个有道德的人，我们才能接近并获得幸福，从而实现自己美好的生活理想。"人为财死，鸟为食亡"，并不是教导我们应该成为一个自私自利的人，而是警示我们自私并不是一条幸福之路。我们应该成为有道德的人，在努力的工作中充实自我，在无私的奉献中领略幸福的滋味，成就美丽人生。道德是让我们的理想得以展翅的高远天穹。

案例与分析：

食品安全事件与企业道德危机

"冠生园事件"

南京冠生园事件是近年来发生在我国食品安全领域的一个非常著名的事件，这家知名企业在这个事件中寿终正寝，令人伤感、痛惜。南京冠生园因何破产？一位经济学专家曾痛彻地指出，南京冠生园的破产与其说是经营破产，不如说是道德破产。

---

① 苗力田主编.亚里士多德全集（第8卷）[M].北京：中国人民大学出版社，1992：250—251.

冠生园原为广东南海人、民族资本家冼冠生（原名冼柄生）创立的一家自产自销糖果、蜜饯和各类糕点的食品店，经过努力经营逐步成为上海滩上一个响当当的名字。1928年，冼冠生沿长江而上，到南京、武汉、成都等地开设了十几家分店。1956年上海冠生园总店进行公私化合营，从此成为国有企业。散布在全国各地的冠生园分店也均被当地政府收编改造。

2000年的中秋节过后，记者发现南京著名的食品企业——冠生园食品厂当年没有卖完的价值几百万元的月饼被陆续从各地回收了回来，并运进一间蒙着窗户纸的车间。它们都将在经历几道工序后，入库冷藏并重新加以利用。在2001年7月2日，也就是离中秋节还有整整三个月的时候，冠生园就正式开工做新月饼了。在从早到晚的生产过程中，冷库的门被打开，这些保存了近一年的馅料也悄悄派上用场。2001年7月3日上午，4箱莲蓉馅从冷库被直接拖进生产车间；2001年7月23日下午，20箱凤梨馅被拖出。在以后的几天时间里，记者又陆续拍到好几次月饼馅出库并投入生产的镜头。在这些馅料中，有不少已经发霉变质。据当时的目击证人说，上面已经长满霉菌。在一箱馅料上还摆放着一张说明标签，标明它们原本的生产日期是2000年9月9日。有时，这些发霉的馅料会在重新使用之前再回炉处理一下。2001年7月18日，一批桶装的豆沙馅被送进半成品车间接受二次回炉。

最终，所有这些馅料都被送上了生产线，用来加工做成新月饼。在这样的车间里，每天约有9万只月饼被源源不断地生产出来销往各地。

中秋节前，南京冠生园用陈馅翻炒后再制成月饼出售的事件被中央电视台披露曝光。一时民众哗然，各界齐声痛斥这种无信之举。南京冠生园月饼顿时无人问津，很快被各地商家们撤下柜台。许多商家甚至向消费者承诺：已经售出的冠生园月饼无条件退货。

面对危机，南京冠生园没有表现出应有的诚信。先是辩解称这种做法在行业内"非常普遍"，绝不只是冠生园一家；在卫生管理法规上，对月饼有保质期要求，但对馅料并没有时间要求，意即用陈馅做新月饼并不违规。随后，未等事件平息，公司又匆忙发出一份公开信继续狡辩，却始终没有向消费者做任何道歉，其所作所为不仅令消费者更加寒心，也一步步将自身信誉丧失殆尽。

生产难以为继的南京冠生园从此一蹶不振，2002年2月4日，终于向法院提出破产申请。

"三鹿奶粉事件"

2008年6月28日，位于兰州市的解放军第一医院收治了首例患"肾结石"病症的婴幼儿。据家长们反映，孩子从出生时起就一直食用河北石家庄三鹿集团生产的三鹿婴幼儿奶粉。7月中旬，甘肃省卫生厅接到医院婴儿泌尿结石病例报告后，随即展开了调查，并报告卫生部。随后短短两个多月，该医院收治的患婴人数迅速扩大到14名。

9月11日，除甘肃省外，陕西、宁夏、湖南、湖北、山东、安徽、江西、江苏等地都有类似案例发生。

9月11日晚卫生部指出，近期甘肃等地报告多例婴幼儿泌尿系统结石病例，调查发现患儿多有食用三鹿牌婴幼儿配方奶粉的历史。经相关部门调查，高度怀疑石家庄三鹿集团股份有限公司生产的三鹿牌婴幼儿配方奶粉受到三聚氰胺污染。卫生部专家指出，三聚氰胺是一种化工原料，可导致人体泌尿系统产生结石。

9月11日晚，石家庄三鹿集团股份有限公司发布产品召回声明称，经公司自检发现2008年8月6日前出厂的部分批次三鹿牌婴幼儿配方奶粉受到三聚氰胺的污染，市场上大约有700吨。为对消费者负责，该公司决定立即对该批次奶粉全部召回。

9月13日，党中央、国务院对严肃处理三鹿牌婴幼儿配方奶粉事件做出部署，立即启动国家重大食品安全事故Ⅰ级响应，并成立应急处置领导小组。

9月13日，卫生部党组书记高强在"三鹿牌婴幼儿配方奶粉"重大安全事故情况发布会上指出，"三鹿牌婴幼儿配方奶粉"事故是一起重大的食品安全事故。三鹿牌部分批次奶粉中含有的三聚氰胺，是不法分子为增加原料奶或奶粉的蛋白含量而人为加入的。

9月15日，甘肃省政府新闻办召开了新闻发布会称，甘谷、临洮两名婴幼儿死亡，确认与三鹿奶粉有关。

10月31日，经财务审计和资产评估，三鹿集团资产总额为15.61亿元，总负债17.62亿元，净资产-2.01亿元，已资不抵债。

12月19日，三鹿集团借款9.02亿元付给全国奶协，用于支付患病婴幼儿的治疗和赔偿费用。

12月下旬，债权人石家庄商业银行和平西路支行向石家庄市中级人民法院提出了对债务人石家庄三鹿集团股份有限公司进行破产清算的申请。

12月23日，石家庄市中级人民法院宣布三鹿集团破产。

12月24日，三鹿集团收到石家庄市中级人民法院受理破产清算申请民事裁定书。

12月26日，石家庄市中级人民法院开庭公开审理张玉军、张彦章非法制售三聚氰胺案。无极县人民法院、赵县人民法院、行唐县人民法院分别开庭审理了张合社、张太珍以及杨京敏、谷国平生产销售有毒食品案。

12月31日，石家庄市中级人民法院开庭审理了三鹿集团股份有限公司及田文华等4名原三鹿集团高级管理人员被控生产、销售伪劣产品案，庭审持续14小时。

2009年1月22日，三鹿系列刑事案件，分别在河北省石家庄市中级人民法院和无极县人民法院等4个基层法院一审宣判。田文华被判生产销售伪劣产品罪，判处无期徒刑，剥夺政治权利终身，并处罚金人民币2468.7411万元。

另悉，这批宣判的三鹿系列刑事案件中，生产销售含有三聚氰胺的"蛋白粉"的被告人高俊杰犯以危险方法危害公共安全罪被判处死缓，被告人张彦章、薛建忠以同样罪名被判处无期徒刑。其他15名被告人各获2年至15年不等的有期徒刑。

其实，早在当年3月三鹿问题奶粉就已经浮出水面，但并未引起三鹿集团足够重视，由于缺乏社会责任感、无视消费者利益，他们对此刻意隐瞒不向政府报告。乃至问题越来越严重，三鹿集团还把责任推给消费者不懂"科学喂养"，时常把质检挂在嘴边，厚颜无耻地狡辩自己生产的是合格产品。三鹿集团曾是中国最大的奶粉生产企业和第四大液态奶生产企业，被中国质检总局授予免检产品称号。作为大型知名企业，本该服务社会，服务群众，但因其经营者丧失了基本的职业道德，无视自身的社会责任，不仅伤害到孩子们的生命，也令自身走向毁灭。问题奶粉不仅把三鹿集团推向穷途末路，更让中国奶粉行业遭遇了巨大的信用危机，至今仍未完全平息，抢购洋奶粉风潮甚至引发出新的社会问题。

近年来在食品安全方面出问题的不仅仅是冠生园，很多国际知名企业像哈根达斯、雀巢、肯德基等也在食品安全方面频出问题，但他们并没有像冠生园那样在事件报出后就轰然倒下，而是在一段时间后就恢复了企业的声誉，并且这些事件对企业的经营未产生多大的影响，那么这些企业在危急公关方面和冠生园有什么不一样呢？我们就以肯德基为例来做一个对比。

肯德基"苏丹红危机"

2005年3月15日，肯德基旗下的新奥尔良烤翅和新奥尔良烤鸡腿堡被检测出含有"苏丹红1号"。16日上午，肯德基要求所有门店停止销售新奥尔良烤翅和新奥尔良烤鸡腿堡。当天17：00，肯德基连锁店的管理公司百胜餐饮集团向消费者公开道歉，集团总裁苏敬轼明确表示，将会追查相关供应商的责任。

3月17日，《南方都市报》《广州日报》等媒体在头版头条大篇幅刊登了关于肯德基致歉的相关报道。其他许多媒体也对肯德基勇于认错的态度表示赞赏。19日，肯德基连续向媒体发布了4篇声明，介绍"涉红"产品的检查及处理情况。百胜餐饮集团总裁苏敬轼发布了调查苏丹红的路径图。

3月23日，肯德基在全国恢复了被停产品的销售。苏敬轼说："中国百胜餐饮集团现在负责任地向全国消费者保证：肯德基所有产品都不含苏丹红成分，完全可以安心食用。"28日，百胜餐饮集团召开新闻发布会，苏敬轼现场品尝肯德基食品。百胜集团表示决定采取中国餐饮行业史无前例的措施确保食品安全。

4月2日，肯德基开始对4款"涉红"产品进行促销活动，最高降价幅度达到3折，肯德基销售逐渐恢复元气。

6日，肯德基主动配合中央电视台《新闻调查》和《每周质量报告》等栏目的采访，记者的关注焦点已由肯德基"涉红"转变为对原料和生产链的全方位追踪。

肯德基对"苏丹红危机"的处理，从发现问题到顺利度过危机，大致用了三个星期的时间。它在危机处理过程中体现出来的诚意，是重新赢得消费者信任的最大法宝。①

案例分析：

本案例通过对冠生园月饼和三鹿奶粉事件的回顾以及肯德基应对苏丹红事件的对比，可以看到不同企业对顾客和社会不同的态度可能导致完全不同的结果。企业唯利是图，无视道德责任，那么终将被市场所淘汰。企业的行为是由一个个人表现出来的，企业的道德状况也就是从业者道德素质的真实体现。

一家企业的管理伦理可以扩展为这家企业的商业伦理，也就是"商德"，其目的在于吸引顾客。在市场运作中，顾客虽然是最小单位，对企业而言却是最重要的。总的来说，为了取信顾客及吸引新客户，商业机构非常注重公司声誉及公众形象，不希望让传媒有机会报道其负面新闻，影响客户与销路。商业机构对公众、对顾客负责的意识提高了，不再只是短视地只顾眼前利润，而更在乎公司长远的存亡。但也有一些企业却把这些最基本的道理放在一边，只知道成本核算，不惜违背道德地走各种歪门邪道，希望通过降低成本获取最大利益，结果事与愿违。

企业要取得消费者的信任，必须对消费者负责，而对消费者负责最直接的表现就是提供高质量的产品和服务。世界上许多知名企业之所以能取得成功，就是因为对产品质量的要求远高于国家标准。在他们为消费者提供值得信任的产品的同时，他们也取得了消费者的信任。强生公司的泰诺的包装上有这样一句话：我们的努力已经赢得了美国和世界的信任，并将更加努力使之发扬！编者看了以后印象非常深

---

① 资料来源：http://zhidao.baidu.com/question/207750288.html；http://www.he.xinhuanet.com/zhuanti/slwtn/；http://blog.sina.com.cn/s/blog_49dc5661010007c0.html。

刻。正如这句话所言，在自己的品牌、自己的产品获得消费者信任之后更应该将产品做得更好，以回报消费者的信任。反观案例中的事件，冠生园利用消费者长期以来对自己的信任，用变质陈馅制作月饼。被曝光之后，在失去信任的同时也永远失去了企业的发展机会。究其原因，管理伦理的缺失是导致冠生园破产的根源，也是"三鹿事件"的问题症结所在。

一个市场、一个企业的道德问题，无非是从业者，特别是企业领导者的个人道德品质存在缺陷的问题。因此，要营造良好的企业文化氛围，使企业成为遵守道德规范的榜样，首先需要从领导者到普通员工都能够自觉提高道德修养，自警自励。诚如此，则企业兴、国家兴、民族兴。

美国《华尔街日报》曾对282家美国大型企业的782名高层管理者做过一次调查，结果表明，管理者取得成功的最重要的因素是正直、勤奋、与人相处的能力强。一家企业也是如此，要想取得成功，也必须始终保持正直。HP是一家非常成功的IT企业，很多人都认为，HP之所以能取得如此巨大的成功，在初始阶段并非主要靠技术——当然它有世界领先的技术，而是因为在硅谷的极度扩张阶段，当很多企业都在为短期利益而不择手段的时候，HP始终保持了正直。HP认为，竞争可以很激烈，但却不可以失去最基本的原则。

在当前阶段，由于我国实施市场经济的时间不长，法律还不能及时跟上社会发展的步伐加以健全和完善。在此种情形之下，就需要企业从道德上自我约束，而在我国的企业中，道德缺失的现象并不鲜见，甚至有很多像冠生园这样的知名企业也不能严格约束自己，更不要说其他中小企业。因此，对于我国企业来说，当法律还不很健全，加强伦理道德建设就显得尤为重要。只有这样，才能加强自身的竞争力。

拓展阅读：

人 生

布兰代斯

这里有一座高塔，是所有的人都必须去攀登的。它至多不过有一百级。这座高塔是中空的。如果一个人一旦达到它的顶端，就会掉下来摔得粉身碎骨。但是任何人都很难从那样的高度摔下来。这是每一个人的命运：如果他达到注定的某一级，预先他并不知道是哪一级，阶梯就从他的脚下消失，好像它是陷阱的盖板，而他也就消失了。只是他并不知道那是第二十级或是第六十三级，或是哪一级；他所确实知道的是，阶梯中的某一级一定会从他的脚下消失。

最初的攀登是容易的，不过很慢。攀登本身没有任何困难，而在每一级上从塔上的瞭望孔望见的景致是足够赏心悦目的。每一件事物都是新的。无论近处或远处的事物都会使你目光依恋流连，而且瞻望前景还有那么多的事物。越往上走，攀登越困难了，目光不大能区别事物，它们看起来都是相同的。同时，在每一级上似乎难以有任何值得留恋的东西。也许应该走得更快一些，或者一次连续登上几级，然而这是不可能做到的。

通常是一个人一年登上一级，他的旅伴祝愿他快乐，因为他还没有摔下去。当他走完十级登上一个新的平台后，对他的祝贺也就更热烈些。每一次人们都希望他能长久地攀登下去，这希望也就显露出更多的矛盾。这个攀登的人一般是深受感动，但却忘记了留在他身后的很少有值得自满的东西，并且忘记了什么样的灾难正隐藏在前方。

这样，大多数被称作正常的人的一生就如此过去了，从精神上来说，他们是停留在同一个地方。

然而这里还有一个地洞，那些走进去的人都渴望自己挖掘坑道，以便深入到地下。而且，还有一些人的渴望是去探索许多世纪以来前人所挖掘的坑道。年复一年，这些人越来越深入地下，走到那些埋藏金属和矿物的地方。他们使自己熟悉那地下的世界，在迷宫般的坑道中探索道路，指导或是了解或是参与到达地下深处的工作，并乐此不疲，甚至忘记了岁月是怎样逝去的。

这就是他们的一生，他们从事向思想深处发掘的劳动和探索，忘记了现时的各种事件。他们为他们所选择的安静的职业而忙碌，经受着岁月带来的损失和忧伤，和岁月悄悄带走的欢愉。当死神临近时，他们会像阿基米德①在临死前那样提出请求："不要弄乱我画的圆圈。"

在人们眼前，还有一个无穷无尽地延伸开去的广阔领域，就像撒旦在高山上向救世主显示的所有那些世上的王国。对于那些在一生中永远感到饥渴的人，渴望着征服的人，人生就是这样：专注于攫取更多的领地，得到更宽阔的视野，更充分的经验，更多地控制人和事物。军事远征诱惑着他们，而权力就是他们的乐趣。他们永恒的愿望就是使自己能更多地占据男人的头脑和女人的心。他们是不知足的，不可测的，强有力的。他们利用岁月，因而岁月并不使他们厌倦。他们保持着青年的全部特征：爱冒险，爱生活，爱争斗，精力充沛，头脑活跃，无论他们多么年老，到死也是年轻的。好像鲑鱼迎着激流，他们天赋的本性就是迎向岁月之激流。

---

① 阿基米德（Archimedes，前287—前212），古希腊数学家、发明家。相传罗马人攻陷叙拉古城时，他正在沙地上画几何图形，不幸被杀。

然而还有这样一种工场——劳动者在这个工场中是如此自在，终其一生，他们就在那里工作，每天都能得到增益。在不知不觉中他们变得年老了。的确，对于他们，只需要不多的知识和经验就够了。然而还是有许多他们做得最好的事情，是他们了解最深，见得最多的。在这个工场里生活变了形，变得美好，过得舒适。因而那开始工作的人知道，他们是否能成为熟练的大师只能依靠自己。一个大师知道，经过若干年之后，在钻石和精通技艺上停滞不前是最愚蠢的。他们告诉自己：一种经验（无论那可能是多么痛苦的经验），一个微不足道的观察，一次彻底的调查，欢乐和忧伤，失败和胜利，以及梦想、臆测、幻想、人类的兴致，无不以这种或另一种方式给他们的工作带来益处。因而随着年事渐长，他们的工作也更必须更丰富。他们依靠天赋的才能，用冷静的头脑信任自己的才能，相信它会使他们走上正路，因为天赋的才能是属于他们自己的。他们相信在工场中，他们能够做出有益的事情。在岁月的流逝中，他们不希望获得幸福，因为幸福可能不会到来。他们不害怕邪恶，而邪恶可能就潜伏在他们自身之内。他们也不害怕失去力量。

如果他们的工场不大，但对他们来说已够大了。它的空间已足以使他们在其中创造形象和表达思想。他们是够忙碌的，因而没有时间去察看放在角落里的计时漏计，沙子总是在那儿下漏着。当一些亲切的思想给他以馈赠，他是知道的，那像是一只可爱的手在转动沙漏计，从而延缓了它的停止。[1]

论善恶

纪伯伦

当你与自己合一的时候，便是善。
当你不与自己合一的时候，却也不是恶。
因为一个隔断的院宇，不是贼窝；只不过是个隔断的院宇。
一只船失了舵，或许会在礁岛间无目的地飘荡，而却不至于沉入海底。
当你努力地要牺牲自己的时候便是善。
当你想法自利的时候，却也不是恶。
因为当你设法自利的时候，你不过是土里的树根，在大地的胸怀中啜吸。
果实自然不能对树根说：你要像我，丰满成熟，永远贡献出你最丰满的一部分。
因为，在果实，贡献是必须的，正如吸收是树根所必须的一样。

当你在言谈中完全清醒的时候，你是善的。

---

[1] 从培香，刘会军，陶良华选编. 外国散文百年精华 [C]. 北京：人民文学出版社，2001：232—235.

当你在睡梦中,舌头无意识地摆的时候,却也不是恶。

连那错误的言语,也有时能激动柔弱的舌头。

当你坚勇地走向目标的时候,你是善的。

你颠顿而行,却也不是恶。

连那些跛者,也不倒行。

但你们这些勇健而迅速的人,要警醒,不要在跛者面前颠顿,自以为是仁慈。

在无数的事上,你是善的,在你不善的时候,你也不是恶。

你只是流连,迷茫。

可怜那麋鹿不能教给龟鳖快走。

在你冀求你的"大我"的时候,便隐存着你的善性:这种冀求是你们每人心中都有的。

但是对于有的人,这种冀求是奔跃归海的急湍,挟带着山野的神秘与林木的讴歌。

在其他的人,是在转弯曲折中迷途的缓流的溪水,在归海的路上滞留。

但是不要让那些冀求深的人,对冀求浅的人说:"你为何这般迟钝?"

因为那真善的人,不问赤裸的人说:"你的衣服在哪里?"也不问那无家的人:"你的房子怎样了?"①

思考与讨论:

1. 从我们自身的实际情况出发,应该如何理解"认识你自己"这句名言?
2. 谈谈你是如何看待道德修养与人的素质之间的关系的。
3. 结合社会现实,以小组的形式围绕"为什么要做一个有道德的人"展开充分讨论。

---

① [黎巴嫩]纪伯伦·哈利勒·纪伯伦. 纪伯伦读本[M]. 薛庆国选编. 冰心等译. 北京:人民文学出版社,2012:244—245.

第二章　职业与职业道德

> 我说生命的确是黑暗的，除非是有了激励；
> 一切激励都是盲目的，除非是有了知识；
> 工切知识都是徒然的，除非是有了工作；
> 一切工作都是虚空的，除非是有了爱……
>
> ——纪伯伦

学习目标：

人要生活就离不开职业和职业的选择，人生职业理想的实现是一个人的个人价值与社会价值实现的重要方式，而且人也通过从事职业工作的过程与他人交往，完善自我，奉献社会。学习本章，要求掌握以下几个方面内容：

1. 了解什么是职业、职业的产生和演变及职业分类；
2. 从个人的角度认识职业与自己的关系，并形成正确的择业、就业和创业观；
3. 掌握职业道德及其特征、职业道德规范的相关知识；
4. 理解把握遵守职业道德对自身和社会的意义。

导入案例：

怎样选择好职业

一位在高速行驶的列车上的老人不小心把新买的一双皮鞋中的一只掉出了车窗，正当周围的人都为他感到惋惜之时，十分令人不解的是，老人立即把另一只皮鞋也从窗口扔了出去。回转身来，老人对大家解释说："这剩下的一只鞋无论多么昂贵，没法穿了，对我而言已没有用处。如果有人恰巧捡到那一双鞋，说不定还能穿呢。"这个故事启发我们：一个人应该学会放弃，善于从损失中寻找到新的价值。

在选择职业时，我们从这个故事中也可以得到某种启示：不同的态度导致不同的结果。假设存在下述四种情形：

一、以错误态度行错误之事。工作将因此彻底丧失意义和价值，并可能造成难以预知的损害。

二、以正确态度行错误之事。可能导致人力物力浪费，不可避免地会遇到挫折和失败。

三、以错误态度行正确之事。可能事与愿违，也可能有所成就，但态度必将决定你取得成就的大小。

四、以正确态度行正确之事。你将创造出富有价值的幸福人生。

就以上四种情形，做出恰当的选择并不难，可是在现实生活中我们却时常迷失方向而不自知。这些不同情形的存在说明，每一个人都需要经常问问自己：你所从事的事业是否符合社会对职业和岗位的需要？你是否为自己所从事的工作而感到快乐和自豪？你是否觉得通过工作能实现自身价值，同时帮助他人和为社会进步做贡献？假如所有答案都是肯定的，表明你已经选择了一份好的职业。

第一节 职 业

打破"铁饭碗"，在中国当代历史上人所共知，这是对职业终身制的一次革命，更是中国社会为了解放生产力而进行的一场大规模改革攻坚战，我们现在以"下岗"和"重新上岗"来解决那些遗留的历史问题。"饭碗"就是职业，而"铁饭碗"是不会失去的职业，当然它的存在是一个历史的印迹，而人们对于职业的需要却从来未曾改变。我们每个人都渴望一份安定的职业，并赖之以谋得自己的生活所需。今天，这场运动并未完全结束，但我们也早已经习惯了去人才市场求职，习惯了"聘用"和"被聘用"，习惯了"跳槽"和"转行"，习惯了勇敢去迎接人生的挑战和充满未知的未来。职业的理想是人生的重要依托，尽管有"富二代"的尽情挥霍和不思进取者的"啃老"，但我们更多地看到，千千万万求职者以他们的勇气、毅力和智慧在各个生产岗位上精彩地努力奉献，也看到了许多企业家、管理者、科技创新人才等脱颖而出。

一、什么是职业

职业（occupation）是指"个人在社会中所从事的作为主要生活来源的工作"[①]。职业的区分并不是固定不变的，它有一个产生、分化，甚至消亡的过程。我们平常所说"三百六十行"也非实指职业分类的总数。原始社会由于生产力水平很低，社

---

① 中国社会科学院语言研究所词典编辑室编. 现代汉语词典［Z］.北京：商务印书馆，2012：1672.

会主要因环境等客观条件形成分工，职业区分不明显；未来生产力高度发达的共产主义社会，每个人都将得到全面自由的发展，人们职业选择的范围因个人能力的提高而得以明显扩大，加诸技术超乎想象的发展所带来的影响，今天界线分明、高度分化的职业分工特点就有可能逐渐淡化甚至消除。

以更为实际和具体的眼光来看，职业一般是指由于社会分工而形成的具有特定专业和专门职责，并以所得收入作为生活来源的工作。职业除了作为人们谋生的基本手段，还是人与人之间和人与社会进行交往的主要途径。从不同角度看，职业具有不同的意义。站在个人的角度看，职业是人们在社会中所从事的作为谋生手段并获得相应报酬的工作；站在社会角度看，职业是劳动者取得的社会角色，它体现劳动者的权利、义务和责任；站在国民经济活动所需要的人力资源角度看，职业是指不同性质、不同内容、不同形式、不同操作的专门劳动岗位。

在社会生活中，理解职业可从以下三个方面着手：一是职业职责。任何职业都包含一定的社会责任，只要你是一个职业人，就必须承担相应的责任。二是职业权利。责任和权利是对等的，职业人员也有特定的职业权利，而且只有从事这种职业的人才享有这种权利。三是职业利益。作为谋生的手段，职业人员在职业工作中具有获得薪资、教育、奖金、荣誉等利益的保障。任何职业都是职业职责、职业权利和职业利益的统一，任何割裂三者关系的做法都有失公正合理，是不可取的。

二、职业的产生和演变

今天的职业是随着社会生产力发展社会分工高度发达的产物。原始社会早期，由于生产力水平低下，不存在严格的职业区分。随着生产力发展，开始逐步出现专门从事种植、狩猎、动物驯养和纺织等的行业分工，它们的产生本身要依赖于剩余产品的存在和产品交换的需要，其后也由于交换的需要，商业开始发展起来，商人也成了独立的职业……随着物质文化需要的进一步提高，社会分工越来越细，职业也就越来越多。

职业演化是漫长而又复杂的历史过程。原始社会出现了三次社会大分工：畜牧业和农业的分工、手工业和农业的分工、脑力劳动和体力劳动的分工。奴隶社会和封建社会，相对而言生产力发展缓慢，职业分化速度并不太快，人们大多从事农牧业、手工业。进入资本主义社会以后，随着科学技术发展进步的速度加快，特别是经过工业革命，大机器生产出现，社会生产力以其惊人的发展速度使社会产业结构发生了巨大变化，人们的生产方式、生活方式和行为方式变化明显，新的职业不断涌现，旧的职业有的消失了，有的性质发生了变化。进入21世纪，以高新技术为特点的"第四产业"发展迅速，职业的演变速度更快，职业更替愈益频繁，人们必须不断学习、掌握新知识和新技能，才能适应职业快速发展变化的要求。

三、职业的分类

各行各业的存在，说明职业是有行业的区别和分类的。职业的分类以工作性质，即职业活动的对象、内容、方式等特性作为基本原则。据《周礼·考工礼》记载，按照当时的社会分工职业可概括为"六职"，即：王公、士大夫、百工、商旅、农夫、妇工。不同分工的职业职责也不同，王公"坐而论道"，士大夫"作而行之"，百工"审曲面执以饬五材，以辨民器"，商旅"通四方之珍异以资之"，农夫"饬力以长地材"，妇工"治丝麻以成之"。当时人们还将技术工种分为了"攻木"、"攻金"、"攻皮"、"设色"、"刮摩"、"抟埴"六大技术门类的30种职业。俗话所说的"三十六行"，即是对行业和职业的区分，主要包括"肉肆行、宫粉行、海味行、鲜鱼行、文房用具行、汤店行、药肆行、扎作行、陶土行、仵作行、茶行、竹木行、酒米行、铁器行、针线行、巫行、棺木行、故旧行、酱料行、柴行、网罟行、花纱行、杂耍行、彩舆行、鼓乐行、花果行"等。但所谓的"三十六行"也好，"三百六十行"也罢，都不是定数。徐珂在《清稗类钞·农商类》中就已指出："三十六行者，种种职业也。就其分工而约计之，曰三十六行；倍之，则为七十二行；十之，则为三百六十行：皆就成数而言。俗为之一一指定分配者，罔也。"[①]

联合国国际劳工组织于1958年正式颁发了《国际标准职业分类》，1968年、1988年和2008年分别进行了三次修订，它把职业划分为10个大类。1995年，为了加强我国劳动力资源的开发、利用和综合管理，提高劳动者素质，促进经济建设的发展，根据《劳动法》第六十九条"国家确定职业分类，对规定的职业制定职业技能标准，实行职业资格证书制度"的规定，劳动部、国家技术监督局、国家统计局联合发出《关于制定国家职业分类大典工作的通知》，决定制定国家职业分类大典。1999年，由原劳动部会同国家统计局、国家技术监督局等50个部门在国家标准《职业分类与代码》（GB6565）的基础上制定《中华人民共和国职业分类大典》，按照工作性质同一性的基本原则，对我国社会职业进行了科学划分和归类，将职业分成8个大类，66个中类，416个小类，1838个细类。8大类分别是：第一大类为"国家机关、党群组织、企业、事业单位负责人"；第二大类为"专业技术人员"；第三大类为"办事人员和有关人员"；第四大类为"商业、服务业人员"；第五大类为"农、林、牧、副、渔、水利业生产人员"；第七大类为"军人"；第八大类为"不便分类

---

① 夏征农等主编. 辞海（1999年版彩图缩印本）[Z]. 上海：上海辞书出版社，2001：1804.

的其他从业人员"。2007年《大典》增补修订，收录了2007年发布的31个主要是现代服务业、制造业等领域的新职业。随着社会发展和分工变化的脚步，2010年，在人力资源和社会保障部、国家质量监督检验检疫总局、国家统计局牵头组织下，新的调研和补充修订工作又已开始。《中华人民共和国职业分类大典》是企业组织培训、考评鉴定、岗位设置的基本依据，也是企业、院校人才培养及专业方向设置、职业技能鉴定工作开展的基础，对于开展劳动力需求预测和规划，引导职业教育培训，进行职业介绍和就业指导，加强人力资源管理，促进经济社会发展等都发挥了重要作用。

美国俄克拉荷马大学专家做过分析并得出结论，认为未来"每个人一生中或许将涉足三个迥异的专业领域"，而拥有触类旁通能力是在21世纪取得竞争力的关键因素。根据联合国教科文组织统计，当今世界发达国家每个人一生平均经历4至6次职业转换，我国目前就业人员一生平均职业转换也有3至4次。这是现代社会职业发展多样化的必然结果，也是我国现今推行复合式人才教育培养的依据。

与职业相联系，工种和岗位两个概念对职业类型的定位更为具体。譬如我们可以把学校里的所有工作人员都称为老师，但实际上它代表的是职业上的"教育工作者"或"学校工作人员"，并未对实际的工种和具体的岗位加以明确。一个学校包括主要从事教学的教师岗位，也包括主要从事研究的研究人员，还包括行政、财务、后勤等一系列不同工种、不同岗位的工作人员。

同每一个工作者联系最为具体、职业要求最为明确的应该是"岗位"。岗位是国家机关、企事业单位和社会组织根据行使职能的实际需要而设置的工作位置。就企业而言，企业根据劳动岗位的特点对上岗人员提出综合要求以形成岗位规范，它构成企业劳动管理的基础。岗位实际上包含了任务、职权和责任三个方面要素。任务是指本岗位规定所应承担的工作或为实现某一工作目的而从事的明确的工作行为；职权是指赋予该岗位的某种权利，以保证该岗位人员能够履行职责，完成工作任务；责任则是指该岗位任职人员对完成任务的承诺。没有明确任务的岗位是多余的，缺乏职权的岗位是无法确保完成任务的，敷衍责任的岗位是不可能保证工作质量和效益的，对于岗位目标的实现，此三者缺一不可。

职业与工种、岗位之间属于包含和被包含的关系。一般而言，一种职业可包括一个或多个工种，一个工种又可包括一个或多个岗位。职业道德规范中"爱岗敬业"的要求，就既包含了对职业的一般道德要求，又具体化到岗位的职业规范操守。相同的或相似的岗位，在不同的职业环境中也可能包含着不同的职业规范特点。

四、职业对于个人意味着什么

在现实社会中生活，每一个人都需要选择自己的职业。这是为什么呢？换句话说，职业对于个人究竟有什么特别的意义？

第一，职业是劳动者赖以谋生的根本手段。

社会生产是人类社会存在和发展的基础，人类在社会生产中产生了社会分工，在此基础上逐步形成了职业。职业就意味着劳动，通过劳动人们为社会提供产品和服务，社会付给人们劳动报酬。这种报酬成为劳动者本人及其家庭生活的主要经济来源。如果劳动者失业，不能为社会奉献劳动，那么就得不到报酬，他自身及其家庭生活就会失去经济来源，生存就会遇到困难。

第二，职业是劳动者谋求发展，实现和创造自身价值的根本途径。

通过职业劳动，人们获得一定的社会角色，为社会提供劳动，做出贡献，从而得到社会承认。劳动者为了实现更高的自身价值，就会努力学习，勤奋工作，不断提高自己的职业能力，劳动者自身也同时不断获得新的发展。劳动者在职业活动中做得越好，成绩越大，对社会的贡献也越大，社会给予的报酬也就越高。而且除了经济上的报酬，劳动者的社会地位和个人价值也能得到相应提高。每一个社会都应该倡导"劳动光荣，不劳而获可耻"的道德意识。因此，职业实际上为劳动者搭建了一个展现才能的平台，使个人得到充分发展，人生价值得以实现。

第三，职业为劳动者提供社会交往的基础平台。

人的交往虽然包含着家庭成员之间的往来，也包含同学朋友之间的友谊，但更多的却是以职业为基础形成的服务与被服务之间的密切联系，还有同事之间的紧密合作关系。在职业劳动中，人与人不是孤立的，大家相互协作是职业规范所要求的，也是人的情感培养和丰富的一种重要方式和途径。工作中除了完成目标任务，也存在信息与情感的交流，在这种交往过程中个人的道德修养得以更充分地体现，从而为赢得价值认同创造条件。

第四，职业为劳动者的自我确证提供条件。

马克思肯定了黑格尔"把劳动看作人的本质，看作人的自我确证的本质"，也指出了黑格尔的错误在于他"唯一知道并承认的劳动是抽象的精神的劳动"[1]。在马克思看来，"劳动是自由的生命的表现，因此是生活的乐趣"，"我在劳动中肯定了自己的个人生命，从而也就肯定了我的个性的特点"[2]。

劳动是最基本的实践活动，也是人类最基本的存在方式，劳动的发展史是理解

---

[1] 马克思恩格斯文集（第1卷）[M].北京：人民出版社，2009：205.
[2] 马克思.1844年经济学哲学手稿[M].北京：人民出版社，2000：184.

社会历史奥秘的钥匙,同时也是理解社会历史创造过程和历史创造者的关键。正是通过在特定职业中的劳动,使我们自我力量的确证有了实现的条件。

经过上面的几点分析,我们就可以理解马克思在《哥达纲领批判》中关于劳动所说过的那段著名的话:"在共产主义高级阶段,在迫使个人奴隶般地服从分工的情形已经消失,从而脑力劳动和体力劳动的对立也随之消失之后;在劳动已经不仅仅是谋生的手段,而且本身成了生活的第一需要之后;在随着个人的全面发展,他们的生产力也增长起来,而集体财富的一切源泉都充分涌流之后——只有在那个时候,才能完全超出资产阶级权利的狭隘眼界,社会才能在自己的旗帜上写上:各尽所能,按需分配!"①

五、认真选择自己所要从事的职业

面临择业,人们总不免困惑,寻觅到一个心仪的职位颇为困难。表面上,广受关注的困难更多是指就业机会相对于就业者的数量来说越来越少,由此产生所谓的社会就业问题。其实,择业难题更确切地说是难在个人的渴望、能力与岗位的契合,难在个人追求与社会评价的协调一致,目标模糊就易陷入高不成、低不就的尴尬局面。没有人不希望找一份好工作,然而对于好的界定,时常因人而异。从报酬的角度来衡量的确是一个简单明了的判断方法。报酬多少固然重要,但对人生而言,它并非唯一的甚或最为重要的追求。我们做出职业选择,首先要看自己的能力是否胜任,这是最基本的;其次要考虑自己的兴趣与所从事的工作是否一致;然后还须注意工作的环境是否满意、是否具有发展的良好前景,对亲朋好友的期望、社会价值的承认等等,也要权衡比较。与其说谋一份好职业,不如说谋一份合适的职业,更能使我们在择业时立足于一个稳妥的观念平台。好的职业往往是脱离个人而言的抽象的满意;合适的职业则是从个人立场出发,综合考虑到个体各方面需要的具体评价。

"行行出状元"表明,职业不应该有高低贵贱之分,但有技能优劣之别。在现实社会中,人们为择业而烦恼,通常以为仅仅是因为找不到收入高的职业,其实不然。收入的高低是相对的,离自己现实的距离太远,不具有太多可能性的目标很容易被自我否定掉。大多数情形之下,职业能够提供人们赖以生存的基本需要,也能够为人的价值实现提供可能。因此,择业的困惑往往还是在收入差距不大,却与自身兴趣、理想等是否相关一致的岗位选择过程中发生的。也因此,没找到工作的人苦恼,找到工作的未必没有苦恼;收入低的人苦恼,收入高的未必不苦恼。

---

① 马克思恩格斯选集(第3卷)[M].北京:人民出版社,2012:364—365.

择业必须认真，因为它事关我们自我的实现与确证。人除了物质享受的快乐，更需要内心精神的充实与满足。可以说，择业的过程，也是一个自我认知的过程。当前社会上跳槽现象很突出，这本不足为奇，因为职业本身随着社会发展也在不断地发展变化，但一些人由于自我认识不够，目标茫然，择业不慎而历经坎坷，确实应当引起人们深度思考。择业会使人更多考虑自己的未来，就像一个人要在自己即将开始描绘的蓝图上确定一个基本的构图和色调。选择一个职业就等同于给自己选择了一个演绎人生的基本舞台。有些兴趣是可以培养的，有些兴趣经过由小到大的成长过程会逐渐内化成为一个人生命极为重要的追求。所以，在择业的时候，我们要从能力出发，对自己的兴趣进行重新甄别，把自己持久的与自我实现密切相关的兴趣作为重要的参考因素。兴趣会影响工作的情绪，做自己感兴趣的事会让自己感觉到快乐和充实。"做事的人的精神及态度，对于所做的事的成绩，是最有关系的。无论他所采用的方法是如何的好，要是他的精神和态度不甚好，则其做事的效率，必定为之大减。"[①]如果一个人到了年老的时候才发现自己抛弃了自己的兴趣，那实在是一出人生悲剧，无论他是富有还是贫穷。择业的时候，我们还应当明确自己的责任，譬如家庭责任、社会责任，等等。幸福是责任的圆满，放弃了责任的人不可能获得真正的成功和幸福。

第二节　职业道德

"家有家规，行有行规"，所有职业都有特定的道德规范要求，德治天下，是和谐社会的重要保证。许多劳模在平凡岗位上做出不平凡的业绩，赢得了赞誉，也写下了精彩动人的生命篇章。无数农民工在祖国现代化建设的征途中，毅然走出故土，在国家事业最需要他们的岗位上，为开创新时代的事业辛勤洒汗，默默奉献，他们兢兢业业的努力同样堪称伟大。但不可否认，现实社会中失德之事时有发生，唯利是图、坑蒙拐骗、诚信缺失，已经引起人们广泛关注。因此，政务诚信、商务诚信、社会诚信、司法公信建设成为当前社会建设的重要任务。一个人的职业生涯，不仅仅是技能的卓越展示，更是道德践行和人生价值实现不可或缺的重要舞台。

一、职业道德的含义

职业道德（professional morality）是所有从业人员在职业活动中应该遵循的行

---

① 郑振铎.郑振铎文集（第4卷）[M].北京：人民文学出版社，1985：23.

为准则，涵盖了从业人员与服务对象、职业与职工、职业与职业之间的关系①。如医务道德、商业道德、工程道德、财务道德、教师道德、秘书道德、军人道德、体育道德、记者道德、编辑道德、演员道德、司法道德等。各个行业的道德规范，统称"行业道德"。

职业道德与人们的职业活动联系紧密。由于从事某种特定职业的人们有着相同或相似的劳动方式，接受相同或相似的职业训练，因此具有共同的职业理想、兴趣、爱好、习惯和心理特征，结成某种特殊关系，形成特殊的职业责任和职业纪律，从而产生特殊的行为规范和道德要求。正如恩格斯所指出的，"实际上，每一个阶级，甚至每一个行业，都各有各的道德"②。职业道德受社会道德的制约和影响，是社会道德原则和规范在具体职业中的体现。在阶级社会中，职业道德受一定阶级道德的影响，是一定阶级道德在职业活动中的特殊表现。社会主义职业道德是整个共产主义道德体系的重要组成部分，受共产主义道德的指导和影响，体现共产主义道德的基本要求。其根本宗旨是为人民服务。主要规范有：爱岗敬业、诚实守信、办事公道、服务群众、奉献社会。提供和普及职业道德，有利于各行各业的从业人员端正劳动态度，提高工作效率，成为一个道德高尚的人，由此提高整个社会道德水平，促进社会各项事业的发展。

从内容方面看，职业道德鲜明表达职业义务、职业责任以及职业行为上的道德准则。它是职业、行业以及产生特殊利益要求的反映，是在特定职业实践的基础上形成的，表现为特定职业特有的道德传统和道德习惯，表现为某一行业从业人员所特有的道德心理和道德品质。

从表现形式方面看，职业道德比较具体、多样。它从职业的实际出发，通过制度、守则、公约、承诺、誓言、条例，甚至是标语口号之类的形式反映出来，逐渐成为行业从业人员共同接受的职业道德习惯。

从调节的范围看，职业道德既调节从业人员内部关系，加强职业、行业内部人员的凝聚力；又调节从业人员与其服务对象之间的关系，塑造从业人员鲜明的和良好的形象。

从产生的效果看，职业道德即使社会道德原则和规范"职业化"，又使个人道德品质"成熟化"。职业道德虽然形成于特定的职业生活之中，但它并非脱离阶级道德或社会道德的独立的道德类型。任何形式的职业道德都不同程度地体现阶级道德或社会道德要求。同时，阶级道德或社会道德也往往通过具体职业道德的形式表现出来。由于职业道德与各种职业要求和职业生活结合，因此具有较强的稳定性和

---

① 公民道德建设实施纲要［DB/OL］. http://www.people.com.cn/GB/shizheng/16/20011024/589496.html.
② 马克思恩格斯选集（第4卷）［M］. 北京：人民出版社，2012：247.

连续性，形成职业心理和职业习惯。

职业道德由职业道德活动、职业道德意识和职业道德规范三个重要部分组成。职业道德活动是指从业人员在职业生活中进行的、可用善恶观念进行评价的群体活动和个体活动。职业道德意识是指在职业道德活动中形成并影响职业道德的各种具有善恶评价的思想观念。职业道德规范是指评价和指导人们职业生活行为的准则、要求和善恶标准。以上三个方面既相互区别，又相互联系。职业道德行为与活动是在特定职业道德意识指导下产生的，职业道德意识的产生又是人们通过特定职业道德活动的实践表现出来的，职业道德规范是职业道德活动和职业道德意识的统一。良好的职业道德是和谐社会的基本要素。

二、职业道德的特征

作为职业生活领域特殊的行为调节手段，职业道德具有以下几个特征：

（一）行业性

职业道德和各行各业的职业活动联系在一起，它所规范的是特定行业从业人员的职业行为。因此，职业道德具有行业性特点。譬如，教师的职业道德强调热爱学生、尊重学生、为人师表、立德树人；医务人员的职业道德强调治病救人、救死扶伤、人道主义；商业店员的职业道德强调买卖公平、童叟无欺、顾客第一、信誉至上；等等。行业性是职业道德最鲜明的特点，但是我们既要注意到职业道德行业特殊性的一面，又不能违背共同的职业道德和一般的社会道德规范，职业道德的行业特殊性是职业道德普遍要求的具体表现。

（二）继承性

职业生活具有一定的历史连续性，特定的职业道德通常也是在继承历代职业道德的主要内容和基本要求的基础之上丰富发展起来的。所以，职业道德也表现出明显的继承性，它表现在职业传统、职业心理、职业习惯和职业语言等各个方面。譬如，教师总是希望桃李满园，芬芳天下，学而不厌，诲人不倦。从古希腊的医学奠基者希波克拉底的《誓言》到今天世界医生联合会的《日内瓦誓约》，从古至今，从国内到国外，都强调医生对病人要一视同仁，救死扶伤，实行人道主义。

（三）适用性

通过长期的职业活动，人们总结、概括和提炼出各种职业的道德规范，规定人们从事各职业和行业工作时应该怎么做，不应该怎么做，即如何做是善的，如何做是恶的。当然，随着社会的进步和发展，会出现各种职业新情况，职业道德的内容也因此会出现变化，也必须随着时代变化对职业提出新要求，补充新内容。职业道德通常是根据具体职业的特点和要求，采用一些简便易行、简明适用的形式做出的明确规定，譬如公约、条例、守则、规程、须知等，具有很强的适用性和针对性。

（四）纪律性

纪律是介于法律和道德之间的一种特殊行为规范，它要求人们自觉遵守，但又带有一定的强制性。所以，它既具有道德的属性，又具有法律的色彩。譬如，工人执行操作规程和安全规定，军人要求纪律严明，等等。职业道德透过制度、章程、条例等形式表达的同时，也让从业人员深刻认识到职业道德兼具纪律的规范性，认识到遵守这些规范不仅是应该的，而且是必须的。

三、社会主义职业道德

社会主义职业道德是共产主义职业道德的有机组成部分，伴随着社会主义事业的实践而产生、形成和发展，是社会主义职业活动的经验总结，是人类历史上职业道德发展的最高成果。

社会主义社会是一个崭新的社会，由于消灭了剥削制度，人们的职业性质和职业道德都发生了本质变化。社会主义职业道德是在社会主义社会总的道德要求下，在同各种腐朽没落的职业道德观念斗争中，继承人类社会各个历史时期职业道德的优秀成果形成和发展起来的。

社会主义职业道德是社会主义道德原则在职业活动中的体现，是社会主义社会从事各种职业的劳动者都应遵守的职业行为规范的总和。它建立在公有制的基础之上，又与以往的旧职业道德相联系。社会主义职业道德的基本原则是集体主义，其核心是全心全意为人民服务。它既包含过去职业道德的合理成分，又有其自身的鲜明特点。

四、职业道德对职业、人生、社会的意义

职业道德在职业领域所起的作用是一般道德或社会公德、家庭道德等无法替代的。一般道德规范只能对人们的一般社会行为产生作用，如果没有具体的道德规则，从业人员具体的职业行为就会缺乏明确的制约和规范。

首先，从行业角度看，职业道德有助于提高行业信誉，促进行业发展。在现实生活中，人们时常对一个行业、一个企业的形象、信用和声誉提出质疑。譬如我国的乳品企业，自从三聚氰胺事件之后，就遭到了许多消费者的抛弃，导致进口奶粉的抢购风潮。要提高企业及其产品与服务在社会公众中的信任度，就必须提高企业产品质量和服务质量，最终就需要落实到相关从业人员的职业道德的表现方面。若是从业人员道德水平有问题，优质的产品和优质的服务就只能是水中楼台镜中花。从业人员的素质包括知识、能力和责任心等，其中责任心最为重要。如果某个行业

从业人员的责任心普遍很强，这个行业的信誉就会得到可靠的保证，行业也就能够快速健康发展。

其次，从个人的人生价值实现角度看，一方面，职业道德可以促进人的社会化，使人逐步走向成熟。一个人从自然人转化为社会人需要一个逐步成长和完善的过程，职业活动及职业道德的教育和培养过程是人的社会化的关键。人们需要通过不断学习和实践，才能逐渐获得对自身、他人和群体的认识，获得关于责任和义务、索取和贡献的认识，获得关于自觉、协作、帮助、关心、尊重、友谊等社会性认识。通过职业劳动，人们会更加深刻认识到个人与集体的关系，逐步学会与他人相处，养成良好的职业道德习惯，从而使自己的思想丰富和成熟起来，为成才和立业奠定坚实基础。另一方面，职业道德有助于培养劳动者的创新精神。职业道德和一般社会道德一样，也具有认知、调节、激励、教育和沟通等功能。职业道德往往通过人们的职业活动、职业关系、职业态度、职业作风及其社会效果体现出来，正所谓"三百六十行，行行出状元"，一个人只要在自己的工作岗位上，遵循职业道德要求，为群众为社会做出贡献，就会受到充分的理解和尊重，贡献越大，赢得的尊重也就越多。职业道德的激励功能会促使从业人员在职业活动中不满足于现状，不是按部就班地，而是尽可能发掘自己的聪明才智创新工作，最终汇聚成整个国家和民族的创新洪流。

再次，从社会的发展角度看，一方面，职业道德具有协调社会关系的作用。每一个人都不是孤立的个体，都希望自己能够融入集体和社会当中。社会关系是在一定生产关系的基础之上形成的人与人之间的关系。各个职业和部门都是相对独立的整体，既有其内部的社会关系，也有其外部的社会关系。内部关系包括各部门之间的关系，部门内同事之间的关系，领导与被领导之间的关系等。职业道德把人们统一到为共同的正当利益协同劳动的目标之下，有利于形成部门之间相互合作，顾全大局，减少矛盾和纠纷。同事之间团结协作，礼貌相待，和睦共处，能增进感情和友谊；上下级之间相互沟通，相互理解和尊重，增强凝聚力和向心力。外部的社会关系包括行业与服务对象之间、职工和家属之间的关系。如果从业人员能尽职尽责，急人所急，以优质服务满足社会需求，就能促进社会成员之间关系的和谐。良好的职业道德也能帮助职工正确处理好家庭关系，并影响家庭成员的道德品质，有助于整个社会的道德风尚健康发展，从而进一步为更广泛的社会关系形成正面推动作用。另一方面，职业道德有利于促进经济健康发展和社会全面进步。职业认识的提高，职业情感的培养，职业意志的锻炼，职业理想的确立，以及良好职业习惯的养成，是人们做好本职工作的前提。在经济活动中，活动主体的较高的思想觉悟、敬业精神、负责态度，会直接或间接对经济决策形成正面影响，使经济活动更加科学合理，从而提高经济效益。各行各业的从业者如果都能遵守职业道德，协调好人与人之间相互的服务与被服务关系，对全社会形成团结互助、平等互爱、共同进步的人际关系也十分有利。同时，良好的社会人际关系也能反过来调动劳动者的积极性、主动性和创造性，提高劳动生产率，创造出丰富的社会物质财富，进而为经济持续健康发展，为社会全面进步提供强大精神动力和道义支撑。

而且，职业道德还有利于全民族思想道德素质的提高。一个人能否最终成才更大程度上取决于个人道德品质的优劣。在职业活动中失职、懒惰、自私、虚伪等，往往使人碌碌无为，甚至身败名裂；尽职尽责、廉洁奉公、诚实公道，则使人不断臻于至善，从而在成才和事业的道路上顺利前进。人的一生大约三分之一的时间是在职业生活中度过的，我们从事任何职业活动，都既担当了社会职责和义务，又实现着自我价值。假如每一个从业者都能以职业道德规范自身行为，必将大大提高全民族的思想道德素质，从而使和谐社会的理想变成美好现实。

1993年8月28日至9月4日，世界宗教议会第二届大会在美国芝加哥召开。大会的主题是全球伦理问题，确立该主题的基本理由是我们这个世界正在经历前所未有的苦难，而苦难的根源在于当代人类的道德危机。道德危机需要我们每一个公民通过自身实实在在的努力去拯救。因此，会议确定将孔子最早提出的"己所不欲，勿施于人"这一有约束性的价值观和不可取消的人格态度作为全球道德"黄金律"。在我们现实生活当中，各种道德问题层出不穷，这些道德问题通常又与职业相关。譬如食品安全问题，所谓的染色馒头事件、三聚氰胺事件、有毒胶囊事件、塑化剂事件、苏丹红事件、多宝鱼事件、毒豇豆事件……件件都与从业人员的职业道德败坏有关；又譬如各种各样的"艳照门"事件，也多有权与利参与其中，社会影响十分恶劣；还有公务员招考中出现的舞弊、"富二代"、"官二代"的横行跋扈，引起公众不满，这些都与职业道德有着千丝万缕的关联。可见，通过职业道德规范，把人们的物质利益和道德表现更为紧密地联系起来，是推动全民族道德素质显著提高的有效的和必经的途径。

"正如尼采所说，正直是各种德行中最年轻者——换句话来说，它是现代产业的养子。没有这个母亲，信实就好像一个出身高贵的孤儿，只有最富有教养的心灵才能养育他。……不过，由于没有更平民的而且注重实利的养母，这个幼儿就未能得到完美的发育。随着产业的发展，人们就会理解，做到信实是容易的，它是有利可图的德行。试想想看——俾斯麦对德意志帝国的领事发出训令，警告说：'德国船只装载的货物，在品质和数量方面都显得可悲地缺乏信用'，这是在不久前1880年11月的事。然而，今天已较少听到德国人在商业上不注意、不正直的事了。20年间，德国商人终于学到了正直是合算的。"①这个例子告诉我们，商业道德规范的进步和产业的发展有着深刻联系，也与一个国家和民族的文明素质紧密相关。一个社会，如果不讲职业道德，不诚实守信，必然吃亏；讲求职业道德，总是能够得到实实在在的好处。那么，不需要太长的时间，社会上人们就会习惯于和乐于遵守职业道德，社会上的百姓也会愿意遵守普遍的道德要求，并对遵守规范的人和行为给予尊重。要做到这一点，需要我们每一个人为此付出努力，荣耻分明，扬善抑恶，勇于同不道德的行为现象做坚决斗争！

五、职业道德规范

（一）职业道德规范的含义

规范可指法律或惯例，也用来表示成文法或不成文法，以及习俗、习惯和惯例等。因为所有这些东西都是人为的，而且是由人来改变或修正的，因此在古希腊哲学中规范和自然相区别。公元前5至公元前4世纪的时候，人们关于人性或人类道德属于规范还是属于自然曾展开过一场争论②。规范具有标准和准则的意思，与道德相联系，近似于行为"规矩"。道德规范是人们在生活中应当遵循的行为准则的总和，用以调节人与人之间的利益关系③。职业道德规范属于社会道德规范，是从业人员在职业活动中应该普遍遵循的行为善恶是非的标准或准则，是从业人员的职业道德行为和职业道德关系的普遍规律的反映，是一定社会或阶级对从业人员行为和关系的基本要求的概括，具有相对的稳定性。

要准确理解和把握职业道德规范的含义，需要注意以下三个方面：

首先，它是职业行为的善恶准则或标准，对从业人员具有普遍的约束力。

其次，它是从业人员的职业道德行为和职业道德关系的规律性的反映。职业道德行为是指从业人员的普遍道德行为，而职业道德关系是指职业领域的众多关系中直接关系到从业人员与他人、从业人员与社会的利益关系。

第三，它是职业客观要求和从业者主观认识的统一。一方面，它是人们通过长期职业生活、相互交往形成的一种以风俗、习惯、传统等方式固定下来的"应当"与"不应当"的参照标准，是一定社会物质生活条件和相应的职业关系的客观要求；另一方面，它又是社会上人们对这种关系的认识和总结，通过一定的思维形式和社会途径指导人们的职业生活，调整人们的职业关系的行为准则。

道德规范具有阶级性。社会主义职业道德规范就是在社会主义条件下，从业人

---

① ［日］新渡户稻造.武士道［M］.北京：商务印书馆，1993：45—46.
② ［英］布宁、余纪元编著.西方哲学英汉对照词典［Z］.北京：人民出版社，2001：684.
③ 夏征农等主编.辞海（1999年版彩图缩印本）［Z］.上海：上海辞书出版社，2001：384.

员在职业活动中的道德关系和道德行为要求的反映，是对从业人员的社会主义职业道德基本要求的集中概括。《公民道德建设实施纲要》明确提出："要大力倡导以爱岗敬业、诚实守信、办事公道、服务群众、奉献社会为主要内容的职业道德，鼓励人们在工作中做一个好建设者。"

（二）职业道德规范的社会作用

职业道德规范在职业道德建设中起着重要作用。

首先，它是职业道德发挥作用的重要环节。职业道德规范是职业道德基本原则的具体体现和应用，它表现为具体的行为准则，从而有利于指导从业人员的职业道德生活和职业道德行为。

其次，它是职业道德优良品质形成的思想前提。任何职业道德规范都既具有现实的可接受性，又具有根据阶级长远利益提出的更高的职业理想的成分。社会主义职业道德建设的根本目的就在于使从业人员形成良好的职业行为习惯和职业道德品质。从业人员只有通过长期坚持用职业道德规范要求自己，并由对规范的服从变为内心的自觉要求，才能最终养成较为完善的职业道德品质。

第三，它是职业道德评价的具体标准，也是职业道德教育的基本内容，因而属于社会主义职业道德建设的重要方面。社会主义职业道德规范建设既关系着从业人员素质的高低，也关系着社会人际关系和风气的好坏，是加强社会主义精神文明建设与和谐社会建设的重要环节。

案例与分析：

李桓英：为了一个没有麻风病的世界

李桓英，1921年8月出生，无党派人士，北京友谊医院热带医学研究所研究员，世界麻风病专家，1988年获全国"五一劳动奖章"，2000年被国务院授予全国先进工作者称号，2002年获评全国"杰出专业技术人才"，2011年荣膺第三届全国道德模范提名奖。

这是一位奇女子。1946年，李桓英从上海同济大学医学院毕业，之后远渡重洋去美国学习。在美国毕业后，品学兼优的李桓英被推荐到日内瓦，成为世界卫生组织的第一批官员。1958年李桓英婉言谢绝世界卫生组织提出续签5年合同的聘请，瞒着家人只身一人回到自己朝思暮想的祖国。

"文化大革命"期间，李桓英被下放到苏北农村，住在一个远隔人世的麻风村，经历了常人难以想象的艰难和困苦。从那时起，她暗暗下定献身麻风防治事业的决心。麻风病这个古老的疾病已有3000多年的历史，它是由麻风杆菌引起的一种慢性传染病，患了麻风病的人，脸部毁容，手脚畸形，在人们眼中麻风病简直比死神更可怕、比魔鬼还狰狞。由于缺乏治疗麻风病的有效药物，过去只要发现麻风病患者就采用残酷手段处置，不是用火烧死，就是活埋或淹死；最人道的处置，就是把他们赶到一个偏僻的地方，让其自生自灭。

1978年，已经年过半百的李桓英获得了实现自己抱负的机会，这年年底她被调到北京友谊医院北京热带医学研究所。1979年春天，美丽的西双版纳迎来了一位中年女医生——李桓英。

那时的西双版纳虽然美丽，3个县却分布着大大小小十几个麻风寨，光勐腊县就有3个大麻风寨，居住着将近200个病人。为了拉近与麻风寨人的感情，李桓英没有穿戴任何防护衣服和面具，走家串户给病人们做检查。考察结束后，她给村里人留下一句话："我一定带着药回来，带着医生回来，给乡亲们治病。"

1980年，李桓英作为改革开放后的第一批访问学者前往美国。这是她回国后第一次在美国与亲人团聚。父母已过世，弟弟、妹妹劝她："大姐，您年纪大了，在国内又孤身一人，就留下来吧。"但是，李桓英一直牢记着对麻风病人的承诺。她以访问学者的身份，考察了美、英等7个国际麻风中心，掌握了最新的防治麻风病方法。之后，她又向世界卫生组织申请了治疗100人份的麻风新药氯苯吩嗪，按期回到北京，回到了西双版纳。

隔离治疗就等于让病人跟社会脱离，家里人也不认他，大家歧视得厉害，所以恐惧得很。为了消除病人的恐惧心理，李桓英给患者看病的时候不仅不穿隔离衣，还和他们握手拥抱。

当时，李桓英看到很多患者手足畸形、眼鼻歪斜。但她二话不说走上前去，握住患者的手，跪着给麻风病人检查伤口，甚至还用手去摸他们的鞋子，告诉他们要注意清理鞋里的异物。

李桓英不但自己与麻风病患者亲密接触，甚至鼓励当地官员也这么做。她握完一位病人的手，顺势把这双残疾的手引向一位当地官员："来，你们也握一下。"对方却勉为其难地拉了一下。于是，李桓英微笑着给大家上了科普第一课：麻风病不可怕，只要及时治疗，就能好。

"以前人们对麻风病怕得要命，我就不信那个邪，就要和这种错误观念斗。"李桓英采取的办法不是别的，而是拿自己做试验：病人家的水她仰头就喝，饭捧起就吃；病人试探着同她握手，她拉着长时间不松；遇见病人，她总是拍拍对方肩膀问个好，摸摸对方的鞋里有没有泥沙。

李桓英所用的药物，患者一般需要6至7年时间才能治愈，很多病人无力长期服药。20世纪80年代初，李桓英借鉴世界麻风病治疗先进经验，率先在国内开展非隔离的短程联合治疗，推动了麻风病治疗世界性难题的解决。李桓英大胆采取病人服药24个月后就全部停药的短程联合化疗方法。服药的初期阶段，病人脸色发紫，有人开始怀疑李桓英的治疗方案，但15个月后她拿出了有力证据，渐渐地，所有服药病人身上的肿块消失了，麻木的皮肤有了知觉。这一最经济又最有效的方法在全国推广，使全国的病人数量迅速下降，全国麻风病人从原来的11万人下降到不足万人，而且年复发率仅为0.03%，大大低于国际组织年复发率小于1%的标准。

李桓英曾先后遭遇四次车祸，三根肋骨骨折，一侧锁骨断裂，但这些并没将她吓退。在勐腊她坚持乘独木舟，走独木桥，查看每一个病人的疗效。经过两年时间的治疗，这里的麻风病患者被全部治愈。康复的麻风病人紧紧握着她的双手说："麻风病把我们变成鬼，是您重新把我们变成人。"1990年的泼水节，他们摘掉了麻风寨的帽子，作为一个行政村被正式划入勐仑镇，李桓英为它取名为"曼南醒"，意思是"新生的山寨"。这一天，李桓英和人们一起跳起了欢乐的傣族舞蹈。

勐腊县县委原副书记刀建新，在1950年的时候被发现传染上了麻风病，他为此失去了工作，妻子和孩子也离开了他。1983年，李桓英带着治疗麻风病的药物来到麻风寨，在这里住了30多年的刀建新第一次看到了希望。两年后，刀建新和其他病人一起被治愈，现在他重新拥有了一个幸福家庭，儿媳妇是从30里外的坝子上嫁过来的。

现在"曼南醒"村的村民通过贷款种起橡胶树，生活渐渐富裕起来，当地政府在这里建起新学校，附近其他村寨的孩子也来一起读书，原来受歧视的麻风寨孩子有了新伙伴。

从1985年起，李桓英就开始给云贵川三省的省、州、县麻防人员办学习班。每个班40人，迄今上万人次接受过她的培训。自1994年开始，李桓英又在云贵川边远落后的麻风病高流行区开展消灭麻风病的"特别行动计划"和"消除麻风运动"，之后又建立省、地、县医生三级防保网。李桓英心中有这样一个心愿：我年纪大了，不能每年都下来检查，麻防工作还得靠当地培训过的人员自己去做，"特别行动"一定要坚持到没有一个麻风病人。1996年，她首次提出麻风病垂直防治与基层防治网相结合的模式，被称为"全球最佳的治疗行动"，实现了麻风病的早发现、早治疗。

几十年来，李桓英的足迹遍布云贵川贫困边远地区7个地州、59个县镇，行程上万公里，成千上万的麻风病患者恢复健康，重获新生。世界卫生组织官员诺丁博士曾当着她的面赞扬道："全世界麻风病防治现场工作，你是做得最好的。"

90岁，早该是颐养天年的年纪，但90岁的李桓英，依然奋战在麻风病防治的第一线。2011年8月,90岁的李桓英要再下云南,为当地的基层医生讲课,她自己都记不清这是第几次从北京出发前往祖国的西南边陲了。"那些畸残的脸,我看着别扭,非解决不可,让中国没有麻风病。"这是李桓英的理想,也是她的信念。为我国麻风病工作奔走了48年的李桓英,仍然在为这个理想和信念不懈奋斗。

李桓英告诉记者:"我不觉得辛苦,辛苦对于事业发展是个乐趣。"她说:"麻风病还没有完全消灭。我会再接再厉,迎接下一个挑战。我相信随着时代的进步,麻风病最终将会消亡。"[1]

案例分析:

李桓英是一位强者,一路风雨,一路彩虹,她最终赢得了病人的爱,人们的尊敬和社会的褒扬,不愧为中华民族的先进代表和道德模范。

她是一个时代的奇女子,奇在别人为留在国外发展竭心尽力的时候,她表现出对祖国不同寻常的热爱,毅然回到祖国的怀抱;奇在在别人倒下的地方,她的生命异常顽强,没有被接近麻风病人所吓倒,反而在贫穷落后的麻风村寨中找到了自己生命闪光的方向和目标;奇在有人想方设法提前退休,而她却生命不息,奋斗不止,为消灭麻风病而鞠躬尽瘁。

为消除麻风病付出努力的医生绝不只她一个,但她对于病人生命的珍爱,表现出的无畏和勇敢,令人难以忘怀;她对职业使命的坚持与热忱,动人心扉;她对人生价值的自觉无疑是我们时代一座光荣的碑记。不是凭着一时的冲动,不是靠一两件偶然的事迹,她在自己的人生道路上默默地写着一个大大的"爱"字,对病人的爱,对生命的爱,对医生这个职业的爱。她为无数病人抚慰心中的苦痛,消除肌体的煎熬,让他们重新感受阳光的温暖和风的舒畅。她不辞劳苦,奔走在山野乡间,她不求物质的安逸,却对病人康复的笑脸情有独钟。在我们的时代,李桓英对"要让麻风病彻底消失"这一目标的孜孜以求,向我们生动展示了医道的可贵内涵,她为能带给病人重新回归社会健康生活的希望而感到无比幸福。如果离开"满足他人需要就是人生真正价值"的认同,我们就不可能理解她生命中飞扬着的精彩。

中国伦理学会原会长陈瑛对李桓英这位普普通通的大夫做出了这样的评价:"这种敬业精神十分可贵,她是为了人类健康具有自我牺牲精神的一位医生,值得大家敬仰和学习。"

---

[1] 资料来源:http://zt.bjwmb.gov.cn/sdddmf/jyfx/t20110419_384974.htm;http://roll.sohu.com/20110726/n314515491.shtml;http://news.qq.com/a/20070116/002730.htm;http://society.people.com.cn/GB/8217/95880/95919/6178926.html.

拓展阅读：

道德准则和社会幸福（节选）

伯特兰·罗素

无论道德家怎样宣扬利他主义，所有产生了广泛影响的道德箴言仍然是在鼓励人们追求纯粹的利己欲望。佛教要人们发扬美德，乃是因为行善可以使人涅槃；基督教鼓励人们积德，那实际上是为了灵魂可以升天堂。在这两大宗教中，积德行善是精明的利己主义者可以选择的行为方式。因此，无论是佛教还是基督教，都没有对我们时代的道德实践产生过重大影响。精力旺盛的人认为，我们时代的道德标准就是"争取成功"——我这一代人从儿童时就从斯麦利的《自助自强》一书中习得了这一道德标准，而现在的年轻人则是从效率专家那里了解到这个准则的。按照这个标准，"成功"的定义就是赚大钱。据此，年轻人上班迟到是可鄙的，即使他迟到的原因是为了送孩子去看急诊；然而，在关键时刻搬弄是非，中伤竞争对手却不被认为是可鄙的事情。这个道德标准要求人们勇于竞争，刻苦工作，严格进行自我控制。它导致的是使那些体质不太强壮的人产生消化不良症和无以言表的烦恼。

……

我们对于美德的定义是：有助于创造美好社会的习俗；而对于恶行的定义是：有助于导致不良社会的习俗。这种判断引起的结果是，我们在一个重要的方面与功利主义的道德家不谋而合。[①]

职业

蔡元培

凡人不可以无职业，何则？无职业者，不足以自存也。人虽有先人遗产，苟优游度日，不讲所以保守维持之道，则亦不免丧失者。且世变无常，千金之子，骤失其凭借者，所在多有，非素有职业，亦奚以免于冻馁乎？

有人于此，无材无艺，袭父祖之遗财，而安于怠废，以道德言之，谓之游民。游民者，社会之公敌也。不惟此也，人之身体精神，不用之，则不特无由畅发，而且日即耗废，过逸之弊，足以戕其天年。为财产而自累，愚亦甚矣。既有此资财，

---

① ［英］伯特兰·罗素. 罗素自选文集［M］. 戴玉庆译. 北京：商务印书馆，2006：212—213.

则奚不利用之,以讲求学术,或捐助国家,或兴举公益,或旅行远近之地,或为人任奔走周旋之劳,凡此皆所以益人裨世,而又可以自练其身体及精神,以增进其智德;较之饱食终日,以多财自累者,其利害得失,不可同日而语矣。夫富者,为社会所不可少,即货殖之道,亦不失为一种之职业,但能善理其财,而又能善用之以裨于社会,则又孰能以无职业之人目之耶?

人不可无职业,而职业又不可无选择。盖人之性质,于素所不喜之事,虽勉强从事,辄不免事倍而功半;从其所好,则劳而不倦,往往极其造诣之精,而渐有所阐明。故选择职业,必任各人之自由,而不可以他人干涉之。

自择职业,亦不可以不慎,盖人之于职业,不惟其趣向之合否而已,又于其各种凭借之资,大有关系。尝有才识不出中庸,而终身自得其乐;或抱奇才异能,而以坎坷不遇终者;甚或意匠惨淡,发明器械,而绌于资财,赍志以没。世界盖尝有多许之奈端①、瓦特其人,而成功如奈端、瓦特者卒鲜,良可慨也。是以自择职业者,慎勿轻率妄断,必详审职业之性质,与其义务,果与己之能力及境遇相当否乎,即不能辄决,则参稽于老成练达之人,其亦可也。

凡一职业中,莫不有特享荣誉之人,盖职业无所谓高下,而荣誉之得否,仍关乎其人也。其人而贤,则虽屠钓之业,亦未尝不可以显名,惟择其所宜而已矣。

承平之世,子弟袭父兄之业,至为利便,何则?幼而狎之,长而习之,耳濡目染,其理论方法,半已领会于无意之中也。且人之性情,有所谓遗传者。自高、曾以来,历代研究,其官能每有特别发达之点,而器械图书,亦复积久益备,然则父子相承,较之崛起立业,其难易迟速,不可同年而语。我国古昔,如历算医药之学,率为世业,而近世韵律图画之技,亦多此例,其明征也。惟人之性质,不易揆以一例,重以外界各种之关系,亦非无龃龉于世业者,此则不妨别审所宜,而未可以胶柱而鼓瑟者也。②

青年在选择职业时的考虑

卡尔·马克思

自然本身给动物规定了它应该遵循的活动范围,动物也就安分地在这个范围内活动,而不试图越出这个范围,甚至不考虑有其他范围存在。神也给人指定了共同的目标——使人类和他自己趋于高尚,但是,神要人自己去寻找可以达到这个目标的手段;神让人在社会上选择一个最适合于他、最能使他和社会变得高尚的地位。

---

① 原注——奈端(Newton):通译牛顿.
② 蔡元培.中国伦理学史[M].北京:商务印书馆,1999:193—195.

这种选择是人比其他创造物远为优越的地方，但同时也是可能毁灭人的一生、破坏他的一切计划并使他陷于不幸的行为。因此，认真地权衡这种选择，无疑是开始走上生活道路而又不愿在最重要的事情上听天由命的青年的首要责任。

每个人眼前都有一个目标，这个目标至少在他本人看来是伟大的，而且如果最深刻的信念，即内心深处的声音，认为这个目标是伟大的，那他实际上也是伟大的，因为神绝不会使世人完全没有引导者，神轻声地但坚定地做启示。

但是，这声音很容易淹没；我们认为是热情的东西可能倏忽而生，同样可能倏忽而逝。也许，我们的幻想蓦然迸发，我们的感情激动起来，我们的眼前浮想联翩，我们狂热地追求我们以为是神本身给我们指出的目标；但是，我们梦寐以求的东西很快就使我们厌恶，于是，我们便感到自己的整个存在遭到了毁灭。

因此，我们应当认真考虑：我们对所选择的职业是不是真的怀有热情？发自我们内心的声音是不是同意选择这种职业？我们的热情是不是一种迷误？我们认为是神的召唤的东西是不是一种自我欺骗？不过，如果不对热情的来源本身加以探究，我们又怎么能认清这一切呢？

伟大的东西是闪光的，闪光会激发虚荣心，虚荣心容易使人产生热情或者一种我们觉得是热情的东西；但是，被名利迷住了心窍的人，理性是无法加以约束的，于是他一头栽进那不可抗拒的欲念召唤他去的地方；他的职业已经不再是由他自己选择，而是由偶尔机会和假象去决定了。

我们的使命绝不是求得一个最足以炫耀的职业，因为它不是那种可能由我们长期从事，但始终不会使我们感到厌倦、始终不会使我们劲头低落、始终不会使我们的热情冷却的职业，相反，我们很快就会觉得，我们的愿望没有得到满足，我们的理想没有实现，我们就将怨天尤人。

但是，不仅虚荣心能够引起对某种职业的突然的热情，而且我们也会用自己的幻想把这种职业美化，把它美化成生活所能提供的至高无上的东西。我们没有仔细分析它，没有衡量它的全部分量，即它加在我们肩上的重大责任；我们只是从远处观察它，而从远处观察是靠不住的。

在这里，我们自己的理性不能给我们充当顾问，因为它被感情欺骗，受幻想蒙蔽时，它既不依靠经验，也不依靠更深入的观察。然而，我们的目光应该投向谁呢？当我们丧失理性的时候，谁来支持我们呢？

是我们的父母，他们走过了漫长的生活道路，饱尝了人世辛酸。——我们的心这样提醒我们。

如果我们经过冷静的考察，认清了所选择的职业的全部分量，了解它的困难以后，仍然对它充满热情，仍然爱它，觉得自己适合于它，那时我们就可以选择它，那时我们既不会受热情的欺骗，也不会仓促从事。

但是，我们并不总是能够选择我们自认为适合的职业；我们在社会上的关系，还在我们有能力决定它们以前就已经在某种程度上开始确立了。

我们的体质常常威胁我们，可是任何人也不敢蔑视它的权利。

诚然，我们能够超越体质的限制，但这么一来，我们也就垮得更快；在这种情况下，我们就是冒险把大厦建筑在残破的废墟上，我们的一生也就变成一场精神原则和肉体原则之间的不幸的斗争。但是，一个不能克服自身相互斗争的因素的人，又怎能抗御生活的猛烈冲击，怎能安静地从事活动呢？然而只有从安静中才能产生伟大壮丽的事业，安静是唯一能生长出成熟果实的土壤。

尽管我们由于体质不适合我们的职业，不能持久地工作，而且很少能够愉快地工作，但是，为了恪尽职守而牺牲自己幸福的思想激励着我们不顾体弱去努力工作。如果我们选择了力不能胜任的职业，那么，我们决不能把它做好，我们很快就会自愧无能，就会感到自己是无用的人，是不能完成自己使命的社会成员。由此产生的最自然的结果就是自卑。还有比这更痛苦的感情吗？还有比这更难于靠外界的各种赐予来补偿的感情吗？自卑是一条毒蛇，它无尽无休地搅扰、啃啮我们的胸膛，吮吸我们心中滋润生命的血液，注入厌世和绝望的毒液。

如果我们错误地估计了自己的能力，以为能够胜任经过较为仔细的考虑而选定的职业，那么这种错误将使我们受到惩罚。即使不受到外界的指责，我们也会感到比外界指责更为可怕的痛苦。

如果我们把这一切都考虑过了，如果我们生活的条件容许我们选择任何一种职业，那么我们就可以选择一种能使我们获得最高尊严的职业，一种建立在我们深信其正确的思想上的职业，一种给我们提供最广阔的场所来为人类工作，并使我们自己不断接近共同目标即臻于完美境界的职业，而对于这个共同目标来说，任何职业都只不过是一种手段。

尊严是最能使人高尚、使他的活动和他的一切努力具有更加崇高品质的东西，就是使他无可非议、受到众人钦佩并高出于众人之上的东西。

但是，能给人以尊严的只有这样的职业，在从事这种职业时我们不是作为奴隶般的工具，而是在自己的领域内独立地进行创造；这种职业不需要有不体面的行动（哪怕只是表面上不体面的行动），甚至最优秀的人物也会怀着崇高的自豪感去从事它。最合乎这些要求的职业，并不总是最高的职业，但往往是最可取的职业。

但是，正如有失尊严的职业会贬低我们一样，那种建立在我们后来认为是错误的思想上的职业也一定会成为我们的沉重负担。

这里，我们除了自我欺骗，别无解救办法，而让人自我欺骗的解救办法是多么令人失望啊!

那些主要不是干预生活本身,而是从事抽象真理的研究的职业,对于还没有确立坚定的原则和牢固的、不可动摇的信念的青年是最危险的。当然,如果这些职业在我们心里深深地扎下了根,如果我们能够为它们的主导思想牺牲生命、竭尽全力,这些职业看来还是最高尚的。

这些职业能够使具有合适才干的人幸福,但是也会使那些不经考虑、凭一时冲动而贸然从事的人毁灭。

相反,重视作为我们职业的基础的思想,会使我们在社会上占有较高的地位,提高我们自己的尊严,使我们的行为不可动摇。

一个选择了自己所珍视的职业的人,一想到他可能不称职时就会战战兢兢——这种人单是因为他在社会上所处的地位是高尚的,他也就会使自己的行为保持高尚。

在选择职业时,我们应该遵循的主要指针是人类的幸福和我们自身的完美。不应认为,这两种利益会彼此敌对、互相冲突,一种利益必定消灭另一种利益;相反,人的本性是这样的:人只有为同时代人的完美、为他们的幸福而工作,自己才能达到完美。如果一个人只为自己劳动,他也许能够成为著名的学者、伟大的哲人、卓越的诗人,然而他永远不能成为完美的、真正伟大的人物。

历史把那些为共同目标工作因而自己变得高尚的人称为最伟大的人物;经验赞美那些为大多数人带来幸福的人是最幸福的人;宗教本身也教诲我们,人人敬仰的典范,就曾为人类而牺牲自己——有谁敢否定这类教诲呢?

如果我们选择了最能为人类而工作的职业,那么,重担就不能把我们压倒,因为这是为大家而做出的牺牲;那时我们所享受的就不是可怜的、有限的、自私的乐趣,我们的幸福将属于千百万人,我们的事业将悄然无声地存在下去,但是它会永远发挥作用,而面对我们的骨灰,高尚的人们将洒下热泪(卡尔·马克思写于1835年8月12日)。①

思考与讨论:

1. 在今天的现实背景之下,你所认识的职业的内涵是什么?
2. 什么是职业道德?它具有哪些特点?
3. 请结合自身感受,谈谈职业道德对于个人成长成才和社会发展进步具有什么作用?
4. 职业道德规范的社会作用主要表现在哪几个方面?

---

① 马克思恩格斯全集(第1卷)[M].北京:人民出版社,1995:455—460.

第三章　职业道德的基本要求

实际上，每一个阶级，甚至每一个行业，都各有各的道德。

——恩格斯

学习目标：
1. 理解职业道德的五项基本要求；
2. 认识职业道德基本要求的作用；
3. 掌握职业道德的基本要求。

导入案例：

2006年感动中国人物获奖者华益慰的感动印象和颁奖词：

不拿一分钱，不出一个错，这种极限境界，非有神圣信仰不能达到。他是医术高超与人格高尚的完美结合。他用尽心血，不负生命的嘱托。

一辈子做一件事：就是对得起病人。爱人知人，医乃仁术，大医有魂。

值得托付生命的人[①]

华益慰，著名医学专家、北京军区总医院主任医师。1933年3月出生，1956年10月加入中国共产党。2006年8月因积劳成疾病逝，终年73岁。专长为普通外科、胃肠道、乳腺、甲状腺疾病的外科诊断治疗。他做过数千例手术，挽救了许多患者的生命，没有出过一次医疗事故和差错。从医56年，华益慰只做着一件事，那就是对得起病人。他一生兢兢业业，被患者誉为"值得托付生命的人"。

士有百行，以德为首。在许多经华益慰治愈的患者看来，他手中那柄手术刀是神奇的，再凶险严重的疾患他也能刀下病除；在那些多年跟随他左右的医护人员看来，他的医术是高超的，再疑难复杂的病例他也能攻克。其实，比之他的医术，更

---

① 题目为编者所拟。

宝贵的是他高尚的医德。没有全心全意为病人服务的精神，没有对患者极端负责任、对工作极端热忱的态度，他的手术刀下不可能创造出那样超乎寻常的医疗佳绩，他的身后也不可能留下那样多感人肺腑的故事。古人所谓"医乃仁术，无德不立"，讲的就是这个道理。华益慰的事迹告诉我们：做任何事业都必先打好思想道德基础，如此方能在社会主义市场经济条件下，判断行为得失，确定价值取向，做出正确选择。毫无疑问，高尚的道德追求往往能极大地激发人的精神潜能，成就伟大的事业。

华益慰从医56载，从没做过一件对不起患者的事情。大大小小的手术做了几千例，从未收过患者一个"红包"。说来容易，做到很难。尤其是在今天各种诱惑比较多的情况下，该要何等坚定不移的信念，该要何等力抵千钧、洁身自守的定力！而这种信念和定力就来源于他对共产党员、人民军医道德操守的认识与坚持。

戎装在身，他知道自己代表的是人民军队；手术刀在握，他懂得这是党赋予的光荣使命。丢了操守，就会玷污人民军队的光辉形象；违了医德，则背离了党全心全意为人民服务的宗旨。知荣明耻，让华益慰视操守如生命，56载不违共产党员的操守一分、不越社会主义道德的"雷池"半步。

道德贵在自律，重在修养。华益慰高尚的道德操守并非是与生俱来的，而是他几十年来始终不放松自身的世界观改造、不放松对个人思想道德的修养，时时刻刻自重、自省、自警、自励的结果。如果有更多的人能够像华益慰那样站在保持共产党人本色的高度，重视自身的道德修养，立足本职岗位，从一言一行做起，坚持不懈地践行社会主义荣辱观，我们的党风和社会风气就会有更大的好转，全社会的道德水准就会有更大的提高。

他说："作为医生，在多年的工作中，为病人所做的，是能够得到他们的认可。同时，还有许多惦念我的好战友、好同事的认可，我很满足，也很感激。而身后一切的形式都不再有意义，我愿以我父母曾经的方式做身后的安排：不发讣告，不做遗体告别，不保留骨灰，自愿做遗体解剖。此事希望委托丁华野教授安排，对疾病的诊断和医学研究有价值的标本可以保留。其他有关事情我愿按照我妻子张燕容的安排进行。"如此三"不"一"自愿"的遗嘱，让华益慰真正如蜡烛一般燃尽自己并献身医疗事业。

华益慰就这样，用"平凡的工作、默默的付出、蜡烛般的献身"，向我们诠释了一名医生的伟大，真正体现了"大德无碑，真水无香"的高尚品格。

华益慰没有带走一片云彩，只是轻轻地走了，饱含安详和情操。他用73载的平凡、洁白人生，羽化出医德"仁术"，留给我们无数的平凡感动。我们要以华益慰同志为榜样，立足本职岗位，在平凡的岗位上做出不平凡的贡献。[1]

---

[1] 资料来源：人民网，http://edu.people.com.cn/GB/8216/7098047.html。

第一节　爱岗敬业，最可贵的职业品质

爱岗敬业是社会主义职业道德最基本、最起码、最普通的要求。它要求从业者既要热爱自己所从事的职业，又要以恭敬的态度对待自己的工作岗位，爱岗敬业是职责，也是个人发展的内在要求。

一、爱岗敬业是最可贵的职业品质

爱岗敬业的含义由爱岗与敬业两个层次构成，其中爱岗是普遍性、基础性的规范要求，敬业则是升华的、能动的职业道德规范要求，二者是紧密联系在一起的。爱岗是敬业的前提，敬业是爱岗情感的进一步升华。只有爱岗才能实现敬业，只有敬业才能持续真正地践行爱岗，爱岗是从业者成为合格劳动者的基础条件；敬业则是从业者实现职业理想、提升与完善职业道德的要求与表现，爱岗敬业是最可贵的职业品质[①]。

所谓爱岗，就是热爱自己的工作岗位，热爱自己的本职工作，并为做好本职工作尽心竭力。通俗地说就是"干一行，爱一行"，它是人类社会各类职业道德的基本规范。爱岗是对人们工作态度的一种普遍要求，即要求职业工作者以正确的态度对待各种职业劳动，努力培养热爱自己所从事工作的幸福感、荣誉感。随着社会的发展变化，在当今职业现代化发展趋势中，"爱岗"具有不同于以往的现实性与层次性，主要包括：热爱职业、热爱职位、热爱本职工作。

所谓敬业，就是用一种恭敬严肃的态度来对待自己的职业。敬业的核心要求是严肃认真，一心一意，精益求精，尽职尽责。任何时候用人单位都会倾向于选择那些既有真才实学又踏踏实实，持良好态度工作的人。这就要求从业者只有养成干一行、爱一行、钻一行的职业精神，专心致志搞好工作，才能实现敬业的深层次含义，并在平凡的岗位上创造出奇迹。一个人如果看不起本职岗位，心浮气躁，好高骛远，不仅违背了职业道德规范，而且会失去自身发展的机遇。虽然社会职业在外部表现上存在差异，但只要从业者热爱自己的本职工作，并能在自己的工作岗位上兢兢业业工作，终会有机会创出一流的业绩。

爱岗敬业是职业道德的基础，是社会主义职业道德所倡导的首要规范。总的来说，爱岗敬业是指从业人员在特定的社会岗位中，尽职尽责、一丝不苟地履行自己所从事社会事务的行为，以及在职业生活中表现出来的兢兢业业、埋头苦干、任劳

---

① 宋辉.社会主义职业道德论［M］.沈阳：辽宁大学出版社，2011：175.

任怨的强烈事业心，并做到乐业、勤业、精业。爱岗敬业，就是对自己的工作要专心、认真、负责，为实现职业上的奋斗目标而努力。

二、爱岗敬业助你明确职业方向

一份职业，一个工作岗位，是一个人赖以生存和发展的基础保障。同时，一个工作岗位的存在，往往也是人类社会存在和发展的需要。所以，爱岗敬业不仅是个人生存和发展的需要，也是社会存在和发展的需要。

只有爱岗敬业，在自己的工作岗位上勤勤恳恳，不断地钻研学习，一丝不苟，精益求精，才有可能为社会为国家做出崇高而伟大的奉献。焦裕禄、孔繁森、郑培民等一大批党和人民的好干部都是在本职工作岗位上呕心沥血，勤政为民；当各种疫情袭来，一大批医生、护士和科研人员，挺身而出，冒着生命危险，冲上第一线，拯救了一个个在死亡线上挣扎的同胞的生命，有人还为此献出了自己宝贵的生命。

全面建设小康社会的伟大事业正呼唤着亿万具有爱岗敬业这种平凡而伟大的奉献精神的人。具备这种奉献精神的人都是民族的脊梁！

目前，在我国市场经济条件下，实行的是求职者与用人单位的双向选择，这种就业方式的好处就是能使更多的人从事自己真正感兴趣的工作，用人单位也能挑选出自己所需要的合适人选。在社会主义市场经济条件下，双向选择的就业方式为更好地发挥人的积极性创造了条件。这一改革与社会主义职业道德基本规范要求的爱岗敬业并不矛盾。

首先，提倡爱岗敬业，热爱本职工作，并不是要求人们终身只能干"一"行，爱"一"行，它要求劳动者通过本职工作，在一定程度上和范围内做到全面发展，不断增长知识才干，努力成为多面手。我们不能把忠于职守、爱岗敬业片面地理解为绝对地、终身地只能从事某一种职业，而是选定一行就应爱一行。双向选择可以增强人们优胜劣汰的人才竞争意识，促使人们更加自觉地忠于职守，爱岗敬业。实行双向选择，开展人才的合理流动，使用人单位有用人自主权，可以择优录用，实现劳动力、生产资源的最佳配置，劳动者又可以根据社会的需要和个人的专业、特长、兴趣和爱好选择职业，真正做到人尽其才，充分发挥积极性和创造性。这与我们所强调的爱岗敬业的根本目的是一致的。

其次，求职者是不是具有爱岗敬业的精神，是用人单位评价人才的一项非常重要的标准。用人单位欣赏也需要那些具有爱岗敬业精神的人。因为只有那些干一行、爱一行的人，才能专心致志地搞好工作。如果只从兴趣出发，见异思迁，"干一行，厌一行"，不但自己的聪明才智得不到充分发挥，甚至会给工作带来损失。

三、让爱岗敬业成为一种习惯

当我们将爱岗敬业当成一种习惯时，就能够从工作中领悟到更多的知识、积累更多的经验，能从全身心地投入工作的过程中。把敬业变成一种习惯，从事任何行业都更容易成功[①]。那么如何把敬业变成习惯呢？需要从以下几点出发：

（一）树立职业理想

职业理想是指人们对未来工作状态的向往和对现行职业发展将达到什么水平、程度的憧憬，它是人们职业行为和职业道德的一种开端性要素。一般来说，职业理想主要包括三个方面内容：维持生活，发展个性，承担社会义务。确立正确的职业理想不仅表明从业人员已经确立了正确的职业态度，而且更重要的是可以保证从业人员在具体职业实践过程中尽心、尽力、尽职、尽责，还可以保证他通过职业实践形成职业良心，达到更高的职业道德境界。

（二）强化职业责任

爱岗敬业职业道德规范的核心要求，就是履行职业责任，确保职业的社会功能与作用能够实现。职业责任是指人们在一定职业活动中所承担的特定职责，它包括人们应该做的工作以及应该承担的义务。工作就意味着责任，社会上的每一个行业都对社会或其他行业担负着一定的使命和职责，从事一定职业的人们也对本职工作担负着一定的职业使命、职责。在这个世界上，没有无须责任的工作。相反，你的职位越高，权力越大，你肩负的责任就越重。职业责任往往是通过具有法律和行政效力的职业章程或职业合同来规定的，具有明确的规定性，同时与物质利益存在直接关系，具有法律及其纪律的强制性。

目前很多行业为了强化员工的职业责任，通常是对员工进行职业责任教育和培训，并通过各种方式督促从业人员自觉提高自身职业责任修养。

（三）提高职业技能

职业技能也称职业能力，是人们进行职业活动、履行职业责任的能力和手段，它包括从业人员的实际操作能力、业务处理能力、技术技能以及与职业有关的理论知识等。职业技能不仅能够在树立职业理想、强化职业责任的过程中起到积极作用，而且也是职业理想得以实现的重要保障。人的职业技能形成主要由人的先天生理条件、人的职业活动实践和职业教育三个条件决定。社会的发展和科技的进步，给社会每个岗位都提出了越来越多的要求，所以每个从业人员都应该结合自身的先天条件，依据工作需要，不断地学习提高。

---

① 王唤明.岗位精神［M］.北京：机械工业出版社，2010：90.

案例与分析：

举灯天使

职业习惯使钱小芳练就一双慧眼。一个星期天，她巡视病房时发现一位家属面色苍白、面容痛苦，不断呻吟，她立即走到这个家属身边，俯下身询问情况，并快速做出判断：该家属可能是患了急性胆囊炎，应立即送往综合性医院救治。她二话没说，立即将她护送到省妇幼保健院隔壁的福建省协和医院救治，并为其办理了入院手续。由于及时得到治疗，这位病人很快痊愈了。

作为一位护理专业的践行者和管理者，钱小芳深深懂得护理质量关系到每个人的健康乃至生命安全，在她从事护理管理工作的多年中，她始终严于律己，让自己的工作做到娴熟无误。

长期超负荷的工作，使本来强壮的钱小芳渐渐虚弱。1995年，她病倒了，在病情还没有完全好转时就要求出院，坚持上班。由于一直抱病工作，到2000年时她再次病倒，不得不住院。这次病情来势凶猛，高烧持续三十几天不退，又查不出病因，医生几次发出病危通知。护士姐妹们到医院探望她，见虚弱的她躺在病床上，都忍不住哭了，可她却安慰大家说没事。同事们要利用自己的休息时间轮流照看她，可她却坚持说大家上班已经很辛苦了，要以工作为重。钱小芳的这种满腔热情、忘我工作的精神，感动着每位护士，也鞭策着每位年轻的护士为护理事业积极进取。她多次获得院先进工作者，院、厅直属机关优秀共产党员的光荣称号，并荣获福建省人民政府颁发的"全心全意为人民服务，为护理事业做出积极贡献"的卫生技术人员奖励工资一级。

守护"生命之灯"，高擎"奉献之灯"，点亮"探索之灯"，钱小芳在平凡的岗位上实践着南丁格尔神圣的誓言，她用生命之灯绽放出璀璨的光芒！①

案例分析：

钱小芳及时为病人确诊，使病人得到有效治疗是爱岗敬业；钱小芳刻苦钻研业务、带病工作是爱岗敬业；钱小芳严于律己，工作娴熟，为他人考虑是爱岗敬业。钱小芳的满腔热情、忘我工作的精神，感动着我们每一个从业者，也鞭策着我们为自己的职业贡献一分力量。

---

① 资料来源：http://health.people.com.cn/GB/26466/233437/235257/235261/16329876.html.

第二节 诚实守信，做人做事最基本的品质

对人以诚信，人不欺我；对事以诚信，事无不成。

——冯玉祥

诚实守信简称为诚信，是人类社会道德要求的基本规范，是社会进行各种交往与活动的普世道德原则。在中国，诚实守信即是一般道德规范的核心要求，也是各种职业道德规范的最重要要求。

一、诚实守信是做人的基本原则

在日常生活中人们常常以诚信统称诚实守信，实际上诚实与守信二者有着道德侧重，各有其义，是具有一定区隔性的，同时二者又是紧密联系的。诚实中蕴含着守信的要求，守信中又包含诚实的内涵。

所谓诚实，就是真实不伪，诚恳不欺，精真不懈，能够从事物的客观实际出发，真实地表达思想与感情，寻求道义的主客观统一性。通俗地说，诚实就是实事求是，是表里如一，说老实话，办老实事，做老实人，待人做事，不弄虚作假。

诚实在职业行为中最基本的体现就是诚实劳动。每一名从业者，只有为社会多工作、多创造物质或精神财富，并付出卓有成效的劳动，社会所给予的回报才会越多，即"多劳多得"。

所谓守信，就是要求讲信誉，重信誉；信守诺言，忠实履行自己承担的义务；要求每名从业者在工作中严格遵守国家的法律、法规和本职工作的条例、纪律；要求做到秉公办事，坚持原则，不以权谋私；要求做到实事求是，信守诺言，对工作精益求精，注重产品质量和服务质量，并同弄虚作假、坑害人民的行为进行坚决的斗争。"人无信不立"，诚实守信是做人最基本的原则。离开了这个原则，人在社会上将寸步难行。

在职业活动中，职业道德的诚信规范要求通过其内涵的道义性与功能的规则性而成为具有独特特点的职业道德规范，成为职业道德规范的重要内容。一方面，中国是一个崇尚道义的社会，诚实守信在中国发展与定位就是道义本位，符合中国人的认知要求，为各方普遍接受，在社会职业主体间发挥着道德内化的调节作用；另一方面，在现代化社会转型过程中，诚实守信突出了规则色彩，法律规则的底线就是诚实守信，在道德上的不诚信就可能触犯法律，这是刚性的诚信规则。总之，诚实守信成为合格职业者所具备的职业道德品质要求，成为具有良好职业评

价、提升职业形象，进而推动职业活动展开的重要内容，使其成为职业道德规范中的金科玉律。

二、诚实守信是职业道德的立足点

首先，诚实守信是当前道德建设的重点。

社会主义社会的道德建设，是一个包括道德核心（为人民服务）、道德原则（集体主义）和各种道德规范的庞大体系。这个体系涵盖了道德生活的所有方面，包括"社会公德、职业道德和家庭美德"三大领域中各种人伦关系的要求。在"二十字基本道德规范"中，更突出了"爱国"、"守法"、"明礼"、"诚信"、"团结"、"友善"、"勤俭"、"自强"、"敬业"、"奉献"等10个基本规范。而其中党和国家又更加强调"以诚实守信为重点"，加强社会主义道德建设。

道德建设和道德教育的最终目的，就是要使道德核心、道德原则和道德规范转化为人们的内心信念，并能把它付诸实践。道德教育不但要使人们懂得什么是道德的，什么是不道德的，更重要的是，要以诚挚、真实的态度，把道德要求化为自己的行动。古人认为，"履，德之基也"（《周易·爻辞下》），"口能言之，身能行之，国宝也，口言善，身行恶，国妖也"（《荀子·大略》），把能否实践道德作为道德建设的根本。因此，以什么样的态度来对待道德的核心、原则和规范，是道德建设和道德教育能否收到实际效果的决定环节。能够做到诚实守信，身体力行道德规范，我们的道德建设就必然取得愈来愈大的进展；不能做到诚实守信，我们的道德建设就会沦为空谈，人们的素质也就不可能得到提高。在当前，我国一些地方的道德失范现象，归根到底，都与失去了"诚实守信"有重要关系，而要改变这种现象，就必须从加强"诚实守信"建设入手。

言行一致，身体力行，以老老实实的态度来履行道德规范的要求，这可以说是加强道德建设的卓识远见。

其次，诚实守信是社会健康发展的重要保障。

"以诚实守信为重点"，是社会主义市场经济对道德建设的一个重要要求，是提高人们的思想素质、改善社会风尚、保障经济秩序良性运行的支撑。加强诚信建设，日益成为我国经济、政治、文化和社会健康发展的重要保障。

所谓"诚实"，就是说老实话、办老实事，不弄虚作假，不隐瞒欺骗，不自欺欺人，表里如一。所谓"守信"，就是要讲信用、守诺言，也就是要言而有信、诚实不欺等等。

诚实守信是人和人之间正常交往、社会生活稳定、经济秩序得以保持和发展的重要力量。对一个人来说，诚实守信既是一种道德品质和道德信念，也是每个公民的道德责任，更是一种崇高的人格力量。对一个企业或团体来说，它是一种形象，一种品牌，一种信誉，一个使企业兴旺发达的基础。对一个国家和政府来说，诚实守信是国格的体现。对国内，它是人民拥护政府、支持政府的重要支撑；对国际，它是显示国家地位和国家尊严的象征，是国家自立自强于世界民族之林的重要力量，也是良好国际形象和国际信誉的标志。从经济生活来看，诚实守信是经济秩序的基石，是企业的立身之本和一种无形的资产；从政治道德来看，诚实守信是一种极其重要的品性，是政治意识和责任意识的体现，是一个从政者必须具有的道德品性和政治素质。从人际关系来看，诚实守信是人和人在社会交往中最根本的道德规范，也是一个人最主要的道德品质；人们在交往中，相互信任是相处的基础，其关键就在于诚实守信。

在现代社会中，随着社会主义市场经济的不断发展，诚实守信在社会政治生活、经济生活、文化建设和道德风尚等各个方面，日益显示出它的重要地位。立党为公、执政为民的思想，寄希望于政治上的"诚实守信"；经济秩序的正常运行，迫切要求"诚实守信"；人民群众的相互交往，热切地呼唤"诚实守信"；社会的道德失范，亟须"诚实守信"来予以匡正。在加强社会主义法制建设、依法治国的同时，加强诚信建设体现了"法治"和"德治"、依法治国与以德治国的相辅相成。

再次，诚实守信是建立市场经济秩序的基石。

市场经济，是交换经济、竞争经济，又是一种契约经济。因此，如何保证契约双方履行自己的义务，是维护市场经济秩序的关键。一方面，我们强调市场经济是法治经济，用法律的手段来维护市场的秩序；同时，我们还必须用道德的力量，以"诚信"的道德觉悟，来维护正常的经济秩序。市场经济的健康运行，不仅靠对违法者的惩处，更重要的，要使大多数参与竞争的人，能够成为竞争中的守法者，成为一个有道德的人。如果没有道德教育，没有荣辱观念，没有羞耻之心，都信奉"自私自利"、"损人利己"的价值观念，人们就会想方设法以各种手段获取利益，人和人之间的交往就无法进行。社会失去了"诚实守信"的道德基石，失去了以"诚实守信"为荣、"背信弃义"为耻的舆论氛围，市场经济的正常秩序是根本无法建立起来的。"法治"和"刑罚"着重于惩罚那些已经违法犯罪的人；而道德教育和"德治"则着重于针对违法犯罪前的教育和预防。

市场经济的激烈竞争中，在最大利益的诱惑与驱动下，只有使参与竞争的大多数人自觉守法，才能够避免"法不责众"的混乱局面，才能真正发挥法律的作用，才能保证市场经济秩序的正常运行。

因此，诚实守信作为我国社会主义职业道德中的一个重要规范，在推及社会主义市场经济制度建立和发展的过程中具有十分重要的作用。这是由市场经济运行的特性决定的，市场经济从其正常的运行特性即实施资源有效配置、实践利润最大化等要求来看，必须要求交易双方和交易过程公平、诚信，自觉遵守和履行合同或契约等才能使经济秩序正常，才能最大限度地降低交易成本。

在社会主义社会中，诚实守信对克服市场的消极方面和负面影响、保证社会主义市场经济沿着社会主义道路向前发展，有着特殊的指向作用。

我国市场发展中的消极因素，如拜金主义、享乐主义和极端个人主义的滋生，已经对我国的市场经济秩序，产生了不可忽视的影响。在经济交往中，假冒伪劣、欺诈欺骗、坑蒙拐骗、偷税漏税的歪风，制约着经济的发展。统计、审计、财务、会计工作中，也出现了弄虚作假、欺上瞒下、无中生有、以假乱真的腐败现象。的确，由于欺骗欺诈现象屡禁不止和不断蔓延，已经出现了所谓"信用缺失"、"信用危机"的现象，成为社会主义市场经济健康发展的一大"公害"。这种情况，是不可能仅仅靠"法治"来解决的，它还必须通过社会主义的"诚实守信"教育和社会主义正确价值导向来引导和克服。

最后，诚实守信是一切职业道德的立足点。

在公民道德建设中，把诚实守信融入职业道德的各个领域和各个方面，使各行各业的从业人员都能在各自的职业中培养诚实守信的观念，忠诚于自己从事的职业，信守自己的承诺。职业道德总的要求是"爱岗敬业、诚实守信、办事公道、服务群众、奉献社会"，而"诚实守信"是其中的"立足点"。

一个政府的干部，一个国家的公务员，一言一行应当切实体现最广大人民的根本利益。对上级、对下级、对老百姓诚实守信，说实话，办实事。如果对上虚报成绩、弄虚作假、隐瞒缺点、掩盖错误；对下只说不做、言而无信；说的是为人民服务，而做的是为自己的升官发财着想，就必然走向腐败。

一个企业的工作人员，如果能够树立起"诚信为本"、"童叟无欺"的形象，企业就能够不断发展壮大。一些企业之所以能兴旺发达，走出中国，在世界市场占有重要地位，尽管原因很多，但"以诚信为本"，是其中一个决定性的因素；相反，如果为了追求最大利润而弄虚作假、以次充好、假冒伪劣和不讲信用，尽管也可能得益于一时，但最终必将身败名裂、自食其果。在前一段时期，我国的一些地方、企业和个人，曾以失去"诚实守信"而导致信誉扫地，在经济上、形象上蒙受了重大损失。一些地方和企业，不得不以更大的代价，重新铸造自己的"诚实守信"形象，这个沉痛教训，是值得认真吸取的。

一个教育工作者，一个教师，不但要"传道、授业、解惑"，而且要为人师表、言传身教。不论在教学工作还是科研工作中，都要忠于职守、热爱专业、认真负责、扎扎实实，决不能敷衍塞责、虚华浮夸、弄虚作假、得过且过。诚实守信既是一种道德品质，更是一种高尚人格，每一个教师，不但要以自己的知识、智慧和才能来教育学生，而且要以自己的人格力量来启迪学生、感召学生。作为"灵魂工程师"的教师，决不能为了追逐名利而弄虚作假，而应当以诚实守信的人生态度和价值取向来启迪学生，潜移默化培养学生的思想素质和道德素质。汉代的著名思想家扬雄在他的《法言》中说，"师者，人之模范也"，提出了教师在"做人"上的模范作用，强调了对教师的道德品质的要求。从一定意义上，教育者的"身教"比"言传"更为重要。每一个教师，不但要以自己的知识和才能来传授知识，更要以自己的道德品质来感染和激励学生。

同样，不论从事任何职业，我们都要把诚实守信融入职业道德的具体要求之中，使其成为一切职业道德的立足点，提高职业人员的思想素质和道德素质。一个人的诚信可以让其成为职场明星，诚信是其优势和财富，会助其走向成功。①

三、诚实守信是企业之命，员工之魂

（一）对所属企业忠诚

所谓对所属企业忠诚就是心中始终装着企业，总是把企业的兴衰成败与个人的发展联系起来，愿意为企业的兴旺发达贡献自己的全部力量。某一"500强企业"的招聘负责人在接受记者采访时坦言，很多企业需要大量进行技术开发和企业中高层管理的人才，这些研发和销售、管理岗位并不需要最聪明的人，而需要勤勉的人，愿定下心来干好一件事的人。"公司花大量时间和资金培训新人，但有的新人这山看着那山高，往往没在岗位上干熟，就想着往外蹦，这是公司最忌讳的。"

拥有忠诚的员工，是企业所拥有的一笔无形财富。在人力资本越来越重要的今天，如果人才大量流失，损失的不仅是企业培训员工的成本和重新雇用新员工投入的成本，更重要的是这些流失的员工很可能带走关乎企业命运的商业秘密。因此，对所属企业忠诚是对每一个员工职业道德的要求，它的具体要求有：

1. 诚实劳动

诚实劳动就是把实干、积极、创造的精神，通过物化劳动即劳动成果，转化为反映经济效益的物质财富和反映社会效益的精神财富，或者以为他人提供了实实在在的某种服务为表现形式。以诚实劳动为企业和人民服务，是每个员工必须遵守的职业道德。

---

① 黄胜伟.态度第一——世界著名企业员工职业精神强化准则［M］.北京：金城出版社，2005：138.

2. 关心企业发展

个人与企业的关系是个体与整体、部分与全面的关系。个人的个体功能和价值实现离不开企业这个整体的存在和发展。作为企业的员工，每一个人都是企业不可或缺的一分子。加入一个企业就要与企业同呼吸、共命运，个人应以集体主义为行动的根本原则，时刻以企业的发展为目标。努力工作、为企业献计献策都是个人关心企业发展的表现。

3. 遵守合同和契约

劳动合同或契约是保护从业人员和企业共同利益的有效途径。每一个对所属企业忠诚的员工都应该增强契约意识和法律观念，从企业利益和个人利益相统一的高度，维护劳动合同或契约的权威性，自觉遵守合同和契约，并用合同或契约保护自己的合法权益不受侵犯。

（二）维护企业信誉

信誉与企业的生存发展是息息相关的，维护企业信誉是每一名企业员工义不容辞的责任和义务。无论是身居高位的领导，还是普通员工，都应该像爱护自己的名誉一样爱护企业的信誉。维护企业信誉和形象主要依赖：

1. 产品质量

产品质量是企业的生命。任何一个企业员工帮助企业生产合格优质的产品，首先要了解生产产品所要达到的质量和规格要求，其次要遵守生产操作流程，最后要精益求精、严格把关。

2. 服务质量

提供优质的产品并不能保证企业在激烈的竞争中取胜，还必须结合令顾客满意的服务才能真正打动消费者让他们自愿成为企业的忠实顾客。这样就要求企业员工要端正服务态度并提供优质的配套服务。对于顾客的投诉，要正确对待，抓住契机完善自我。

3. 信守承诺

信守承诺，就是在预期的情景出现时，义务能够得到履行，责任能够得到承担。无论是职业活动中的契约等明示的承诺与责任，还是交易习惯等模式的责任，只要做出了承诺就要勇于承担相应的责任、诺言，不推卸责任，做到言行一致。

4. 保守企业秘密

生产经营方面的商业秘密对任何一个企业都十分重要，商业秘密已经成为企业的生命线，并作为知识产权的一部分普遍受到法律保护。企业中每一个人都有义务和责任保守企业秘密，因此企业员工需要增强保密意识，信守保密承诺，遵守保密原则。

案例与分析：

诚信为本　药德为魂

作为一家拥有340年历史，曾供奉御药188年，获奖无数的中华老字号，北京同仁堂在华人世界可以说是家喻户晓，影响巨大，曾经以其为原型拍摄的电视剧《大宅门》《大清药王》等更是让它声名远播。

在全国医药市场战略开发的重点城市——成都，国药老字号北京同仁堂最近几年已经开设了总府路的春熙店、高升桥店、南门的新光店三家药店，为蓉城市民的健康养生保健活动的全面开展起到了极大的推动作用。如今，消费者只要一走进同仁堂成都各店，就会很直观地看到、触摸到、体验到同仁堂厚重的历史文化和品质：雕梁画栋宛如故宫的门面让人仿佛走进了"大宅门"；汇聚着同仁堂自产中成药、参茸滋补品、现代保健品及国内外名优中西成药，俨然是一个浓缩的"医药圣殿"；各式各样的堂训牌匾和字画在店内随处可见，每一条堂训都有一个故事，每一幅字画都有它的历史，它们共同书写和表达的只有一个心声——让顾客放心。这种厚重的企业文化对每一个同仁堂成都店的员工来说都是一种鞭策，使其油然而生一种责任感，对于每一位顾客来讲，则是可以完全放心和信任的。

诚信是所有企业的经营之本，对于医药企业来说更是重中之重，所以同仁堂成都店员工始终恪守"炮制虽繁必不敢省人工，品味虽贵必不敢减物力"的传统古训。一走进同仁堂成都各店面，迎面就是"修合无人见存心有天知"、"诚信为本、药德为魂"的字样，这是每个员工都必须遵循的准则。诚信为本，一切服从质量是同仁堂发展的根本，也是全国各地药店以同仁堂的产品为招牌产品的原因所在。同仁堂的品牌是通过几百年的产品质量和优质服务挣来的，这正是同仁堂品牌的巨大魅力所在。①

案例分析：

国药老字号北京同仁堂每个员工心中都有"诚信为本、药德为魂"的职业道德准则。这个准则不仅赢得了广大顾客的信任，也为企业赢得了良好信誉，还促进了企业的长久发展。诚实守信是每一个员工的生存之本，更是一个企业的发展之道。

---

① 资料来源：http://market.scol.com.cn/2010/03/15/20100315234950402 3033.htm。

第三节　办事公道，做事的原则

内不欺己，外不欺人。

——孔子

中国社会是崇尚道义的社会，在处理社会关系与人际交往中，行为的道义性是社会评价的重要标准。办事公道就是对于人和事的一种态度，也是千百年来人们所称道的职业道德。它要求人们待人处世要公正、公平。

一、办事公道是人际交往的基本准则

所谓办事公道是指从业人员在办事情、处理问题时，要站在公正的立场上，按照同一标准和同一原则办事的职业道德规范。即处理各种职业事务要公道正派、不偏不倚、客观公正、公平公开。对不同的服务对象一视同仁，秉公办事，不因职位高低、贫富亲疏的差别而区别对待。

如一个服务员接待顾客不以貌取人，无论对于那些衣着华贵的人还是对那些衣着平平的人，对不同国籍、不同肤色、不同民族的宾客能一视同仁，同样热情服务，这就是办事公道。

公道与公平、公正，含义大致相同，意指坚持原则，按照一定的社会标准实事求是地待人处事。公正是几千年来所为人称道的职业道德，因此人们一直歌颂那些秉公办事、不徇私情的清官明主。如宋朝的包拯，家喻户晓，老少皆知。

古人云："治世之道为在平、畅、正、节。天下为公，众生平等，机会均等，一视同仁；物尽其力，货畅其流，人畅其思，不滞不塞；上有正型，下有正风，是非分明，世有正则；张弛疾徐，轻重宽平，皆有节度。"不平等便不平衡，不平衡则人心不平。人心不平便失去社会安定；不通畅便存在蒙蔽、隔膜、压抑；不公正便失去原则，失去是非、信任；没有节度，便失去控制，泛滥成灾，从这里可以看到平等原则的重要性。

需要注意的是，我们所讲的公平并不是平均。以往我们在计划经济体制下，认为平均就是公平，不平均就是不公平，这是非常错误的。公平是指人们的社会地位的平等，受教育权利、劳动权利的平等，多劳多得，少劳少得，不劳动不得食，每个人都没有特权。

我们所讲的公正是为了保证每个人在社会上的合法地位和平等权利。如果办

事人员不公正，徇私舞弊，势必会损害社会主义平等竞争的原则，形成不正当竞争，造成新的不平等，就会对社会各方面产生消极的影响，最终会阻碍社会经济的发展。

我们今天所讲的公正，其含义包括以下几点：

第一，按个人的劳动质量和数量公平地分配劳动报酬和社会财富；

第二，人们获得权利的机会是平等的；

第三，人们受教育的权利、文化娱乐的权利应该是平等的；

第四，人们在职业岗位、社会生活和家庭生活中有安全保障；

第五，人们有言论自由、迁居自由和行政自由；

第六，人们有实现个人的价值、达到个人理想的权利。

二、办事公道可以获得持续发展

办事公道是企业活动的根本要求，也是从业人员应具备的品质，在规范个人职业行为和企业经营活动的同时，对个人的职业发展和企业的健康运行都起着重要的作用。

首先，办事公道是职业劳动者应具备的品质。

能不能公道地处理一切事情，是一个人道德水平高低的体现，也是职业素养高低的反映。办事公道是一种良好的人格修养，是优良的道德品质，也是每一个从业者应该具有的职业道德品质。

其次，办事公道是帮助从业人员正确处理个人、集体和国家三者关系的关键。

办事公道不仅是一种道德品质，还是从业人员正确处理个人、集体和国家三者关系的关键。处理人际关系，需要公道原则；处理个人与集体、个人与社会、个人与国家的关系，同样需要公道原则。没有公道，个人会受到不公平待遇，最终集体、国家也会受到危害。

再次，办事公道是企业能够正常运行的基本保证。

企业的正常运转需要恰当处理好企业内部管理者之间、管理者与员工之间、员工与员工之间的关系，而办事公道是正确、恰当处理这些关系的重要准则。只有从企业的领导者到企业的员工，都坚持做到办事公道，企业整体才能正常高效运行，企业的各项目标才能快速、协调、高效地实现。

最后，办事公道是企业赢得市场、生存和发展的重要条件。

随着市场经济条件下竞争的日益激烈，企业要想保护和扩大国内市场，开拓国外市场，就必须在注重产品质量的同时，注重提升企业的服务质量，加强企业的文化建设，坚持办事公道的职业道德规范。平等待人，讲求信誉，做到公平、公开和公正，树立企业良好而持久的"公道"形象。这样，企业才能生存下去，获得持续发展。

三、办事公道从"坚持"做起

（一）坚持真理至上

真理是指人们对客观事物及其规律的正确反映。坚持真理就是坚持实事求是的原则，就是办事情、处理问题要合乎公理，合乎正义。职业工作者坚持真理，秉公办事必须努力做到：1. 在大是大非面前立场坚定，在政治风浪面前头脑清醒，在腐朽思想文化面前自觉抵制，在个人利益和集体利益面前自觉服从大局。2. 积极地改造世界观，在实践中不断坚定自己的信仰、志向，锤炼自己的意志、品质，确立高尚的人生追求和健康向上的生活情趣，做到不仁之事不为、不义之财不取、不正之风不染、不法之行不干，自觉过好名位关、权力关、金钱关、色情关、人情关。3. 要做到照章办事，按原则办事，做到行所当行，止所当止。4. 要敢于说"不"。

（二）坚持公私分明

公私分明是指不凭借自己手中的职权谋取个人私利，损害社会集体利益和他人利益。在职业实践中如何做到公私分明呢？1. 要正确认识公与私的关系，增强整体意识，培养集体精神。2. 要富有奉献精神。3. 要从细微处严格要求自己。4. 在劳动创造中满足和发展个人的需要。

（三）坚持公平公正

公平公正是指按照原则办事，处理事情合情合理，不徇私情。每个从业人员要做到公平公正，应从以下几点严格要求自己：1. 坚持按照原则办事；2. 不徇私情；3. 不怕各种权势，不计个人得失。

（四）坚持光明磊落

光明磊落是指做人做事没有私心，胸怀坦白，行为正派。从业人员要注意培养和锻炼光明磊落的良好风尚。1. 把社会、集体利益放在首位；2. 说老实话，办老实事，做老实人；3. 坚持原则，无私无畏；4. 敢于负责，敢担风险。 总之，要做到办事公道。

首先，要热爱真理，追求正义。办事是否公道关系到一个以什么为衡量标准的问题。要办事公道就要以科学真理为标准，要有正确的是非观，公道就是要合乎公认的道理，合乎正义。而现实生活中，许多人是非观念非常淡漠，在他们眼中无所谓对与错，只有自己喜欢不喜欢，把自己摆在非常突出的地位。

其次，要坚持原则，不徇私情。只停留在知道是非善恶的标准是不够的，还必须在处理事情时坚持标准，坚持原则。

第三，要不谋私利，反腐倡廉。俗话说："利令智昏。"私利能使人丧失原则，丧失立场，从古至今有多少人拜倒在金钱的脚下。只有不谋私利，才能光明正大，廉洁无私，才能主持正义、公道。

第四，要不计个人得失，不畏权势。要办事公道，就必然会有压力，会碰上各种干扰，特别会碰上某些不讲原则、不奉公守法的权势者的干扰。遇到压力和干扰时可能会产生两种态度，一种是为了使自己免受压力，向权势屈服；一种是大公无私，不计个人得失，顶住压力，坚持办事公道。

最后，要有一定的识别能力。真正做到办事公道，一方面与品德相关，另一方面也与认识能力有关。如果一个人认识能力很差，就做不到分辨是非标准，分不清原则与非原则，就很难做到办事公道。所以，要做到办事公道，还必须加强学习，不断提高认识能力，能明确是非标准，分辨善恶美丑，并有敏锐的洞察力。

案例与分析：

企业付清欠薪　赞叹工会"公道"

"工会以理服人，能够处处站在农民工和用工方的角度来考虑问题，怎么能不让人信服？"2012年8月3日，四川川恒建筑公司项目部负责人于某对记者说。前不久，在付清农民工欠薪后，他还给绵阳市总工会送来了"为民工维权益，帮企业护公平"的锦旗，并表示今后企业一旦发生劳资纠纷，便来找工会咨询，因为工会"办事公道"。

"我们打工挣的是血汗钱，凭什么老板拖欠着不发？如果还不还钱，我们就去网上曝光……"7月17日，林某等50多名农民工来到绵阳市总工会，请工会出面为他们讨要欠薪。工会接报后立即展开调查。

原来，绵阳香榭里大道住宅工程总承包方川恒建设项目部负责人于某，将土建工程转包给肖某，后者又将部分工程转包给他人。于某与肖某、肖某与他人之间均相互签订承包协议，林某等50多名农民工都是在肖某分包工地打工的工人。

肖某作为分包商，由于种种原因出现了亏损，他本人也住进了医院。这造成工人工资无法核算，导致欠薪。同时，肖某的亲属多次找到工程项目部讨要工程款，一度影响了正常施工进度。

接到投诉的当天中午,绵阳市总工会就召开紧急会议。

分包商无力支付,要妥善解决事情,只能做通承包方的工作,从工程款里面支付。在经过充分调查取证后,绵阳市总工会信访办主任,告知项目部负责人于某"建筑施工企业应将工资直接发放给农民工本人,不得将工资发放给包工头或其他不具备用工主体资格的组织和个人"的相关法规,又为其分析了事件可能会对企业发展造成的影响:"一旦背负上拖欠农民工工资的名声,工会就会建议有关部门不准企业在绵阳承接工程。"

面对工会有理有据的分析,于某道出了项目部的担心:"我们也不愿意拖欠农民工工资,可是在事实不清的前提下,就把钱发给农民工或者给肖某家属,谁能担保今后不出现经济纠纷?"

几经协商,川恒建设公司项目部表示,将剩余工程款用于发放农民工工资。近日,在分包商肖某因病无法到场的情况下,绵阳市总工会邀请劳动监察、派出所人员现场共同见证,将总计24万元欠薪逐个发放到农民工手中。

收到欠薪的农民工当晚给市总工会送来锦旗表示感谢。同时,于某也代表项目部给市总工会送来了锦旗。他说:"工会的介入,把我们拉出了因为工程分包造成的各种债务的泥潭,帮企业规避了风险。"[①]

案例分析:

工会以理服人,能够公道地站在农民工和用工方双方的角度来考虑问题,以公道的工作方式为农民工讨回了欠薪,让农民工终于劳有所获。同时也把企业从各种债务的泥潭中拉了出来,帮助企业规避了风险。公道,所以能收获纠纷双方的赞许!

第四节 服务群众,对他人生命的关怀

人的生命是有限的,可是,为人民服务是无限的,我要把有限的生命,投入到无限的为人民服务之中去。

——雷锋

---

① 资料来源:中工网—工人日报(北京),http://politics.gmw.cn/2012-08/13/content_4783279.htm。

服务群众是职业道德规范的核心内容，是为人民服务原则在职业道德规范上的具体、直接的体现。社会全体从业者通过互相服务，促进社会发展，实现共同幸福。

"服"有承担、担当之意，如服役（服兵役）；"务"的本义是勉力从事。服务群众是职业行为的本质，社会主义道德建设的核心在职业活动中的具体运用。每一个职业劳动者都是群众中的一员，服务群众的实质就是群众自我服务，即全体社会职业劳动者之间通过相互服务来谋求共同的幸福。

"服务群众"的意义在于，它把服务的权力归还人民，使服务具有普遍性、平等性，使其道德内涵真正得到体现。尽管每个人的能力有大小、职位有高低，但都有为人民服务的共同义务和责任。任何人只要占据职业岗位一天，就应使该岗位的义务和责任得以体现。[1]

一、服务群众是履行岗位责任的必然要求

服务群众是指听取群众意见，了解群众需要，为群众着想，端正服务态度，改进服务措施，提高服务质量。做好本职工作是服务群众最直接的体现，是强烈的事业心和责任感的具体体现，也是履行岗位责任的必然要求。

马克思指出："服务本身就是商品。服务有一定的使用价值（想象的或现实的）和一定的交换价值。"[2]

服务群众，不是单纯的理论，更不是空喊的口号，而是需要切实与群众面对面、心贴心。无论是方法的改进还是制度的创新，都需要建立在对真实民情、民意的了解之上。

服务群众的出发点在于尊重群众。它要求尊重群众的意见，倾听群众的声音，郑重考虑群众的要求。一个职业劳动者只有真正懂得尊重群众，了解群众的所思所需，才能更好地维护人民群众的利益。

二、服务群众是个人与企业发展的起点

服务群众作为社会主义职业道德规范的重要内容，对于调节社会主义职业关系具有重要意义。

首先，服务群众是践行"为人民服务"职业道德核心内容的关键。

---

[1] 王易，邱吉.职业道德[M].北京：中国人民大学出版社，2009：134.
[2] 马克思恩格斯全集（第26卷）[M].北京：人民出版社，1972：149.

社会主义事业发展的核心在于人民的利益与需求得到实现,"为人民服务"就是各行各业活动的目标与要求。"为人民服务"不仅是一种理念,更要转化为一种行为,在实践中就表现为服务群众。只有坚持服务群众,从满足群众要求的点点滴滴做起,走群众路线,为人民服务才能真正地得到践行。

其次,服务群众是职业者自身发展的必要条件。

社会主义的职业道德要求人们把自己的职业理想同社会主义现代化建设事业结合起来,要求各行各业的劳动者着眼于社会和国家的整体利益,努力做好本职工作,为人民服务。这就要求每个从业人员把服务群众作为自己的职业理想,增强职业责任感。

最后,服务群众是企业开拓市场的重要原则。

"让顾客满意"直接关系到企业形象、企业品牌和企业竞争力。服务群众就是最大限度地让顾客满意,树立企业形象,顾客才愿意购买和接受商品服务,企业最终才能把经济资源转换成商品,转换成财富,实现企业的利益。

三、服务群众是对群众最好的回报

在职业活动中做到服务群众,就要树立马克思主义群众观,提倡尊重群众、方便群众、满足群众,发扬社会主义人道主义精神,坚持以为人民服务为道德核心,贯彻职业道德规范的要求。

(一)尊重群众,文明待人

服务人民群众的意愿和效果,首先取决于对人民群众发自内心的尊重,良好的职业道德行为必须建立于内心真诚的基础之上。在日常职业活动中做到:设身处地为群众利益着想,尊重、维护群众的合法权益。在日常的生产和服务中,服务群众要从细节做起,文明待人,立足本职工作,在努力建立健全行为规范、岗位操作规范、职业道德规范的基础上,在日常工作中体现出良好的文明素养,做到服务用语的规范化、标准化,仪容仪表整洁、端庄、大方,工作态度严肃认真、热情和蔼。

(二)方便群众,服务周到

服务群众,必须把工作落到实处,追求最满意的效果,自觉把"人民群众拥护不拥护、满意不满意、高兴不高兴、答应不答应"作为工作的出发点和落脚点。内心具有方便群众的意愿,才会想方设法提供周到的服务,这是职业人不断改进工作态度和方法、自觉提高工作质量和效益的内在动力。必须根据职业的性质和特点,深入普通群众当中,了解群众实际需求,听取和反映群众的意愿和要求,力所能及地帮助群众解决实际问题。

（三）满足群众，创新提高

提高服务工作的层次和质量，还需要从业者虚心向群众学习，自觉以群众满意率作为衡量产品和服务质量的重要标准，善于收集和运用群众对生产和服务的各种意见和建议，在联系和服务群众的过程中吸取营养、经受锻炼、接受监督。职业人需要不断加强自我学习，增强服务人民群众的意愿，提高工作的主动性，不断创新生产和服务的科学技术水平和方式方法，为人民群众提供更多更好更全的产品和服务。

（四）勇于承担责任

在现代社会，人们消费的产品和服务基本来自他人和社会，如何处理产品和服务的安全、质量问题，维护人民群众人身安全和促进社会稳定健康发展，已经成为社会普遍关注的问题。良好的责任意识，勇于承担的良好风尚，已经成为现代社会稳定与健康发展的重要保障，成为对现代劳动者的基本职业道德要求[1]。

案例与分析：

印花机卡伤女工，消防员成功营救

2013年3月2日下午2时，北京市通州区漷县镇龙庄村龙庄印花厂内，随着一声惨叫，一名女工在作业时右手不慎被卡在印花机中，所幸消防员及时赶到，破拆机器后将其救出。据目击者称，当时赵女士正在进行正常作业，右手不慎被印花机卡住，眼看势头不好，工友们立即拨打119及120求助。接到报警后，通州区西集消防中队消防员和120急救人员迅速赶到现场。这时赵女士已疼得满头大汗，脸色发白，随时都有虚脱的可能。"先对印花机进行降温冷却，然后再想办法破拆。"大家经过简单商量后，制定了营救方案。于是，120急救人员先给赵女士挂上吊瓶输液，以稳定她的情绪。一名消防员用手举着吊瓶，另一名消防员对印花机进行冷却处理。在多名消防员的相互配合下，最后用液压扩张器将印花机破拆，赵女士脱困。伤者被120急救车送到通州区觅子店卫生院救治。据医生介绍，赵女士右手4根手指受伤，所幸并未骨折。

司机撞树险栽进沟，消防员破拆营救

3月2日下午1时许，通州区永乐店镇十字路口北，一辆满载机械设备的货车撞

---

[1] 阳旭，姜献生.高职学生职业道德与礼仪实训教程［M］.北京：科学出版社，2009：103—105.

到树上，驾驶室严重变形，司机被困。通州区西集消防中队的消防员赶到后将司机救出。据现场救援的消防员介绍，货车司机一侧车体已完全凹陷，裹住了大树树干，前挡风玻璃也完全贴在了树上，被撞树木连根拔起，向另一侧倾斜。"太危险了，要不是大树挡住，货车就进沟里了。"一名围观者议论道。而车内司机拼命哭喊"救命"，货车被撞歪的大树支撑在路边深沟的斜坡上。由于驾驶室变形，消防员只好先从副驾驶位置的车门破拆，随后用液压扩张器、液压剪切钳，向司机被困部位进行扩张。大约5分钟后，司机被救出。"谢谢大家，你们真是救了我的命！"司机不停地向消防员道谢。据司机说，他驾驶车辆走到事发位置，不知为什么，忽然一打轮就撞上了树。

7人电梯被困，消防员现场救援

3月1日凌晨1点49分，海淀区西二旗消防支队接到了报警，称海淀区上地西路8号中国信息测评安全中心大厦内的电梯里有人被困，中队立即出动一辆抢险车及7名官兵赶赴现场救援。到场后，经询问报警人得知，他的7名同事已经被困在电梯里大概十几分钟了，共6男1女。原来7个人加班结束后准备下班，坐电梯到一楼后，电梯突然卡住不动了，怎么都打不开门，被困者已经给物业打电话，但他们的工作人员还没有赶到。大概了解情况后，消防员利用铁挺将电梯门打开点缝隙，但由于电梯门太紧，无法完全撬开，只能等待物业工作人员通过钥匙打开。透过缝隙，消防员询问被困人员得知，7个人在里面的情况良好，没有胸闷、憋气等现象。大概五分钟后，物业人员急急忙忙赶到现场。在消防队员的协助下将电梯门打开，被困人员成功获救。①

案例分析：

无论何时，无论何地，消防队员总是在人们需要的第一时间赶到现场，并成功营救被印花机卡伤的女工、撞树险栽进沟的司机、被困电梯的人员。消防队员这些方便群众、满足群众的行为正是服务群众职业道德规范的具体体现。

第五节　奉献社会，实现职业的社会责任

人只有献身社会，才能找出那实际上是短暂而有风险的生命的意义。

——爱因斯坦

---

① 资料来源：法制晚报 http://www.chinapeace.org.cn。

奉献社会就是积极自觉地为社会做贡献，这是社会主义职业道德的本质特征。奉献社会自始至终体现在爱岗敬业、诚实守信、办事公道和服务群众的各种要求之中。奉献社会并不意味着不要个人的正当利益，不要个人的幸福。恰恰相反，一个自觉奉献社会的人，他才真正找到了个人幸福的支撑点。奉献社会和个人利益是辩证统一的。

奉献社会通常是指从业者满怀感情地自觉为他人服务，为社会服务，为真理与正义的追求与实现做出贡献，且不计回报地完成职业任务。奉献社会不仅是明确的信念，更是高尚的行动表现。

一、奉献社会是职业道德的最高要求

奉献社会是社会主义职业道德的最高境界和最终目的。奉献社会就是要履行对社会、对他人的义务，自觉地、努力地为社会、为他人做出贡献。当社会利益与局部利益、个人利益发生冲突时，要求每一个从业人员把社会利益放在首位。

奉献社会是一种对事业忘我的全身心投入，这不仅需要有明确的信念，更需要有崇高的行动。当一个人任劳任怨，不计较个人得失，甚至不惜献出自己的生命从事于某种事业时，他关注的其实是这一事业对人类、对社会的意义。

"奉献精神"是一种爱，是对自己事业的不求回报的爱和全身心的付出。对个人而言，就是要在这份爱的召唤之下，把本职工作当成一项事业来热爱和完成，从点点滴滴中寻找乐趣；努力做好每一件事，认真善待每一个人。"奉"，即"捧"，意思是"给、献给"；"献"，原意为"献祭"，指"把实物或意见等恭敬庄严地送给集体或尊敬的人"。"奉献"，就是"恭敬的交付，呈献"。奉献社会，就是全心全意为社会做贡献，为人民谋福祉，是为人民服务和集体主义精神的最高体现，能够无私地把自己的一切都献给国家、人民和社会。

奉献社会是社会主义职业道德的最高要求和最高境界，也是从业人员所应具备的最高层次的职业道德修养。它要求从业者在自己的工作岗位上树立起奉献社会的职业理想和社会责任感，在从业过程中，以他人利益、社会利益为重，通过兢兢业业地工作，全身心地投入，充分发挥主动性、创造性，使自己所付出的劳动能够对国家、民族甚至全人类产生积极的意义，为社会的发展和进步做出自己的贡献。

二、奉献社会是人生的最高境界

（一）奉献社会，实现人生价值

人是作为具有价值性的事物存在的，而人的这种价值性主要表现为人的社会价值性，其实现的途径主要就是通过职业工作的社会贡献性来得以衡量与体现的[①]。个人通过不断奉献，服务社会，服务他人，能够得到更多社会和大众对其自我价值追求的尊重，获得他人和社会对个人合法权益的维护，从而拥有更多实现自我价值所必需的社会保障。奉献社会是每个职业者寻求自我价值实现的有效途径，只有真正做到奉献社会，自我价值才能最大化地体现，并且给予职业者超出物质满足的精神满足。个人道德价值的实现过程，正是这种大公无私的牺牲精神转化为个人的高层次利益或永恒价值的过程[②]。

（二）奉献社会，增强企业魅力

企业利益的实现，必须始终贯彻社会利益原则和社会主义价值导向，倡导对国家、人民的奉献精神，使之向着有利于社会整体利益的方向发展。奉献社会和企业盈利有着不可分的联系。企业奉献社会的价值大，其就能树立良好的企业形象，增强企业魅力，扩大知名度，进而成为其发展的无形资产，使企业获得更大的市场、更多的发展空间。以奉献社会为核心的企业文化应该成为企业增强自身魅力获得持续健康发展所必须倚重的高尚精神追求。

（三）奉献社会，促进和谐发展

当职业者能够具有奉献社会的精神与追求，当企业能够贯彻奉献社会的文化与理念，在职业活动中具体践行这种职业道德规范，就会得到人民群众的认可与称赞，起到职业道德行为标杆的示范作用。奉献社会进而成为职业者和企业道德评价的标准，在职业关系中发挥道德调节作用，促进各种职业关系中矛盾与冲突的调节与选择，在职业实践中发挥职业道德规范的作用，使奉献社会成为一种良好的职业风尚，从而推动社会的和谐发展。

三、奉献社会升华职业道德

奉献社会是崇高的职业道德信念。同时，作为职业道德规范的内容，奉献社会又是实实在在的具体职业行为。它融入职业活动的每一个环节与层面，渗透在从整体性职业要求到个体性职业者信念之中，于点点滴滴之中体现伟大与崇高的职业道德理念与行为。

（一）无私奉献，积极进取

奉献社会强调的是一种不计个人得失的行为选择，选择的依据就是集体主义所倡导的集体利益与个人利益的辩证统一关系，在实践中表现为大公无私，并以无私

---

① 宋辉.社会主义职业道德论［M］.沈阳：辽宁大学出版社，2011：191.
② 李春秋，程幼金.职业道德简明教程［M］.兰州：甘肃人民出版社，2004：98.

奉献作为最高境界。积极进取则是在强调将奉献精神转化为奉献效能，一方面是从业者自身在职业上要有进取精神，不为所处职业岗位的高低与轻重而束缚，不管身处任何位置，在奉献社会层面都具有不竭的进取心；另一方面，在平凡的岗位上，积极发掘本岗位奉献社会的契机与实践点，拓展奉献社会的职业空间。

（二）尽职尽责，真诚奉献

职业者奉献社会，具体就要对本职工作尽职尽责，在爱岗敬业的基础上，根据岗位的性质与要求做好本职工作，积极承担相应的岗位责任与职业义务，使职业应有的职能得以充分发挥。职业者在职责意识上真诚奉献，在工作技能上精益求精，在工作形式与内容上坚持创新进取，在工作态度上全心全意、竭尽才智，脚踏实地地承担职责。通过立足于本职岗位，全方位地尽职尽责，全心全意地真诚奉献，才能在平凡的工作中做出不平凡的奉献社会的崇高行为。

（三）明确信念，知行合一

奉献社会，应当在思想上具有高起点、高要求；行动上，则要从细微处入手，就是要做到"全心全意为人民服务"。要结合自身所处职业领域的特点，探索、发掘与拓展"为人民服务"的内容与形式，并使之实践化，做到在奉献社会上的知行合一。奉献就要实干，就要把语言和行动、认识和实践统一起来。努力学好文化知识和专业技能，因此，服务他人和社会是奉献；做好本职工作，为国家、为社会建功立业是奉献；勇敢地奋战在艰苦的第一线，主动关心社会问题，关心他人的疾苦，帮助群众解决实际问题都是奉献。

拓展阅读：

全心全职

一份英国报纸刊登过一则招聘教师的广告："工作很轻松，但要全心全意，尽职尽责。"

事实上，不仅教师如此，所有的工作都应该全心全意、尽职尽责才能做好。而这正是敬业精神的基础。知道如何做好一件事，比对很多事情都懂一点皮毛要强得多。一位美国总统在德克萨斯州一所学校做演讲时，对学生们说："比其他事情更重要的是，你们需要知道怎样将一件事情做好；与其他有能力做这件事的人相比，如果你能做得更好，那么，你就永远不会失业。"

一个成功的经营者说："如果你能真正制好一枚别针，应该比你造出粗陋的蒸汽机赚到的钱更多。"那些技术半生不熟的泥瓦工和木匠，将砖石和木料拼凑在一起来建造房屋，在这些房屋尚未售出之前，有些已经在暴风雨中坍塌了；术业不精的医科学生不愿花更多的时间学好技术，结果做起手术来笨手笨脚，让病人冒着极大的生命危险；律师在读书时不注意培养能力，办起案件来捉襟见肘，让当事人白白花费金钱……这些都是缺乏敬业精神的表现。

无论从事什么职业，都应该精通它。让这句话成为你的座右铭吧！下决心掌握自己职业领域的所有问题，使自己变得比他人更精通。如果你是工作方面的行家里手，精通自己的全部业务，能赢得良好的声誉，也就拥有了一种潜在的走向成功的秘密武器。

一位先哲说过："如果有事情必须去做，便全身心投入去做吧！"另一位明哲则道："不论你手边有任何工作，都要尽心尽力地去做！"

做事情无法善始善终的人，其心灵上亦缺乏相同的特质。他不会培养自己的个性，意志无法坚定，无法达到自己追求的目标。一面贪图玩乐，一面又想修道，自以为可以左右逢源；到头来，不但享乐与修道两头落空，还会悔不当初。就某种意义而言，全心追名逐利比敷衍修道好。

做事一丝不苟能够迅速培养严谨的品格，获得超凡的智能；它既能带领普通人往好的方向前进，更能鼓舞优秀的人追求更高的境界。

无论做任何事，务须竭尽全力，因为它决定一个人日后事业上的成败。一个人一旦领悟了全力以赴地工作能消除工作辛劳这一秘诀，他就掌握了打开成功之梦的钥匙了，能处处以主动尽职的态度工作，即使从事最平庸的职业也能增添个人的荣耀。①

身边的好人

由中央文明办主办、中国文明网承办的"我推荐、我评议身边好人"活动在中国文明网公布了8月份的"中国好人榜"候选人名单，河南省许昌市福彩41600598号彩站销售员赵洒洒成功入围，成为"诚实守信"类别的候选人。

赵洒洒现年26岁，2008年10月，大学毕业不久，她便接手了位于河南省许昌市襄城县城关镇41600598号投注站，成为一名投注站业主。

2012年5月31日是福彩双色球开奖的日子，第二天上午，赵洒洒发现附近住的老彩民张先生前一天晚上让自己帮忙打印的彩票居然中了二等奖，奖金有28万多元。由于当时彩票正在她手上，根据彩票不记名、不挂失的规定，她本可以把中奖彩票据为己有，但这个诚实的姑娘想都没想就打电话把中奖的喜讯告诉了张先生，其诚信事迹也在小镇传开。

---

① ［美］布莱尔·沃森.评价世界500强用人标准［M］.朱韵编译.北京：朝华出版社，2005：98—100.

8月14日,得知自己入围"中国好人榜",赵洒洒自称有些意外。她表示,诚实守信本就是彩票销售员应有的素质。

据了解,自开始销售彩票以来,赵洒洒始终坚持热情周到的服务,与彩民建立起了良好的关系,最让她感到欣慰的是,因为自己诚实守信,彩站的知名度提高了,新增了不少彩民。"这件事之后,生意比之前好了,有些之前在别的地方买彩票的彩民专程跑来这边买彩票。他们说'离得远也要来这边打票,因为你这姑娘有诚信'。"

许昌市福彩中心主任李国常对此表示,赵洒洒的行为一方面体现了自己的诚信经营,另一方面体现了福彩销售员良好的职业道德,提升了福彩的诚信形象。"我们市民政局和福彩中心对这件事非常重视,对赵洒洒进行了通报表彰,号召全市投注站的销售员要向她学习。"[①]

思考与讨论:
1. 本章中涉及哪些职业道德规范的内容?
2. 对你的启发是什么?

---

① 资料来源:http://sports.sohu.com/20120817/n 350913986.shtml.

第四章　职业道德的特殊要求

在所有职业中，每种职业都规定出一副面孔以表示它想成为人们认为它应当是的那副样子。

——［法］拉罗什福科

学习目标：
1. 联系行业了解职业道德的特殊性；
2. 掌握医务人员、工程人员、财务人员、商业服务人员的职业道德要求；
3. 能用行业职业道德规范思考、分析和处理行业突发事件。

导入案例：

2011年11月8日，深圳打工者陈先生决定去揍一个医生。这个医生在5天前救活了他的孩子。他们在医院的走廊里扭打，被拉开后对骂，一个说："你这个没有医德的狗屁医生！"一个说："你这个父亲可以不要小孩，我这个医生不能见死不救！"

11月3日凌晨3时左右，陈先生将怀孕腹痛的妻子王女士送进深圳市第二人民医院。罗医生是当晚的值班医生，他发现胎儿心跳缓慢，于是告知陈先生：孩子需立刻抢救，由于极度缺氧，最终可能会脑瘫。

将"最严重的可能性"告诉病人，对于罗医生来说，是一种职业习惯。是"最安全且负责"的做法。但他同时强调，最严重"不代表一定会发生"，"婴儿的顽强与求生意志往往超乎大人"。然而，对于正处于慌张状态的陈先生来说，"脑瘫"这个词闪电般地把他"打懵了"。罗医生拿出一张产科同意书，递到陈先生手里。他当时已模糊产生了"不要这个小孩"的想法，但还是"哆嗦着"签下了同意书。凌晨4时许，王女士被送入手术室。半小时后，一个男婴诞下，医学评估属于重度窒息状态。情况危急，遵照惯例，罗医生示意护士告知家属，就立即转入对孩子的抢救中。而此时，陈先生则呆立在走廊外，反复权衡，艰难地做一个决定。他叹口气，对护士说："小孩我不要了，你们不要抢救了。"护士愣了一下，说回去告知医生，走回了手术室。是罗医生让护士出来通知陈先生的，这仍然是他"把最坏的可能性告诉家属"的职业习惯。但在传话的护士通过数道安检严格的铁门进出手术室的五六分钟,"死亡意愿"送抵手术台的途中,手术台上的抢救仍在继续。

就在这五六分钟里,孩子的鼻翼轻轻翕动,开始了自主呼吸。一个苍白的孩子变得红润起来,像个饱满的苹果。

当护士告知陈先生"停止抢救小孩"的想法时,罗医生的第一反应是"错愕":"孩子还没放弃,家长就先投降了。"随后他将陈先生的想法视作荒唐:"孩子已经活了,如果我再把孩子的气管拔掉,那等于我杀了这个孩子。"

护士抱着孩子走出手术室,转往新生儿病房继续治疗。其后五天,陈先生共见了两次儿子。第一次是做超声检查,他脱孩子的衣服时,孩子只"哇"地哭了一声,下一秒居然就睡觉了。他一下慌了:是不是脑瘫的表现?第二次则是11月8日的核磁共振检测,看到"重度缺血缺氧性脑病"的诊断,陈先生多日积累的情绪瞬间爆发,并最终导致了与罗医生的冲突。

此后,有一天,罗医生7岁的女儿知道了这件事,问罗医生:"爸爸,你为什么欺负别人的爸爸?"罗医生回答:"爸爸没欺负他,爸爸是因为救了一个孩子,然后被别人的爸爸欺负。"

但是应不应该救危重新生儿的问题,其答案会像罗医生回答女儿那么简单吗?①

以"爱岗敬业、诚实守信、办事公道、服务群众、奉献社会"为主要内容的职场基本道德,是人们在职业场所应该遵循的具有普遍意义的社会规范,它适用于各行各业的劳动者。但正如俗语所云:隔行如隔山。不同的职业既具有共性,亦具有差异性。在职业道德方面,也呈现出各自的特色。本章我们选取医务人员、工程人员、财务人员、商业服务人员为代表,希望通过对这些在当今社会生产生活中较有代表性的、专业性较强的几类职业人员的职业道德的引介探讨,加强社会对职业道德特殊要求的关注和重视。因为重视行业道德既是行业自律的要求,更是行业接近地气、服务民生的关键所在。

第一节 医务人员职业道德规范

人命至重,有贵千金,一方济之,德逾于此。

——孙思邈

---

① 改编自范承刚.弃子[N].南方周末.2011-11-18.

我愿在我的判断力所及的范围内，尽我的能力，遵守为病人谋利益的道德原则，并杜绝一切堕落及害人的行为。

——［古希腊］希波克拉底

"医务人员"这个日常生活中约定俗成的词，通常是指在医院或医疗机构工作，以患者为服务对象的工作人员。但是作为一类职业人群代称的专业词汇，"医务人员"并没有严格统一的专业界定。现实社会中经常存在人员混杂的现象，客观上也造成了一些经济上或者法律上的问题。本书所指的医务人员是指经过中高等专业医药学院教育或经过国内外各种正规的卫生机构培训，考核合格，取得从事医务行为的资格，获得相应的执业资格，并从事医疗实践工作的各类卫生医疗专业人员。医疗、保健、预防机构的实习和试用人员，依照法定程序从事相应医务专业工作，也可被视为"医务人员"，实习和试用单位监督其医务活动，并为此承担相应责任。未从事医务工作的医疗机构、保健、预防机构的行政、后勤人员不在此类。具体来说"医务人员"主要包括如下四类人群：1. 医疗防疫人员（包括中医、西医、卫生防疫、地方病及特种病防治、工业卫生、妇幼保健等技术人员）；2. 药剂人员（包括中药、西药技术人员）；3. 护理人员（包括护师、护士、护理员）；4. 其他技术人员（包括检验、理疗、病理、口腔、同位素、放射、营养等技术人员）。

"医乃生死所寄"，医务工作者服务对象为鲜活的人，其职业活动与老百姓的身体状况、生命安全和生活质量息息相关，是一项极其严谨的工作，从业者必须拥有过硬的医学技能。人们购买商品可以凭借自己的眼睛和一些相关知识做初步判断，甚至"货比三家"，但是如果身体生了病，绝大多数人都无法自行解决，对自己身体的治疗很大程度上只能依赖医生，吃药或手术治疗的选择基本都要依据医生的意见做出，医生的专业性意见就不仅仅与医疗知识相关，还要有赖于职业道德。

一、中国传统医德

中国是一个拥有悠久医学传统道德的国家，中国古代医者、医学家受中国传统儒家伦理文化影响非常深刻。儒家"仁者爱人"的思想对他们的价值观和执业理念有着直接的影响，如孙思邈就曾说过：对待病人应"安神定志，无欲无求，先发大慈恻隐之心，誓愿普救含灵之苦"，这实质就是儒家仁义思想的体现。医学技术被社会看成"生生之具、活人之术"，医生则被视为用医术实践爱人的职业。"医乃仁术"的思想集中表达了医学的仁爱、仁慈和仁义观。仁，"人"字旁一个"二"，即两个人。病人从医生那里得到救治，医生从病人那里得到经验。医生自己只是一个人，如果光为自己的经济利益而"施治"，就不是仁，而是不仁。民间有云：医者"无德不立"，意思是若没有道德作为基础，所谓医学就不存在，因为医者的终极目标是"济世救人"，是"普救苍生"①。悬壶济世这个成语也因为医学的仁爱要求而被作为对仁医的赞誉。

儒家思想强调人的自省、自律。反映到医学上，古代医生的医德很少体现为系统的行业规约，主要为医生的个人德行。中国古代社会，医生从学医到从医执业多为个人行为，虽然有些医生有紧密的师承关系，但一般而言，缺乏固定的行业团体的集体约束，中国古代医务人员的道德主要体现为私德，也就是说更注重医生个人道德品质和价值追求。这一点与西方的医学伦理有比较大的不同。西方医学伦理比较强调他律，即社会强制力。

这并不意味着中国医者各自为阵，没有一套大家认可的行为规范和道德规范。古代一些医药大家通过他们的行为和著作，对中国传统医德产生了重大影响。比如战国时期的名医扁鹊就曾提出"病有六不治"的行医准则："骄恣不论于理，一不治也；轻身重财，二不治也；衣食不能适，三不治也；阴阳并，藏气不定，四不治也；形羸不能服药，五不治也；信巫不信医，六不治也。"②即为人傲慢恣意放纵不讲道理的，不治；轻视身体注重钱财的，不治；衣着饮食调节失当的，不治；阴阳错乱，五脏功能不正常的，不治；身体羸弱，不能吃药的，不治；迷信神仙鬼怪，不相信医术的，不治。"六不治"原则被后来的一些民间医生看成是行医标准，既可以保证医疗质量，也可以避免自己陷入不必要的医疗纠纷。再比如明代医家龚廷贤提出的"医家十要"，其中第一要"存仁心，乃是良箴，博施济众，惠泽斯深"，第二要为"通儒道，儒医世宝，道理贵明，群书当考"，第九要"莫嫉妒，因人好恶，天理昭然，速当悔悟"，第十要"勿重利，当存仁义，贫富虽殊，药施无二"③，均直接关乎道德伦理，对后世有较大影响。中国医学经典《黄帝内经》、东汉名医张仲景、唐代医学家孙思邈的医学思想则丰富了我国古代医学伦理，被医者奉为圭臬。

因为唐代著名医学家孙思邈是我国较早在医书中系统论述医德的人，本书将以他的医学思想为例，来领略一下中国传统的医学伦理。孙思邈在名著《备急千金要方》中开篇首谈为医之道、为医之德。主要体现为卷一"序例"中的"大医习业之一"、"大医精诚第二"。文字虽不长，但是对我国古代行医之道产生了深远的影响。孙思邈认为一个有医德的医生应该具备如下品格特点。

---
① 童南茜.中国刻不容缓[M].武汉：华中科技大学出版社，第17节.
② [汉]司马迁.史记·卷一百五[M]."扁鹊仓公列传第四十五".兰州：甘肃民族出版社，1997：768.
③ [明]龚廷贤.万病回春[DB/OL].新浪爱问电子资料电子书，http://ishare.iask.sina.com.cn/f/19079087.html.

（一）应熟读古代医书，刻苦钻研医术。一个好的医生需要"熟读此方，寻思妙理，留意专业，始可言于医道者"，"若不尔者，如无目夜游，动致颠陨"①。作为一个医生要持续学习，"勤精不倦"，这样才能保证医术的不断提高。②

（二）应博览群书，尤其应熟读儒家经典，心中装有仁义。在孙思邈看来，不读书，难以知仁义、懂慈悲，长此以往会滞碍医道。③

（三）应心怀病人，竭尽所能为病人服务。对待病人，孙思邈认为应该一视同仁。"若有疾厄来求救者，不得问其贵贱贫富，长幼妍媸，华夷愚智，普同一等，皆如至亲之想"，无论病人是穷还是富，地位高还是低，到了医生这边，都应视之为"至亲"，"见彼苦恼，若己有之……昼夜、寒暑、饥饿、疲劳，一心赴救"④。

（四）医生应谨慎对待治疗工作。应"省病诊疾，至意深心；详察形候，纤豪勿失，处判针药，无得参差"，即必须仔细观察了解症状，不得马虎大意。虽然说治病要迅速，但治疗疾病关乎性命，更要不被疾病的表象所迷惑，考虑应周详仔细，深入思考。

（五）医生得慎独行事，廉洁自律，保持良好的同事关系。"不得恃己之长，专心经略财务"，"不得以彼富贵，处以珍贵之药，令彼难求，自衒功能"，"不得多语调笑，谈谑喧哗"，"不得道说是非，议论人物，炫耀声名，訾毁诸医，自矜己德"。⑤

从历史看去，我们不难发现中国传统医德的博大精深，中医较之西医更强调德行的作用，将仁德看成是行医的前提条件。由于特定文化与社会结构的影响与制约，中医的医德有很强的个体性与自律性，这在一定程度上影响了中医伦理的系统化和传承性。

二、医乃仁术——中国现代医学职业道德

中国现代医学机构的结构和门类受西方的影响很大。清末民初，中国已有为数不多的年轻人走出国门，接触并学习西医，他们在习得技术的同时，也为祖国带来西方的系统医学教育、医院机构模式以及医师伦理。此后，像复旦大学等开始设置了医学院，学者们还把西方伦理规范介绍到中国。1907年毕业于上海圣约翰大学医学部的俞凤宾博士翻译了当时最新修订的《美国医学会医德准则》（1912），认为可供中国同行参考，"这是我国医学伦理学首次正式引入西方的医学伦理学理论和

---

① 孙思邈撰. 备急千金要方 [M]. 高文柱、沈澍农校注. 北京：华夏出版社，2008：21.
② 同上. 22.
③ 同上. 21.
④ 同上. 22.
⑤ 同上. 22—23.

道德准则。20世纪30年代末，外籍医师盈亨利还翻译了《美国医学道德主义条例》，我国学者翻译介绍了《希波克拉底誓言》，这是我国首次较全面介绍希波克拉底[①]的伦理思想。1944年，医史学家王吉民也简要介绍过西方医德文献的概要，对我国近代医学伦理学的发展有一定影响"[②]。就护理方面而言，护理学早在19世纪下半叶就已经成为一门学科，英国护理先驱、护士职业创始人、近代护理专业鼻祖南丁格尔的护理理念在西方国家已广为传播。19世纪末叶，她的护理思想伴随中国被动打开国门而传入。20世纪初期，专业护理学校和护理学会在中国诞生，南丁格尔崇高的护理道德从一开始就在影响着中国的护理人。"我谨慎而恭敬地在上帝和公众面前宣布我的誓言：我愿尽一生努力，忠诚地服务于护理事业，不做对护理事业和受护理人有害无益的事情；不给受护理人服用或故意使用有害的药物；尽自己所有努力增强职业技能；凡是服务时所见所闻的受护理者及相关人的私事及一切家务均给予严格保密，绝不泄露；我一定以忠诚勤勉的态度帮助医生治疗病人，并专心致志地照顾受护理的病人，尽自己最大可能为受护理者谋幸福。"这段南丁格尔誓言成为每年5月12日国际护士节那天护士们必须吟诵的誓词。

新中国成立后，为了保障广大劳动人民的福利，国家建立了城市公费医疗系统和农村合作医疗制度，对医护人员的职业道德有了统一的指导性意见，确定了"面向工农兵、预防为主、团结中西医"方针，以及救死扶伤、实行革命的人道主义、全心全意为人民服务以及毫不利己、专门利人的"白求恩精神"等医务人员基本道德原则。改革开放之后，市场化进程进入了医疗领域，医院既是救死扶伤的具有慈善性的公共机构，又得按照市场规则自负盈亏，医患矛盾日益增多，医护人员的职业操守受到较大考验。在此情况下，1988年12月15日，我国卫生部颁布了中国第一个具有普遍约束力的全国性职业道德规范——《医务人员医德规范及实施办法》(简称《医德规范》)，其第三条医德规范规定如下：

（一）救死扶伤，实行社会主义的人道主义。时刻为病人着想，千方百计为病人解除病痛。

（二）尊重病人的人格与权利，对待病人不分民族、性别、职业、地位、财产状况，都应一视同仁。

（三）文明礼貌服务。举止端庄，语言文明，态度和蔼，同情、关心和体贴病人。

（四）廉洁奉公。自觉遵纪守法，不以医谋私。

（五）为病人保守医密，实行保护性医疗，不泄露病人隐私与秘密。

（六）互学互尊，团结协作。正确处理同行同事间的关系。

---

① 希波克拉底（约前460—前377），古希腊名医，西方医学奠基人，被尊称为西方"医学之父"。
② 张大庆，程之范. 医乃仁术：中国医学职业伦理的基本原则 [J]. 医学与哲学，1999,（6）：40—41.

（七）严谨求实，奋发进取，钻研医术，精益求精。不断更新知识，提高技术水平。

卫生部医德规范有效地将中国传统医德精华和西方医德原则结合起来，从七个方面对医务人员的行为提出了具体要求。中国医疗机构缺乏统一系统职业道德规范的情况，大有改观。与此同时，根据卫生部医德规范，全国各级医院纷纷出台加强医德医风的文件和规定，加强医德建设成为各级医院的重要工作之一。但是卫生部的规定过于简洁，缺乏对医疗活动核心价值观的表述，因此，在解读方面可以有多种可能，从而在具体操作时，引发各自理解实践不同的问题。再有，卫生部作为主管医疗的机构，以行政命令方式由上至下地推行道德规范，使得该规定刚性有余而思辨性缺乏，在实际操作中，效果受到限制。

2010年12月28日，结合我国医疗事业发展的客观情况以及医患关系现状，卫生部废止了《医务人员医德规范及实施办法》。经过一段时间的研究与专家意见征询，2012年7月18日，中国卫生部正式印发了《医疗机构从业人员行为规范》（简称《行为规范》），对全国860万医疗机构从业人员进行规范。《行为规范》共十章六十条，总则明确了该规定的实施目的和人员组成。其中医疗机构的管理人员、医师、护士、药学技术人员、医技人员是这则规范的主体。第二章属于总体的职业道德规范，涉及医疗机构所有人员，明确了人本原则、生命至上原则、廉洁原则、平等尊重原则、合法原则、专业原则。接下来，《行为规范》用六章分别明确了从管理人员、医师、护士、药学技术人员、医技人员到其他相关人员的职业责任。作为医务人员的医师、护士、药学技术人员、医技人员的行为规范规定得比较细致，不再像《医德规范》那样笼统。以医师规范为例，明确要求医生保持专业治疗的水准，不断更新医学知识和人文知识。甚至在具体行为上也有指导，如"因病施治，合理医疗，不隐瞒、误导或夸大病情，不过度医疗"，"不隐匿、伪造或违规涂改、销毁医学文书及有关资料，不违规签署医学证明文件"，"不违规临床应用新的医疗技术"，"进行实验性临床医疗，应充分保障患者本人或其家属的知情同意权"。这些规范充分结合了当前医疗服务过程中出现的问题或可能存在的利益冲突，具有很强的时代性和针对性。第五章的护士行为规范，强调关怀、医学照顾、规范流程、保护隐私等的重要性。《行为规范》在第九章明确规定了实施与监督的机构，主要为医疗机构行政领导班子自查和纪检机构监督，明确严重违规的，最终可以解聘和移交司法机关处理。

对照卫生部的两大行政管理文件，不难发现《行为规范》细化了《医德规范》的各条原则，并对各类专业人员的职业操守和行为做了较为具体的指引，这必将对提升我国医务人员的职业素质和服务水平做出积极的贡献。未来，医疗机构还应改革以药养医的市场化经营模式，国家要加大对医疗机构的科研投入、技术投入和资金投入，尊重医生劳动，这样才能让这些规定的实施有更大可能的空间。另外，在《行为规范》的实施与监督上，卫生部门应细化具体办法，一味把监督权下放给医疗机构行政领导，很容易造成在具体违规行为中，医疗机构既是违背道德的主体，又是事件裁判员的尴尬状况，从而使得医务人员因违规成本过小而不断践踏医德现象一而再，再而三地出现。

案例与分析：

医生扔下急救孕妇去开会 护士称缺席会扣钱

2008年7月3日，重庆永川区潘女士因为出现下体流血和肚子剧痛等流产迹象，在丈夫杨某和朋友田某搀扶下来到永川区一家医院就诊。

据田某说，到医院后，因杨某忙着停车，她独自扶着潘女士入院，当时是7时48分。底楼的护士告诉她医院要8点钟才上班，她正准备转院，护士忙说二楼门诊已有医生。田某把潘女士扶上二楼。主治医生简单看了看，让病人去照彩超。照完彩超后，诊室却不见医生人影。护士告诉她，全院医生都开会去了，得等一下。

潘女士仍血流不止。田某说，护士拿来一包消毒纸，让她帮忙垫在潘女士出血处。消毒纸用一张废报纸裹着，打开一看，就是一沓普通的卫生纸，相当粗糙。"这种纸如何敢用？"她嫌不卫生，没敢用。不久，杨某停好车来到医院，见老婆孤零零地躺在观察室里，疼得在铺上打滚，一个医护人员都不在。

"你们管不管病人？"杨某有些生气，催着护士去找医生，"随便来一个都行。"护士连续去了两次，回来后告诉他全院所有医生都在开早会。该会每周才开一次，由院长亲自主持，任何人都不得缺席。

杨某说，在他的埋怨声中，8时35分左右，早会开完，主治医生才匆匆赶来。对于他的抱怨，医生没有任何解释。随后，潘女士进了手术室。所幸人流手术相当顺利。

杨某说，一个医护人员曾告诉他，医生之所以扔下病人去开会，是因为每周一次的早会"非常重要"，"缺席会被扣钱"。就是这句话，让他气不打一处来：作为医生，怎么会因为怕扣钱就置危重病人的生命不顾？

事后，该院院长称，经她询问当事医生，得知患者潘女士虽在流血，但出血量并不大，病情并不危重，所以在对患者略做处理后，医生就开会去了。院长否认"医生匆匆去开会是怕扣钱"的说法，并称对于正在做手术的医生，医院不可能做出如此不合情理的规定。对于"消毒纸是普通卫生纸"的说法，院长称，该纸的确经过高温消毒了的，但用废报纸包裹确有待改进。[①]

案例分析：

　　本事件有一个非常关键的争议点，那就是开会重要还是患者的生命安全更为重要。就医生来说，通常情况下，只要安排得当，开会和给患者看病、解除痛苦，都是医生分内应该做的事情。但是当这两件事情同时出现时，医生面临一个需要做出抉择的利益冲突。医院有规定，除非正在进行手术，否则医生不得无故不参加每周例会。如果违反规定，自己可能被批评或罚款。另一方面，一位身体正面临巨大痛苦和危险的患者等待自己救治，不积极治疗，病人痛苦不但得不到缓解，而且还因延误治疗身体可能出现更坏的后果。是让自己承担暂时的损失，还是让病人承担可能永久的伤害？这里医生面临着三种选择，一种是选择待在会场，默默服从领导。考勤肯定没问题，也不用费口舌解释，这样不会造成任何罚款和批评的后果；另一种是选择和病人在一起，这样患者得到更多的帮助，但是要冒挨批评的风险。再有一种，是游走会场和病人之间，向主管领导说明病人实际情况，表示自己开会期间还要随时观察、了解病人情况。

　　坦率地说，根据医生职业道德标准，第二、第三种都是不错的选择。因为，第一，医乃仁术，医生必须具有生命至上的人道主义精神。医生用自己的专业知识为病人解除痛苦，是医生工作第一要义。本案例中，医生的行为明显违反了医生职业道德的"以病人为中心"的原则。第一，医生在利益取舍时，是以自己为中心的。第二，医生并未严格遵循临床诊疗和技术规范，匆忙行事，对病人的病情没有充分了解，影响自己做出恰当的职业判断。第三，医生并未尽心尽责地去努力解除病人的痛苦，也没有尊重病人的知情同意权，病人对于自己的病痛的严重程度缺乏了解，产生恐慌和心理负担。

　　从护士角度来分析，护士在病人要转院时，明确告知了该院的情况，并提供恰当信息给当事人，尊重了病人的知情同意权，这是比较好的方面。但在给病人提供劣质消毒纸方面，作为专业人员，存在护理疏漏。另外在屡次叫医生而医生无法到达的情况下，作为有责任心的医护人员，根据医疗从业人员行为规范，她应该及时与医生沟通，告知医生病人的情况，并提醒医生应以病人为中心。

　　从行政管理的角度来分析，该医院的行政管理规定存在违反医疗从业人员行为规范的行为。比如，管理规定僵化，不符合医疗规律，不以病人为中心，具体规程操作简单机械。监督不力，使得劣质卫生用品公然在医院使用，损害病人权益。

---

① 重庆晚报[N].2008-7-5.

第二节　工程人员职业道德规范

如果你们想使你们一生的工作有益于人类，那么，你们只懂得应用科学本身是不够的。关心人的本身，应当始终成为一切技术上奋斗的主要目标；关心怎样组织人的劳动和产品分配这样一些尚未解决的重大问题，用以保证我们科学思想的成果会造福于人类，而不致于成为祸害。在你们埋头于图表和方程时，千万不要忘记这一点。

——爱因斯坦

科学的真正的、合法的目标说来不外是这样：把新的发现和新的力量惠赠给人类生活。

——弗兰西斯·培根

一、工程与工程师

世界发展到今天，变化最为快速和繁复的要数近几百年。科技的发展推动了工业革命的诞生，人类对世界的改造以前所未有的魄力和气度在世界各地相继铺展开来。工程，这种人类将基础科学知识和研究成果应用于自然资源的开发、利用，创造具有实用价值的人工产品或技术服务的有组织活动[①]，在人们的生活中发挥着越来越引人注目的作用。市政工程、建筑工程、电力工程、交通工程、机械工程、通信工程等开始变得与人类的生活息息相关，直接影响着人类的衣食住行。工程是一种造物活动，即改变物的自然存在状态，将自然物人为地、有目的地转变为人造物（或"人工制品"），或将原材料"加工"成产品，是天然物向人造物转化的过程。古代，由于科学技术发展较为落后，人改造自然的能力较弱，人在造物时，其自然性保留较多，造物更多是改物。到近现代，人类改造自然的能力日渐增强，造物过程的人为性更为明显，有的程度之深已经完全无法通过肉眼直接识别它的自然性。比如，近几十年来特别热门的遗传工程、生物工程、信息工程、网络工程等。

工程人员是工程活动的主体，它们承担工程规划、设计、管理和善后处理，他们拥有工程技术能力、监管能力，他们希望通过自己的造物活动能为自己和客户谋取福利。关于工程人员的具体组成，是很难界定的，国内也未有专业的权威性界定，但是业界有一个大致界定的范围。一般来说，经过系统工程实践与理论教育，

---

① 肖平主编.工程伦理学[M].北京：中国铁道出版社，1999：28.

获得工业技术执业资格或工程类学士学位，并在实际工作中从事工程相关内容的人被看成工程人员中的中坚力量，也被称为工程师。但是下列人员，在中国一般也被划归工程人员范畴。主要是：无工程技术资格证书，但从大中专院校毕业，并担任工程技术工作的人员；虽未获得工程专业技术学历、资格证书或学历，实际承担工程技术工作的人员。已取得工程技术职务资格或从大学、中专理工科系毕业，但未担任任何工程技术或管理工作的人员不在此列。

二、工程人员与道德

工程人员是一种以职业为依据进行的人群划分，由此，他们区别于医务人员、法律事务人员、公务人员等其他职业人。作为在社会上寻求生存和尊严的人来说，他们又是经济人和社会人。作为职业人，他们需要随时体察客户的需求和价值审美，即时更新技术和设计理念，制造符合客户需求的产品。作为员工，他们需要诚实敬业，为所在企业做出自己的贡献。作为经济人，他们需要关心投入与产出比，实现个人的利益与价值。作为社会人，他们需要关注些什么？最初，基本没有人去关心这个问题，一般人甚至觉得搞技术的人就应该去关心技术本身。甚至有人认为工程造物只与技术有关，是与道德无涉的，工程的好与坏只取决于技术的高下。因此，在工程技术人员中，不乏部分人认为，自己只要一心研究技术及其应用，便是做了工程人员的本分。事实上，这里存在着对工程以及工程师角色理解的谬误。

工程，是人类的创造性活动，技术、客观自然规律、事物性状、机理等方面为其提供支撑，但是造物是有目的的人类活动，造物过程包含着手段、方法、工具的运用。"目的、手段、方法等是可以评价为好或者坏，正当或不正当的"[①]，工程最终诞生于人们的生活环境，它必然和人们的生活发生着某种联系，这种联系是可以进行道德评价的。比如说，客户要工程人员在一人口密集的小区附近建造一个大型的LED广告牌，要求LED广告牌在夜间醒目独特。就技术而言，客户的要求完全可以满足，那么工程人员在建造时，是该完全满足客户的要求，还是要考虑LED广告牌与它周围环境之间的关联呢？答案显然是应该考虑到。因为一旦建成，过于醒目的广告牌就会改变小区周围夜间环境，夜间环境的改变必然会影响小区居民的休息，破坏不特定人的睡眠质量，这种结果自然是道德有涉的，它不仅是技术问题。因此，工程是一项具有社会化、综合化和整体化的系统人类活动，它并不脱离于道德。随着工程人员活动空间和干预力度的加大，工程活动所产生的影响也必将日益扩大。比如二战时期，美国的"曼哈顿工程"诞生了核，15万参与人员只有高层知

---

① 罗肖泉.高等学校专业伦理教育论纲［M］.北京：知识产权出版社，2011：199.

道他们具体要研制什么,也只有部分人员知悉他们制造的东西是为了打败希特勒,结束二战,迎接和平。广岛、长崎的两声爆响对二战的结束具有里程碑式的意义,可是,巨大的核创伤则让世人真真切切地感受到了技术的破坏性威力,有不少参与该工程的科学家之后隐姓埋名,也有像爱因斯坦那样的科学家开始将后半生奉献给对技术的人道反思。他为此致信美国公众:"我们将此种巨大力量释放出来的科学家,对于一切事物都要优先负起责任,原子能绝不能被用来伤害人类,而应用来增进人类的幸福。"再比如说生物工程,现代科技的发展让性别检测、人工授精、试管婴儿等均成为可能,这类技术帮助了很多有生育困难的家庭,让他们享受到了天伦之乐。与此同时,性别选择性生育、代孕等行为也由之悄然诞生。地区性性别失衡、亲情错位等社会问题和伦理纷争随之而来,给社会的稳定和家庭的和谐带来不少隐忧。而以克隆为代表的基因工程引发的争议比克隆技术本身更持久,有些人认为它已经关系到了人的本质问题。所以工程不是孤立的社会存在,工程技术人员并不隔绝于与社会生活,他们在运用技术时,必须考虑到尽量用所掌握的技术为社会大众的安全、健康、福利服务,与此同时,还必须承担造物过程中对社会可能产生的影响,把负面后果减少到最小。因此,合格的工程人员不仅应技术过硬,还得有较高的职业素质和道德品质。

三、工程造福人类——工程人员职业道德的基本要求

工程人员职业道德,是针对工程技术人员的特定道德规范,它通过对工程行为的道德与伦理的反思,提醒工程人员在工程技术活动过程中,不仅考虑技术的可能性,还要考虑其活动的目的、手段以及后果的正当性。通过对技术行为的伦理调节,协调技术发展与人、社会以及环境之间的伦理关系①。关于工程人员职业道德的具体内容,中国目前还没有一个统一的规定,通常散见于各类与工程相关的行业人员的职业道德规范中,发文和规定单位也各有不同。比如1997年由中国建设部建筑业司精神文明建设办公室颁布的《建筑业从业人员职业道德规范》,2002年6月18日中国建设工程造价管理协会通过的《工程造价咨询单位执业行为准则》、《造价工程师职业道德行为准则》,2003年11月28日中国机械工程学会八届三次理事会通过的《机械工程师职业道德规范》,2004年中日韩工程院圆桌会议通过的《关于工程道德的倡议》,2010年12月由中国工程咨询协会会员代表大会通过的《中国工程咨询业行业公约和职业道德行为准则》。我国香港地区有针对工程师的《香港工程师学

---

① 李伟侠. 技术伦理的可能性和必要性拉普技术伦理思想研究[J]. 洛阳师范学院学报, 2006, (4): 24.

会章程》，台湾地区"中国工程师学会"有《中国工程师信条》。另外，德国、美国等国的职业道德规范也在影响着中国。如1997年，法国工程师与科学家协会、毕业生工程师协会同盟、法国工程师国家委员会三大团体联合编制了一部工程师伦理规范。2002年，德国工程师协会颁布了《工程伦理的基本原则》。对中国比较有影响的还有国际民用工程师协会制定的十四条规范[1]，国际电气电子工程师协会（IEEE）和美国计算机学会（ACM）协同批准的《软件工程职业道德规范和实践要求》。

纵览国内外关于工程从业人员的各类规范，不难发现，在行业细节上虽然各有差异，但是本质上没有差别，它们均包含着各类工程人员所应信守的几大基本职业道德原则，主要体现为公共利益原则、安全原则、责任原则、诚信原则。

（一）公共利益原则

从有工程项目开始，人们一般强调的是工程人员为客户服务，保证质量地完成客户的设计和要求，如此，工程人员便是称职的人。但是这样的要求容易造成很多问题。比方说工程可能带来的人际关系紧张、环境污染等隐患似乎和工程人员没有任何关系，但这自然不合逻辑。作为工程人员，在工程造物开始之前，必须明确一点，即所有的工程活动最根本的目的是造福人类，这是工程人员的神圣使命。这也就是为什么基本上所有有关工程人员的章程和规定，均把造福人类作为第一要旨的原因。比如说国际民用工程师协会的十四条规范，第一条即为"忠实于公共利益、健康与安全"。美国国家专业工程师学会制定的工程师伦理章程序言中强调："工程对所有人的生活质量有直接的和重大的影响。因此，工程师提供的服务需要诚实、公平、公正和平等。必须致力于保护公众的健康、安全和福祉。"[2]中国建设工程造价管理协会通过的《造价工程师职业道德行为准则》第一条即规定了工程造价活动的社会意义："遵守国家法律、法规和政策，执行行业自律性规定，珍惜职业声誉，自觉维护国家和社会公共利益。"《软件工程职业道德规范和实践要求》则规定软件工程人员"批准软件，应在确信软件是安全的、符合规格说明的、经过合适测试的、不会降低生活品质、影响隐私权或有害环境的条件之下，一切工作以大众利益为前提"。不符合公共利益，无法增进公共福祉的工程是不值得建造的工程。为此，以工程师为首的工程人员必须对工程进行先期公共利益调研和评估，在理由充分的情况下，才能展开后期的工程活动。比如，关于是否建造三峡大坝，当时中国有很多争议，争议的焦点就是是否有益于民生。中央政府在做出决策之前展开了数年的调研和专家讨论，这不是无谓的人力物力浪费，而是合格工程必需的第一步，是工程的应有之理。

---

[1] 肖平.工程伦理导论［M］.北京：北京大学出版社，2009：152—155.
[2] 罗肖泉.高等学校专业伦理教育论纲［M］.北京：知识产权出版社，2011：208.

（二）安全原则

一栋房子，百姓能够安心地住在里面，不担心墙面裂缝、屋顶掉下来，是因为他相信这栋房子是安全的；一辆汽车，驾驶者可以放心地在路面上驾驭驰骋，是因为他相信汽车技师已经确保了机车的安全性能；一款软件，使用者可以放心地把私密信息向信任的人发送，是因为他认为设计软件的工程人员已经有了这方面的考虑……类似这样的现象还有很多，生活中人们安然地享用着各类工程带给我们的便利，根本就在于他们对工程的安全性很放心。但是生活中，我们也看到了另外一种现象：人们担心有苏丹红而不敢到市场买咸鸭蛋；某精装修楼盘交房庆典之际，因装修使用的墙漆添加剂严重超标，准业主将开发商堵在大门口讨说法；某山区公路边坡裸露，无任何加固措施，大雨天车主绕道而行；因为频发滚梯事故，人们见到滚梯就发怵……这类不乐观的现象根源在于安全。工程安全规范要求工程人员尊重、维护，不能伤害公众的健康和生命，在进行工程项目论证、设计、施工、管理和维护中关心人本身，充分考虑产品的安全可靠、对公众无害，保证工程造福人类。但是如果安全不过关，不仅会让这类目标成为空谈，而且有可能造成难以弥补的损失。2010年11月15日，上海静安区胶州路高层住宅小区失火事件，不少人还记忆犹新，失火的根本原因是违规使用装饰材料，这场无视安全的事件造成了58位无辜百姓罹难的惨痛现实。

工程有大小型之分，小型工程涉及资源、人员较少，产生的影响一般来说比较有限。大型工程，涉及面比较广，产生的影响也比较大。因此，从工程安全的影响对象分，有对个人安全的影响和对公共安全的影响之分。从工程进程来看，安全又涉及设计安全、生产安全、维护安全等方面。工程人员因其专业性，必须利用自己的专业知识对各方面的安全进行评估和监督，并且责任到人。2012年9月13日，武汉一在建建筑工地发生施工升降机坠降事故，造成19人死亡。而事故发生的原因主要有：一是升降机搭建架不牢；二是事故升降机严重超载。承建单位未从参建人员的安全角度谨慎检查各类可能存在的风险，实质是忽视个人安危。再有就是生产安全监督不得力。这样的惨剧实实在在地提醒人们，关注工程安全就是关注生命，就是"仁者爱人"思想的体现，就是人道精神的现实写照。

如何看待工程及其过程中的风险与安全？作为工程人员，其所受的专业教育与训练要求他们具有风险评估能力。哪些是可接受的风险，哪些是不可忽略的风险，必须心中有数。在当前市场经济体制下，工程单位经常受制于经济利益，但当安全与利益冲突时，应该选择安全第一。对于可控制风险，必须让受工程影响的相关人员明确知晓风险，尊重他们的知情权。比如如果某公司开发的手机电池经国家检测达标，可以投放市场销售。但是若该公司内部的实验室测试多次发现：长期不间断充电达8小时以上，电池爆炸的概率会比正常充电模式下要大，那么在手机电池说明书和产品营销时，开发人员和销售人员就应基于安全考虑，提醒消费者注意此类危险。使用者得到这个信息后可以防止有可能存在的安全隐患，该公司也可以因此规避不少责任。类似的案例还有著名的美国福特平托汽车案。平托是1971年福特汽车公司生产的一款汽车，价格比较便宜，但是追尾时有发生爆炸的风险。其实，在该型号汽车进入市场之前，福特公司就知道这一安全隐患，但是，公司在核算成本后认为改造成本相比追尾带来的损伤赔偿要大得多，于是公司封锁了消息。问题暴露后，福特在其备忘录中仍声称赔偿受害者要比修理平托划算得多。如此毫无人情味儿的言论让受害者在伤害之余又遭侮辱。福特轻视安全、缺失人性的"平托门"成了它身上永远洗刷不掉的污点。

（三）责任原则

工业化以前，工程并未普及，多数国家对工程技术人员的要求是凭良心办事，希望技术人员通过自我内心反思，诚实务实地工作。近代以来，工程规模日渐壮大，涉及人员和利益冲突成倍增长。仅依靠工程人员的内在反思已很难保证工程的可靠性。因为，良知伦理的缺陷是只强调行为的动机与本身的善，而把对行为后果的考虑摈弃在行为的道德价值之外。然而，好的动机并不一定产生好的结果，因此良知伦理须用责任伦理加以补充。责任伦理使工程人员真正将自己与工程产生的后果直接联系起来，时刻提醒他们有义务对雇主或客户负责、对工程本身负责、对专业名誉负责、对社会环境负责、对同事负责。

以对雇主忠诚来看，"在其位，谋其政"是对雇主负责的最好体现。客户是工程人员的服务对象，读懂客户的意图，解决客户的疑难，不折不扣地为客户提供满意的服务，这是工程人员敬业的一种体现。对工程本身负责，要求工程人员以诚实、信用的态度，以专业的眼光进行设计、研判与制造。工程是以科学为基础的创造性活动，科学的更新是日新月异的，工程人员有必要不断自觉进行继续教育，完善自己的理论和技术知识，服务于工程发展的需要。这既是一种对自己负责的态度，也是对工程专业负责的态度。对社会负责，实质是工程人员社会责任的体现，它要求工程人员要考虑到工程对社会环境的可能影响和对后世可持续发展的影响，让工程既造福现代人也要给子孙后代留下继续发展的空间。另外，如何对待同事，也是工程人员需要注意的一个重要方面，通常工程都是合作的产物，离不开同僚的齐心协力，因此，和谐的同事关系对于工程的总体质量有较大的影响。为此，工程人员应以科学理性的态度去处理同事关系。平时要关心同事，认真学习同事的优点，遇到工程上的分歧，真诚向同事指出，并给出个人见解。就事论事，以解决问题为出发点。

说到底，责任实质就是自觉担当，可以体现为行为主体对其职业角色应尽的特殊义务的一种服从、敬重、恪尽职守的情感态度与道德诉求，同时又可以体现为对行为本身负责，尤其是对行为的过失承担责任。

（四）诚信原则

诚信是一种真实无欺的状态，是一种可贵的品质。不诚实主要表现为"说谎"、"蓄意欺骗"、"抑制信息"、"未能获得事实"[①]。对于工程人员来说，诚信尤为关键。因为"工程活动是一种自觉地运用客观规律和物质、能量、信息改造客观事物的过程"[②]。工程的根基是科学，而科学来不得半点的马虎、虚假。工程人员若不诚信，不如实地报告数据或故意遗漏重要的数据，那么其他研究者将无法依赖他们的成果开展探索或工程建设。工程人员如对客户不诚信，从事自己不能胜任的工作，对工程可能存在的问题故意隐瞒，均有可能带来直接的安全隐患、环境隐患。在工程规范中，很多涉及诚信的条款。电气和电子工程师协会伦理章程中鼓励所有成员："在陈述主要和基于现有数据进行评估时，要保持诚实和真实。"美国机械工程师学会伦理章程也规定："必须诚实和公正"地从事他们的工作，"不要参与散播有关工程的不真实的、不公正的或夸大其词的声明"。中国各个工程行业规则基本都有关于诚实或实事求是的要求。随着工程在社会生活中规模的扩大，有些部门已经开始专门加强诚实和信用体制的建立与监督。2007年，上海市建设和交通委员会对在沪建设企业统一实行《诚信手册》制度，要求所有在沪建筑单位承诺："我们所提供的一切材料都是真实、有效、合法的，如有弄虚作假及其他违法违规行为，本企业愿意承担一切责任"，要求工程企业"必须具备各级建设行政主管部门颁发的建设工程企业资质证书，并按资质证书所规定的范围开展活动"，"遵循诚实守信的准则，严格履行合同"。广东佛山市建立企业信用信息网，在网络平台上对工程师的诚信状况建立档案，任何人都可以用网络查询。虽然从目前看，档案中没有多少关于诚信的记录，但是有这样的想法已经是前进了一步。2012年8月，广东省中山市下发通知要求中山市建设工程企业建立电子诚信档案，企业诚信管理通过诚信平台进行信用分值动态计算，并自动形成企业信用等级。对信用好的单位进行褒奖，对信用不良的企业进行曝光，虽然这也只是刚开始做，但是个好的开头，有进一步完善的可能。

---

① [美]查尔斯·E·哈里斯，迈克尔·S·普里查德，迈克尔·J·雷宾斯. 工程伦理：概念和案例[M]. 丛杭青，沈琪译. 北京：北京理工大学出版社，2006：97—98.
② 罗肖泉. 高等学校专业伦理教育论纲[M]. 北京：知识产权出版社，2011：210.

案例与分析：

建筑工程技术人员"证书挂靠"成安全隐忧

建筑师、建造师数量是衡量建筑企业资质的重要指标。调查发现，一些实力不济、专业技术人员不够的建筑企业打起了"证书挂靠"的主意，"证书挂靠"已成为行内的公开"秘密"。专家认为，用挂靠证书虚充资质，已成为建筑市场管理、建筑安全的一大隐忧，亟待加强监管并通过制度变革根除这一隐患。

业内人士解释说，"证书挂靠"就是把暂时不需要的证书挂在需要证书的建筑企业，名义上成为其持证从业人员，挂靠单位则依靠租来的证书"达标升级"。

调查发现，证书挂靠者以高校教师居多，而挂靠企业则多是民营建筑企业。一位业内人士介绍，我国建设项目基本都实行工程招投标制度，要求招投标企业具有相应资质，而要达到资质须具备相应工程技术人员，如房屋建筑工程施工总承包企业一级资质应具有高级职称的工程技术人员不少于10人，中级职称工程技术人员不少于60人。一些民营企业为节约人力资源成本，不聘用这么多工程技术人员，而是采用证书挂靠，相当于"租用"证书。

据业内人士透露，目前，一级建筑师证挂靠"行价"是每年10万至12万元；一级建造师一年2万至4万，二级建造师一年1.2万左右。建筑师偏重设计，建造师偏重施工管理，考试难度、市场需求量等不同，使证书含金量有很大差别。利益的驱使使很多人将自己的证书挂靠到需要的单位。

武汉一家建筑公司负责人称，建筑行业证书挂靠是普遍现象。一名一级建造师一年工资几十万，但很难招到人。如果培养自己公司的人去考，时间成本不说，考过后还可能跳槽。租用一个证书一年仅需花3万元左右。

因为"证书挂靠"很有市场，不少教育培训机构和中介公司盯上了这块"蛋糕"。有些机构在官方网站直接注明可提供证书挂靠服务。建筑师、暖通工程师、建造师、结构工程师……这些建筑行业相关证书在市场上非常抢手。在百度搜索"证书挂靠"，有376万余条结果，其中绝大多数是与建筑相关的公开证书挂靠信息，"证书挂靠网"、"中国挂靠信息网"等网站人气不低。证书挂靠供需双方公开在网站上发布信息，似乎"光明正大"。①

---

① 资料来源：新华网，http://news.xinhua08.com/，2012-8-17.

案例分析：

"证书挂靠"对于挂靠者来说，是证书寻租；对于挂靠机构而言，是以少充多，谋取不当得利。不当得利首先是违法行为。任何违法人员都应该受到法律的惩处，"挂靠"现象乱象丛生证明我国相关法律的监督和实施还存在严重问题。

就职业规范层次上，建筑工程企业及其负责人，通过"证书挂靠"让企业获得生存条件，已经严重违反了安全原则和诚信原则，可导致工程企业资质体系失序，工程质量难有保证，人民的福祉难以保证。"工程造福人类"有可能成为空谈。

第三节　财会人员职业道德规范

会计当而已矣。

——孔子

财务是在物质资料再生产过程中客观存在的资金运动及资金运动过程中所体现的经济关系。财务人员是专门处理资金运转、管理和分配的专业人员，主要包括会计、审计、统计、银行工作人员等。会计是财务工作的重要组成部分，会计核算以货币为主要计量单位，运用专门方法对企业、机关、事业单位和其他组织的经济活动进行全面、综合、连续、系统地核算和监督，提供会计信息，并随着社会经济的日益发展，逐步开展预测、决策、控制和分析的一种经济管理活动，是经济管理活动的重要组成部分。从事这些活动的人拥有和这一经济活动同名的职业，他们自己也被称为"会计"。

"会计"在中国拥有悠久的历史，"结绳记事"是计算最早的萌芽，之后发展到文字产生后的单一流水账。到了商代，社会分工日趋细致，国家经济规模已经比较大，较复杂的计算工作不再由生产者自己进行，而是由专人负责，国家也设立了专门负责会计的职位。到了西周，《周礼》中诞生"会计"一词，并出现了比较专业化的会计机构——九府出纳，而司会是统管"九府"之人，统管国家财政与税款，当时已经初步有了会计和出纳的区分。春秋战国时期，"上计"已经成为地方官员每年的规定动作。所谓"上计"，据《吕氏春秋通诠·知度》载："上计，战国、秦、汉时地方官于年终将境内户口、赋税、盗贼、狱讼等项编造计簿，遣吏逐级上报，奏呈朝廷，借资考绩，称为上计。"即由地方行政长官定期向上级呈上计文书，报告地方治理状况。县令长于年终将该县户口、垦田、钱谷、刑狱状况等，编制为计簿，呈送郡国。根据属县的计簿，郡守国相再编制郡的计簿，上报朝廷。朝廷据此评定地方行政长官的政绩。汉代还颁布有专门的法规《上计律》。会计在上计活动中扮演着重要角色。会计计账方式也从"简单的流水账发展为'底账'、'细账'和'总清'三账，一直使用到明清时期"[1]。目前传统会计已经发展到当代电算会计过程，会计职业实践活动日益丰富和深化，人们对会计职业活动的客观要求也日趋明确、充实，促成了会计职业道德的不断发展和完善。

一、会计职业道德的形成与发展

会计的诞生是社会分工的结果，会计职业道德也是伴随社会发展而逐步产生的适用于专业会计人员的，旨在调整会计人员与社会、会计人员与不同利益集团以及会计人员之间关系和行为的规范。奴隶社会和封建社会早期，社会生产不很发达，会计工作总体并不繁复，会计所涉及的利益关系相对简单，对于会计的职业要求，多为行为上的规定和口头上的善意约束，会计道德处于萌芽阶段。随着我国封建社会的发展，经济部门日渐增多，会计工作涉及的部门和金额日渐增加，社会对会计的要求也在不断提高。除了技能层面上的要求，道德层面上的要求已经从口头的约束性告诫，逐步见于名家论著和官方文件。我国著名思想家孔子年轻时曾在鲁国当主管仓库的会计，时称"委吏"。这份工作看上去很容易，但是要做好却并非易事。他的前任就因为被怀疑有贪污的行为而被除名。孔子得了这份差使后，首先做的是吸取前任的教训，告诫自己兢兢业业地对待工作。孔子生活的年代，账目主要刻在竹简上，这样的书写是比较辛苦的，但是孔子却从不懈怠。每天上班时间他都守着库房，每一笔进出账记得井井有条，清晰可查，明白无误。在工作的过程中，他还慢慢形成了自己对会计职业道德的思考。他曾说："会计当而已矣。"这句话看似简单，却内涵深刻，高度凝练。这个"当"有恰当、得当、正当、适当之意。具体来解读，包含四层含义："一是账务核算要'得当'（明晰），二是会计结果要'恰当'（公允），三是事项行为要'正当'（合规），四是会计人员要'适当'（专业胜任能力适当）。"[2]会计的谨慎性原则在孔子这里逐步产生并影响后世。从这里，我们也能感受到孔子的制度意识，即会计要在国家财政制度范围内行事，当收则收，不当收不能收；当用则用，不能以少用违礼，也不能违反财政制度的要求滥用。

随着封建社会各类法律和财政制度的完善，国家对会计的职业道德要求进一步

---

① 杨毅. 浅谈会计历史变革 [J]. 学术交流，2010, (5): 49.
② 寻觅孔子：中国会计的精神资产 [DB/OL]. 中华会计网校, http://www.chinaacc.com/news/234_235/2009_3_30_cu888975030103390021653.shtml.

明确。在此过程中，儒家的"仁义观"、"诚信观"、"义利观"、"游艺观"、"敬业观"在会计职业道德规范形成中发挥了重大的影响作用。儒家主张："志于道，据于德，依于仁，游于艺。"实质要求从事职业活动的人必须德才兼备且术有专攻。具体到会计上，早在秦朝，官府已将廉法作为财计官吏品行修身的标准。秦简《法律答问》中规定："府中公金钱私用之，与盗同法。"到了汉代，汉宣帝知道计账不实的情况后，采取了针对性措施："御史察计簿，疑非实者，按之，使真伪毋相乱。"《上计律》中规定："凡不及时者治罪，凡欺谩不实者治罪。"[①]

民国时期，政策采取"计政联综"制度牵制财务人员的权力，目的是严格财政管理，防范滥权。同时政府也对会计人员从业道德做了规定，《国民政府检发会计法训则令》中规定："会计人员有违法，或失职情事时，所在机关长官，应即依法处理之。各机关主办会计事务之人员，对于不合法之会计程序或会计文书，应使之更正，不更正者，应拒绝之，并报告该机关主管长官。会计人员非根据合法之原始凭证，不得造具记账凭证，非根据合法之记账凭证不得记账。"[②]

新中国建立以来，到1991年，会计职业道德的要求散见于各类会计法规中。1959年，财政部颁布的《国营企业会计核算工作的若干规定》，对会计凭证等十个方面存在的问题分别做了规定，实际上也是对会计人员职业道德的规定[③]。1961年，国务院批转财政部拟定的《国营企业会计核算工作规程（草案）》规定，会计人员必须奉公守法，以身作则。严格执行财务会计制度，遵守财经纪律。对于一切不合制度、不合手续的开支，事前有权拒绝支付。这是新中国成立以来我国第一次以法规的形式明确规定"会计人员的职责"。1963年，国务院颁布的《会计人员职权试行条例》对会计人员的职责和权限做了详细而具体的规定，这是我国第一部专门规定会计人员职责权限的行政法规。1984年，财政部颁布的《会计人员工作规则》对会计人员的职责、权利和义务做了具体规定，主要目的在于不断提高会计人员的道德素质和业务素质，以适应经济管理的需要。

新中国系统地将会计职业道德要求提上建设日程是在20世纪90年代之后，1992年，中国注册会计师协会颁布《职业道德守则》可以算是一个重要标志，虽然该守则适用人员有限，但是它标志着系统的职业道德规范已为会计行业所重视。1995年，财政部发布的《会计改革与发展纲要》明确指出要研究制定会计职业道德规范，加强会计职业道德和职业纪律教育，全面提高会计人员素质。这一号角在1996年得到应和，财政部《会计基础工作规范》中专门对会计职业道德做了规定。同年，中国

---

① 《会计职业道德培训教材》课题组编著. 会计职业道德培训教材［M］. 北京：北京科学技术出版社，2002：19.
② 同上.
③ 郎永建. 新中国会计职业道德的建设历程［J］. 商场现代化，2005，（2）.

注册会计师协会颁布《中国注册会计师职业道德基本准则》，2010年又推出了新的版本。1998年，财政部发布的《会计人员继续教育暂行规定》明确将会计人员职业道德教育作为会计人员继续教育的内容之一。1999年颁布的《中华人民共和国会计法》第39条规定：会计应该遵守职业道德，提高业务素质。这是成文法对职业道德的重要规定。

中国会计职业道德的系统化受到美国等发达国家会计职业道德与制度的影响。美国是世界上会计社团化比较高的国家，会计队伍的职业伦理规范也形成得比较早，且有适合各类财务人员的职业道德规范，如针对注册会计师和管理会计师的，还有针对审计师的。早在1906年，美国公共会计师协会就制定了道德方面的规定，包括以协会成员名义进行会计工作的要求以及收到或支出外部人士佣金的要求。第二年，甚至将"职业道德"在行为准则中单列出来。这些后来成为美国注册会计师职业道德规范的基础。1992年，美国注册会计师职业道德规范将责任、公共利益、正直、诚实、客观与独立、胜任等作为会计师的道德标准。这对中国会计人员职业道德要求的细化起到了重要影响作用。

二、会计职业道德要求

（一）专业胜任，搞好服务

社会主义市场经济的发展，经济规模的扩大，生产和经营模式的日渐丰富，对会计的工作提出了更高的要求，业务胜任因此变得极为重要。一位会计若对国家相关法律法规没有足够的了解，没有能力面对财务工作中的新问题，无法帮助单位解决实际的财务方面的问题，那是失职，而失职不仅仅是能力问题，更是品质问题，因为，其直接的后果需要单位、国家为个人承担。因此作为会计必须做到如下几点：

第一，各级会计人员应达到相应的专业技术标准。一般而言，专业的会计人员应接受过大中专以上教育，接受过财务会计管理知识与技能的专业培训，获得专业的会计资格证书，能够熟练地运用其知识、技能和经验，而且能根据客观情况做出正确的职业判断。

第二，熟悉国家各类相关法律法规和企业的各类规定。会计是根据国家的法律法规从事财务的统计与核算工作的。熟悉规章制度，知道哪些业务可行，哪些业务不可行，是会计从业的前提条件，也是会计规范从业的重要保证。会计还必须了解所在行业的经营规定和企业财务活动的流程，这样才能保证财务活动能最终服务于所在企业。

第三，利用各种机会，虚心学习，及时进行知识更新。市场活动日新月异，新的法规和制度，新的财务管理技术，新的知识体系随时都可能诞生，在此背景下，会计人员必须树立终身学习的观念，抱有一颗持续学习、追求进步的心，不断提高自己的专业技能和业务水平。继续教育应该成为会计人员每年都要自觉进行的活动。

第四，拒绝从事自己无法胜任的工作。这是会计专业胜任的另外一层含义。会计人员工作有专业分工，在从业时，不能囿于情面、个人便利等原因越俎代庖展开工作，也不能从事自己根本无法胜任的工作，这是对单位、同事负责，同时也是对自己负责。

（二）实事求是，客观公正

《说文解字》载"计，会也，算也，从言，从中"，又释"言"，"直言曰言"，就是要真实无隐瞒之意，这表明，古代"会计"本意有不弄虚假的道德要求[①]。《会计基础工作规范》第二十一条规定"会计人员办理会计事务应当实事求是，客观公正"。《中国注册会计师职业道德守则第1号——职业道德基本原则》，第三条规定："注册会计师应遵循诚信、客观和公正原则，在执行审计和审阅业务以及其他鉴证业务时保持独立性。"诚信，实事求是，实际上是诚实、认真、负责的态度，它是一切道德的前提，正如孔子所言"民无信不立"，孟子云："诚者，天之道也；思诚者，人之道也。"我国近代会计学奠基人之一的潘序伦先生，1927年从美国学成回国之后，一直从事会计业，在他看来，会计的根本在"信"，他甚至把自己的会计事务所改名为"立信会计师事务所"，后来他又创办立信会计学校，致力于培养会计人才，在教学过程中，"信用"一直是该校的理念。

与诚信、实事求是相反的是弄虚作假，夸大自己的职业能力，在业务中欺上瞒下。在财务上就表现为不按照法律制度办事，编虚假数据与报表，欺骗同事、上级、客户、国家。最终造成个人、集体、国家利益难以挽回的损失。2001年美国最大的能源交易商安然公司轰然倒地，最根本的原因就是持续多年精心策划乃至制度化、系统化的财务造假，用虚假的业绩代替真正的财富增长，欺骗投资者，欺骗本公司的员工。据统计，安然公司一共虚构利润5.86亿美元，还隐藏了数亿美元的债务。协助安然公司造假的则是世界著名的五大会计事务公司之一的安达信公司，它的上层和安然公司在长达16年的合作中"日久生情"，安然公司的雇员中有100多位来自安达信，包括首席会计师和财务总监等高级职员，而在董事会中，有一半的董事与安达信有着直接或间接的联系。安达信由此失去了审计独立性。在事情败露之时，安达信甚至不惜销毁大量的与安然公司破产有关的文件。到最后，安然公司破产，安达信从一家代理着美国2300多家上市公司审计业务的、在全球有390个分公

---

① 张俊民.商务伦理与会计职业道德［M］.上海：复旦大学出版社，2008：138.

司近5000名合伙人的百年老店，变成只有几百人且在苟延残喘的三流公司。这是财务虚假在当今世界最骇人听闻的事例。与安然事件几乎同时暴露的有我国的银广厦事件，这个在深圳起家的公司，通过虚构利润和财务报表，制造了业绩神话，可惜好景不长就被识破，但是大量股民因此倾家荡产，给它进行财务审计的深圳某会计公司最后也难逃解体的命运。这些案例告诉我们，实事求是无小事。作为会计，就得一点一滴地把关，从原始资料的取得、凭证的整理、账簿的登记、报表的编制，到财务预期的分析，必须如实反映，来不得半点造假。平时的财务记录要以真实的业务为依据，做到手续齐全、账目清晰、流程规范。杜绝凭空造账、虚增成本、虚减收入、偷税漏税。因为"会计的基本职能是反映和监督，其目标是向相关利益方提供真实、可靠、全面的会计信息"[1]。离开了真实这一点，就是背离了会计的社会职能。

　　客观公正，按《说文》解：公，平分也。正，是也（是，直也）。公正，即不偏不倚，正直，没有私心。会计的公正是要求会计人员在执业过程中，依据规章制度和国家统一的会计制度，依法办事，铁面无私，不避亲疏，以实际发生的经济活动为依据，对会计事项进行确认、计量、记录和报告，而且要摈弃个人私利，避免各种可能的利益冲突。从会计产生的原因，我们不难发现公正是会计工作道德的出发点。会计的产生是社会经济发展的结果，经济规模扩大导致社会分工，社会分工要求社会成员彼此合作，相互信任，互相尊重对方的财产权利，以自愿交换和契约来安排人与人之间的利益关系，如果没有对财产及其权利的确认、计量和记录，人们就无法按效率分工的要求合理配置资源，无法确立彼此财产权利的界限。会计产生正是基于这种合理界限产权的需要，并且出于对平等主体产权的尊重[2]。为防止会计工作受到利益牵制，影响公正与客观，《会计基础工作规范》特意规定了回避制度和轮换制度。其中的第十二条规定："会计工作岗位，可以一人一岗、一人多岗或者一岗多人。但出纳人员不得兼管审核、会计档案保管和收入、费用、债权债务账目的登记工作。"第十三条："会计人员的工作岗位应当有计划地进行轮换。"第十六条："国家机关、国有企业、事业单位任用会计人员应当实行回避制度。单位领导人的直系亲属不得担任本单位的会计机构负责人、会计主管人员。"《中国注册会计师职业道德守则第1号——职业道德基本原则》第四章也规定："如果存在导致职业判断出现偏差，或对职业判断产生不当影响的情形，注册会计师不得提供相关专业服务。"所有这些规定既对会计工作提出诚信、公正的要求，同时也为保护

---

[1] 《会计职业道德培训教材》课题组编著. 会计职业道德培训教材[M]. 北京：北京科学技术出版社，2002：53.
[2] 刘家林主编. 财经职业道德[M]. 北京：经济科学出版社，2002：69.

会计师合法合理执业提供了规范和保障。

客观公正还要求会计人员在披露相关财务信息时,应该保持公正性。由于会计人员位于企业内部,在会计信息的生产、传播上具有相对优势,因此其有责任和义务充分披露相关信息,以帮助处于信息劣势的外部集团做出正确的决策。如果财务人员有选择地公开其不应该公开的信息,就有可能使单位决策受影响,公众利益受蒙蔽或损害。

(三)清正廉洁,严格自律

廉洁是清廉谋事、公正客观、不贪恋私利、不损公肥私的一种状态。自律是自我约束,自我克制、慎独行事,努力使自己的行为符合社会规范。廉洁自律是会计人员职业道德的内在要求。唐代理财家刘晏把廉洁奉公作为录用会计人员必备的条件。《资治通鉴》对关于他的记载:"至于勾检簿书,出纳钱谷,必委之士类,吏惟书符牒,不得轻出一言。"他本人也以身作则,奉公到死,家产为杂书两本,朱麦数石。

会计工作直接与金钱、财物打交道,俗语有云"常在河边走,哪有不湿鞋",这说明会计工作是需要强大克制力的特殊职业。其中最重要的是抵制贪欲,会计人员若没有正确的金钱观、财富观,就会很难抵制住金钱的诱惑,并且很容易在财富面前失去判断力,放纵自己的意念。其直接的后果失去职业独立性、客观性,造成国家、社会、投资人、债权人等各方面利益的损失,严重的话,甚至造成经济活动的混乱。纵观历史,大凡会计出问题,多与贪污相关。而且,有些事件涉及数目巨大,曝光之后,无不让人瞠目结舌。

廉洁自律可以从两个方面入手,一是会计主管机构应制定全方位的引导惩戒措施,规定什么行为正确,什么行为值得提倡。将这些规定体现在会计专业机构和社会团体的有约束力的规范中。作为会计的主管和教育机构,还应该在思想上教育引导会计人员踏实劳动,正确地对待各类利益诱惑,有效协调处理好各类利益关系并逐步形成理性的金钱观、利益观和人生观,在关键时候奠定其正确思考的基础。

就会计人员而言,在思想上要分清几类关系,一是公共财务关系和私人财务关系。每天工作之前,都要有个明确的公私分别。能认清公共财务无论涉及多大的金额都与自己的私人财务无关,只会有益于所在单位的集体福利。自己的工作只是代替股东、单位、国家看守核算财务的收支,但无权占用。二是会计权利和义务关系。会计人员必须明确,自己在财务方面的权利属于单位赋予或国家委派,只能从事委派业务,因此,在实际工作中,无权逾越有关部门的权力规定,跨业务进行财务活动。再有,权利与义务具有相辅相成性,权力越大,责任越大,会计人员必须时刻对自己的义务了然于心，不得以任何方式将职业权力用于谋取私利。

（四）忠于职守，保守秘密

"忠于职守，保守秘密"是指会计人员在执行业务过程中直接或间接获悉的有关国家、企业、客户的秘密或者隐私，不得擅自泄露或传播。保密守信既是会计的法律义务，也是道德责任。《中华人民共和国保守国家秘密法》《关于禁止侵犯商业秘密行为的若干规定》等法律均明确规定了作为公民，作为商业活动相关人员，有责任为了国家和集体的利益而保守秘密，保守的内容小到公司员工工资、现金用途，大到公司成本核算等。会计人员泄露秘密，有可能带来几个方面的问题。首先是国家层面上，如果国家秘密被泄露，有可能威胁到国家经济安全。其次是企业层面上，如果企业商业秘密被泄露，就有可能被商业对手获取并用于商业竞争，会计所在企业就会遭受商业利益损失。再次，就个人层面上，如果客户的财务信息被泄露，就很容易威胁到客户的隐私，威胁客户资金与人身安全。

会计因为其特殊的工作性质，很容易接触到国家、企业的关键经营信息，在这种情况下，会计应该主观上有意识地保守秘密，防止泄密。在平时的工作中，"了解信息应以满足财务管理的最低需要为限"，不可不负责任地随意谈论财务信息和动态，尽可能谨言慎行。在对外工作中，除了单位主动公开信息，不得随意使用本单位信息。在平时的对外交往上，会计要不为外界利益所诱惑，也不要利用所获知的涉密信息为自己或第三方谋取利益。

案例与分析：

"益阳第一贪"竟是小会计

2011年9月13日下午，湖南益阳市中级人民法院对原益阳市地税局赫山分局会计刘某贪污公款1720余万、挪用公款123万元一案一审宣判，判处被告人刘某犯贪污罪，判处死刑，缓期二年执行，剥夺政治权利终身，并处没收个人全部财产；犯挪用公款罪，判处有期徒刑十年；两罪并罚，决定执行死刑，缓期二年执行，剥夺政治权利终身，并处没收个人全部财产。

经法院审理查明，被告人刘某于1998年至2010年担任益阳市赫山区地方税务局计划财务科经费会计。2000年7月至2010年10月，刘某利用职务便利，采取虚列、多列支出、隐瞒收入、向省财政厅虚报津补贴等手段，连续180次私开支票188份，从赫山地税局工行账户取现、转账，贪污公款共计人民币17210356.27元。媒体因此送了"益阳第一贪"的称号给她。

10年时间里，作案100多次，贪污、挪用公款1700多万元，年均170万元，月均近15万元，日均近5000元。刘某究竟是一个怎样的女子？

1973年5月出生的刘某，中专毕业后被分配到原益阳县税务局新市渡税务所工作，因表现出色，1998年调任益阳市赫山区地方税务局计划财务科经费会计。工作之余，刘某学会了打麻将并很快上瘾，一场牌的输赢从几百元起步很快涨到几千元甚至上万元。1998年到1999年，刘某输光了所有的积蓄。没钱打牌又想扳本，怎么办？她打起了单位公款的主意。2000年8月，刘某第一次私开现金支票支取5万元公款。拿到钱后她就到了牌桌上，但手气不好，5万元很快就输光了。两个月后，她又取款5万元。当年，刘某虚列了两笔开支，将前两笔账做平。

"刚开始很心虚，总担心被发现，但见没什么事发生，胆子就越来越大。"刘某在归案后交代说。据办案检察官介绍，刘某支取公款就像从个人账户上取款那么便捷，到案发时止，刘某挥霍的公款就不下1000万元。

2004年，刘某与身患尿毒症晚期的丈夫离婚，和小她3岁的邬某走到了一起。自此，邬某不再出去工作，全靠刘某供养。年收入不过5万元的刘某，对邬某有求必应，每月给他的零花钱不下5万元，还给他买过两辆车、两只藏獒。邬某爱泡吧、唱歌，还吸毒，赌博更是他的一大嗜好。这些消费，都是刘某用公款买单。

刘某之所以能如此轻车熟路，也在于单位的宽松管理。该局经费账的凭证制作、审核、过账、装订、存档等工作也由她一人完成。

2005年刘某贪污公款的事情暴露后，改由科长保管单位财务印鉴。但是，有时科长会将财务印章交由刘某带到银行购买支票，出纳也将私人印鉴交由刘某保管。结果，刘某趁机将支票上需要盖的印章一次性偷盖完毕，以后使用支票只需要填写金额。①

案例分析：

本案中，人们很难将刘某，那个看上去极其普通瘦弱的女会计，与轰动全国的会计贪污挪用公款案的当事人联系在一起。可是仔细分析，又不难发现，刘某案并非事出偶然。这里既有刘某个人的原因，也有客观环境的因素。

就刘某来说，作为一个会计，她并没有以一个合格财务人员的道德品质要求自己。平时在生活上过于放纵，造成了自身好逸恶劳的价值观。"贪"字在她身

---

① 根据湖南法院网、益阳中级人民法院网、新华法制网公开报道整理而成。http://hunanfy.chinacourt.org/public/detail.php?id=42435，http://hunanfy.chinacourt.org/public/detail.php?id=42435，http://news.xinhuanet.com/legal/2011-11/29/c_122350321.htm。

上表现得淋漓尽致，具体就是贪赌、贪财、贪色。赌博让她的道德底线越来越低，直到冲破职业道德与法律的禁忌，从隐瞒收入、虚列支出到虚报冒领，从私用公章到越权处理财务事项，哪一样会计规定与国家法律不可抵触的，她皆去一一为之；对财富和优越的现代生活方式的无度追求让她一次次伸出罪恶的黑手；对男友一而再、再而三的迁就满足，让她在泥潭里越陷越深，无法自拔。2005年第一次被发现时，实际上她有一次自省自新的机会，但是在利益面前，她失去了理智与控制力，将诚实奉公、清正廉洁的会计职业要求抛到九霄云外，只想以捞取国家财富为人生成就。

与此同时，我们也不得不思考这样一个问题，刘某只是一个基层会计，她本身的财务权力应该非常有限，为什么她能将千万资金中饱私囊？这里一定有客观环境提供的便利。当然，从另外一个方面也反映了刘某所在单位以及单位的上级部门监管失职。

俗语说"苍蝇不叮无缝的蛋"，刘某所在单位的财务政策与监管极其松散，刘某一个小会计可以身兼数职，从记账、对账到审核。而且出纳不核对银行账，财务科长不履行审核职责。单位的监管上级——益阳市地税局虽然会对各下属单位的经费进行定期或不定期审计，但市局并不将账簿和记账凭证一一对应审计，也未将银行对账单逐笔对应账簿核对。相关各级财务人员忘却自己的职业责任，没有职业道德、职业纪律，让严谨的财务管理变成一张漏洞百出的破网，这为刘某浑水摸鱼提供了极大的便利。监管不严，还表现在刘某犯案有十年之久，却屡试不爽，直到单位经费账户无钱支付才案发。可见，其所在单位的财务监管基本是失灵的。而且上级单位益阳市地税局的监督，也是形同虚设，它只管发文，只管要求加强财务监管，但从不去核实各区级单位有没有将政策落到实处。

刘某的贪污行为还和领导、家长监督管理不严有关。正所谓"上梁不正下梁歪"，单位分管财务的局长自己违反财务政策，贪污挪用，对刘某不但不惩戒，还包庇她。其父母在她第一次内部案发时，没有好好教育她，也是纵容她，帮她填洞，这实际上把她推得更远。

刘某走上贪污之路的直接原因是其贪图享乐的人生观，好逸恶劳的工作态度，以及赌博挥霍的生活方式。但是千疮百孔的财务监督制度也为她提供了可乘之机。刘某案值得所有财务人员引以为鉴。

第四节　商业服务业人员职业道德规范

> 阿里巴巴的价值观：客户第一、团队合作、拥抱变化、诚信、激情、敬业。
> ——马云

人类进入现代以来，社会分工层面最大的变化当属商业、服务业在各国国民经济构成中的比例日渐上升，从事商业与服务业的人员也呈现出逐年增高的趋势。据世界银行《2010年世界发展指标》数据，2008年，在全球155个国家中，已有80个国家服务业占据GDP比重超过一半。在我国香港，商业服务业比例达到92%。近30年来，我国在该领域的表现尤为明显，特别是中国加入世界贸易组织的这十余年，更是如此。商业服务业是包括批发零售贸易、物流业、餐饮服务业、生活服务业、娱乐服务业等在内的行业总称，它在百姓的社会生活中起着细致入微的作用，目前也成为国家税收的重要来源。2001年，中国社会消费品零售总额为43055亿元，到2010年已经增长到156998亿元，平均每年增长15.4%。

一、商业服务业人员职业道德的重要性

商业服务业人员的职业操守往小里说，与老百姓的日常生活息息相关，往大里说关系到国家形象。商业服务业涉及人们的衣食住行，可以说在现代市场经济条件下，几乎没有一个人能脱离与商业服务业的关联。就"衣"来说，人人都需要买衣服，买得称心如意就很重要。而这谁能决定？售货员能决定。她若热情周到、细心真诚地为顾客做推荐，根据客人高矮胖瘦、审美偏好提供量体裁衣式的服务，并将所推荐产品的优缺点告知客户，客户也只会对自己的判断做出是否满意的评价，但对买卖本身无异议。民以食为天，随着社会生活节奏的加快，城市居民的食品基本依赖市场供应，商业在此过程中发挥着关键的促进作用，而交换过程中的服务质量和态度关系到老百姓对生活的满意度。就居住而言，市场化发展已将住所也纳入了消费的环节，购买称心的居所对老百姓来说是一辈子的事，房地产开发商的服务质量因此相当关键。"行"在快节奏的现代生活中与老百姓的生活更是密不可分，公交地铁系统、铁路公路民航系统、私家车买卖市场运营是否规范、服务是否到位，严重影响居民的出行效率与生命安全。由此可见，商业服务业已经渗透进市民社会生活的方方面面，商业服务业人员的职业道德在人民的社会生活中扮演着极其重要的角色。

相对于工程行业、教育行业、医护行业、财务行业，商业服务业涉及的范围非常广泛，人员也最为复杂，所以我国目前还没有出台全国性的针对商业服务业人员的职业道德规范，但有些地区出台了适应本地区特点的商业服务业人员职业道德指导意见或规范条例。比如说北京在奥运会前夕，上海在世博会前夕均出台过相关规定。这些多为指导性文件，下发给各个行业协会并要求贯彻执行。北京和上海的商业服务行业单位，很多将之作为规范员工行为的指导思想，要求员工在工作时不折不扣执行，在奥运会和世博会前后收到很好的效果。但是这类指导文件具有很强的行政性，实施起来具有行政特点，大型国际性盛事结束后，行政关注少了，这类要求落实的强度也有减弱的趋势，这是这类地区性规范的局限性。

具有一定行业性特点的、对行业指导比较持久的还要数某些特定的职业道德规范，比如说，导游职业道德规范、物业管理员工职业道德规范、司乘人员职业道德规范、餐饮服务人员职业道德规范、销售人员职业道德规范、地产中介职业道德规范、家政服务员职业道德规范等，种类繁多。仔细研究这些特定行业的规范，不难发现，有些是商业服务业人员共同的职业道德要求，这些规定和规范具有行业普适性。

二、商业服务业人员基本职业道德

（一）合法经营，诚信为本

商业服务业涉及领域广泛，几乎涵盖了社会生活的方方面面，但无论哪一行业，合法经营是工作人员最基本的职业道德要求。作为商业服务业企业的所有者，必须确保按照国家工商部门核准的范围经营，不可超业务范围经营，正所谓做报刊零售的不能卖烟酒，开饭店的不能顺便卖大米。合法经营的另外一层含义是合法地维护消费者的利益，不能提供损害消费者身心健康的服务。例如，去年，某美容连锁店违规向60岁以上的老人促销国家已明令禁止销售的某某品牌血压计。该品牌血压计经实验研究表明，数据失真，在使用过程中有可能造成消费者延误治疗时机的问题。该连锁店的行为不仅违法而且有违职业道德。首先，美容店不允许经营医疗器材，美容店经营范围违法。其次，该血压计属于禁止销售类产品，美容店的经营内容和服务也违法。再有，该美容店以老年人为目标对象，很明显是在利用老年人社会信息接触有限、知识判断受限等特点，这与人性关怀相背离，应被谴责。合法经营是一种对个人、集体、社会负责的行为，也是一种义务。

合法经营若付诸实践，第一要务在诚信。诚信在中国古代被看成经商之本。诚信就是要求态度诚、货物真、价格实。"诚招天下客"、"人无诚意休开店"已成为民间商家俗语。作为古代商业辉煌代表人物的晋商，名噪一时的关键也在诚信。1900年，八国联军攻占北京，北京城中许多王公贵戚、豪门望族都随着慈禧、光绪逃往西安。由于仓皇，这些人甚至来不及收拾家中的金银细软，他们随身携带的只有山西票号的存折，一到山西，他们纷纷跑到票号兑换银两。山西票号在这次战乱中损失惨重，设在北京的分号不但银子被劫掠一空，甚至连账簿也被付之一炬。没有账簿，山西商人就无从知道什么人在票号里存过银子，更无从知道储户到底存了多少银子。在这种情况下，山西票号原本可以向京城来的储户言明自己的难处，等总号重新清理账目之后再做安排，这样的要求可以说合情合理。因为来取银子的难民刚刚经历过京城的兵灾，很多人甚至是亲眼目睹了票号被劫掠的情况。但是，开中国银行业之先河的山西日升昌票号没有这么做，他们所做的是，只要储户拿出存银的折子，不管银两数目多大，票号一律立刻兑现。日升昌和其他山西票号面临危难之时所表现出的胆识让人赞叹。他们不惜以不计后果的举措向世人昭示了信义在票号业中至高无上的地位①。

与诚信相对的是欺诈，我国有名的古代商家把"戒欺"作为自己的行为准则，有些人因此打下盛世家业。著名的红顶商人胡雪岩在杭州经营胡庆余堂药店时，面向店员挂一块匾，上书"戒欺"二字，要求员工："采办务真，修制务精，不至欺余以欺世人。"正是恪守了"戒欺"之一条，药店生意兴隆，盛名在外。

在西方发达国家，商品经济中的契约观念很浓，诚信经营在很多商家看来是契约的一种体现，不可违背。甚至在他们看来，欺诈还会受到宗教的惩罚。所以西方商业服务领域关于诚信的法律条文很多，与失信有关的惩罚极其严重，很多企业因惧怕法律惩戒而不敢违背诚信，久而久之在社会上形成良好的诚信传统。

近些年来，中国市场经济发展迅速，市场激烈的竞争造成诚信等理念被弃之一边，有不少商业和服务业企业在竞争中迷失了方向，以金钱和营利作为服务活动的风向标，结果提供了很多以假充好、损害市民生活质量、生活品质的产品和服务，比如苏丹红鸡蛋、三聚氢胺奶粉、避孕药黄鳝等。特别是三聚氢胺奶粉风波，差点摧毁了中国民族乳制品企业。诚信度不提升，这种负效应还会持续。

如果将诚信理念落实到位，其正效应也很明显，以我们熟悉的海尔集团为例。它能从一个小的电子厂发展成为全球最大的家用电器制造商之一，关键在于其核心价值观中极其重视诚信，它是实实在在地履行公司广告词"海尔，真诚到永远"的承诺。最初起家时，在公司的一次质量检查时，发现库存不多的电冰箱中有76台不合格，按照当时的销售行情，这些电冰箱稍加维修便可出售。但是，厂长张瑞敏当

---

① 晋商的诚信之道［DB/OL］. 山西新闻网，http://www.daynews.com.cn/culture/jdsx/101917/43864.html.

即决定，在全厂职工面前，将76台电冰箱全部砸毁。那个时候一台冰箱800多元钱，而职工每月平均工资只有40元，一台冰箱几乎等于一个工人两年的工资。当时职工们纷纷建议：便宜处理给工人。张瑞敏对员工说："如果便宜处理给你们，就等于告诉大家可以生产这种带缺陷的冰箱。今天是76台，明天就可能是760台、7600台……因此，必须解决这个问题。"于是，张瑞敏决定砸毁这76台冰箱，而且是由责任者自己砸毁。很多职工在砸毁冰箱时都流下了眼泪，平时浪费了多少产品，没有人去心痛；但亲手砸毁冰箱时，感受到这是一笔很大的损失，痛心疾首。通过这种非常有震撼力的场面，张瑞敏改变了职工对质量标准的看法。张瑞敏这种态度实质就是他对诚信的坚持。

（二）爱岗敬业，努力提高服务技能

爱岗敬业就是真正地热爱自己的工作岗位，敬重自己所从事的职业，并在自己的工作岗位上兢兢业业。"爱岗敬业"实际上是两个动词。先来看"爱岗"。"爱"是一种情感表露。爱岗最直接的含义就是从心里喜欢自己从事的职业，在行动上自觉维护自己的职业，热爱它，尊重它。但是在它的背后还有另外一个可以成为先决条件的含义，即从业者须尊重自己所从事的职业。马斯洛需求理论证明，每个人都渴望得到尊重。人在职场，肯定也希望别人能尊重自己的劳动，但是如果一个人自己不尊重自己的工作，自己看不起自己的工作，又怎么能让他人尊重自己？所以爱岗的前提是自己要看得起自己的工作，自己觉得从事这份工作很坦然、很舒服。爱岗的第二个方面是在行动上自觉维护自己的职业，热爱它并尊重它。编者的一位学生是快递员，每天奔波劳碌，编者本想安慰他，说："你的工作真是太累了。"哪知那位同学说："快递员，好啊，你看，我整天在外跑多自由啊，还有啊，人家既然寄快递，肯定是东西重要，我们以最快的速度把东西送到人家手里，这是雪中送炭啊。"听到这里，编者真是对他和快递工作肃然起敬。"敬业"如我国古代思想家朱熹所言：敬业者，专心致志以事其业也。专心致志是一种认真执着、心无旁骛的工作状态，"事"则不仅仅是从事，而且是侍奉，就是以一种谨慎而又严格的态度对待所从事的工作。如果工作人员自己摆不清位置，则很容易轻视自己工作的意义，否认自己的社会价值。

从功利层面看，爱岗敬业是人类生存本能的需要。一个人的生存和发展需要必要的环境空间和展示平台，而工作岗位就能满足这样的要求。所以，一个人有了一份职业，一个工作岗位，就应该加倍地珍惜它，加倍地利用好它。当今社会，商业、服务业领域竞争激烈，好的服务质量是行业制胜的关键。因此，商业服务业单位在人员管理环节也加入了很多激励或惩罚员工的措施，对于敬业的员工给予更多的升职机会。另一方面爱岗敬业也是人类社会化分工和发展的需要。一个社会，现代化程度越高，社会化分工就越细，对从事工作的人员素质就要求越高。各行各业都要有人去从事，都要有明确的职业工作标准，社会也才能和谐稳定地以更完美的方式向前发展。所以，爱岗敬业不仅能满足个人生存和发展的需要，也能满足社会存在和发展的需要。因此爱岗敬业于私于公于利于德都是非常好的品质。

服务行业是窗口行业，每天面对的客户来自四面八方，他们在年龄、性别、职业、个性、品质、修养、喜好、风俗习惯上均有很大差别，一位敬业的员工还应在人际关系学、心理学、社会学等方面多钻研，从而在面对不同客户时能够得心应手。

（三）顾客至上，体贴入微

服务人员将爱岗敬业这一点理解透彻，就能够很好地把握"客户至上"的商业服务业理念。"客户至上"是市场经济规律的必然结果，只有拥有忠实的客户群，企业才能生存。"客户至上"在民间还有一个通俗的表达——"顾客是上帝"。字典里对于"顾客"的解释是"到商店或服务行业来买东西的人或服务对象"，这进一步证明了顾客是该行业的"衣食父母"，它要求商业服务必须尊重每一位顾客，一视同仁，绝不能以顾客的消费能力来决定自己的服务热情度。它还要求每位商业服务业人员耐心地倾听客户的意见和建议，做到有问必答，不推诿敷衍、含糊其辞，或心不在焉。如遇一时难以解答的问题，应做好记录，按照规定与顾客约定联系方式，做好后续答复处理工作。服务过程中，若出现冲突与纠纷，应尽自己所能地满足客户的合理要求，并对客户的不合理要求做出客观、委婉的解释。小李在澳洲留学时，一日到一大型商场买衣服，看中一件标价为25澳元的夹克，兴冲冲拿到柜台付钱，售货员一扫价格说应付52澳元。小李感觉受骗了，对售货员说，标价怎么是25元？售货员立马连声道歉，并请经理过来，经理听明白是怎么回事后，立即到货架上核对，结果证明小李没有看错，是上货员将52写成了25，经理和售货员当即再向小李道歉，并告知小李25元可以买走那件夹克。这个小小事例就可以反映出服务人员的客户意识。在任何矛盾出现之时，首先设定顾客无错，错在自己，然后再进行进一步确认，如果是因为自己服务过程中出现的差错造成顾客判断失误，那么一定要做出对顾客有利的补偿，让顾客满意而去。如果是顾客的疏忽，则要宽容顾客，并宽慰顾客的错误，不可冷眼以对，得理不饶人。与此同时，还需要总结自身可以改善的方面。一位农民顾客跟海尔公司说自己的冰箱坏了。海尔马上派人上门处理，还带着一台新冰箱。赶了200多公里到了顾客家，一检查是温控器没打开，打开温控器就一切正常了。海尔管理层却就此进行了认真的反思：绝不能埋怨顾客，海尔必须满足所有人的需求，要把说明书写得让所有人都读懂才行[①]。

---

① 海尔：真诚何以到永远［DB/OL］. http://cne.csu.edu.cn/Html/cxzc/2007/511/1737012.html.

"顾客至上"并不意味着一切按照顾客的意思来，百依百顺。这里的"至上"是服务水准的"至上"，而不是没有职业标准的退让。编者的同事，一位女教师在香港学习间隙，受以前的学生之托到某珠宝店购买结婚用项链和耳环。因为款式在内地早已看好，所以购买的过程并不复杂，在要付款时，服务员知道女教师是受托帮人代买，就提议她拍张图片给其学生确认一下，女教师觉得这个提议非常好，和学生通话，确认图片，学生说好。同时学生觉得价格比内地便宜不少，于是让女教师顺便再买一副对戒，女教师很开心地答应了。向服务员提出要看对戒，哪知服务员说：这对戒不好代买的，要本人来。女教师感觉很吃惊，哪有有东西不卖的？但是听了服务员的解释后，觉得非常有道理。服务员说戒指的样式固然重要，但是大小也很关键，太松太紧都会让人不舒服。最后，女教师没有帮学生买婚戒，但是心满意足。这件事中，珠宝店服务员不仅提供了跟珠宝质量相关的服务，还提供了相关的注意事项，且出发点均为顾客考虑，虽然有悖顾客的购买初衷，但是从服务上是真正地做到了敬业和客户利益至上。

（四）礼貌待人不卑不亢

商业服务业是外向性较高的行业，他们面向市场，多数情况下直接与客户打交道，成功与否不仅体现在产品质量上，还体现在服务质量上。服务质量好坏根本在于员工在与客户交流的过程中有没有在意客户的观感，有没有满足客户的心理需求，有没有从客户切身利益着想。在此过程中，服务人员的服务行为、服务礼仪、服务语言极为重要。礼貌的行为、礼仪和言语带来的将是良好的第一印象和心理接受度。这些是与客户沟通的前提，良好的沟通又是服务达成的前提。

2008年上海市出台的《上海市商业服务业企业从业人员行为礼仪规范》，对商业服务业人员的接待礼仪做出规定，要求相关人员"精神饱满，服饰整洁，仪表端庄，仪容得体，周到服务，文明热情"。这绝对不是做官样文章，礼仪礼貌在服务业中既是一种门面，又是服务内涵的体现。一般来说，商业服务人员都有统一着装的要求，对企业来说，得体的服装能体现服务人员的集体精神风貌，是对企业整体性的反映。即便没有统一的着装要求，企业服务人员着装仪容也要大方得体。接待顾客，服务人员的仪态很重要，肢体语言和口头语言一样能传达服务的热情度。没有任何表情的面部、挺不直的腰板、拖沓的脚步均会给人冷漠之感，在工作时嬉笑、做私活、抽烟说脏话等则会给客人不专业之感。现实的商业服务业环境要求服务人员一旦进入工作状态就要抬头挺胸，将微笑洋溢在脸上，以热情主动的语言引导客户了解产品和服务内容。《上海市商业服务业企业从业人员行为礼仪规范》就要求服务人员在服务时要文明、礼貌、亲切、准确，做到"五声"，即来有迎声，问有答声，走有送声，不明白有解释声，不满意有道歉声。绝对不得使用讥讽、嘲笑、挖苦、催促、埋怨等语言。

当客人自己要求安静了解并稍作考虑时，从业人员要目视关注，眼神应自然、温和，禁止用轻蔑、怀疑的目光扫视；与顾客保持适当距离，不干扰顾客的购买愿望和行为。但也不要因为等待而趁空挡做自己的私活，让客人感觉受到冷落。无论顾客有没有购买商品或服务，在服务过程结束时，都要提醒客户带齐随身物品，送上温馨的祝福语，微笑引导客人离开服务场所。另外需要重视的是，在商品或服务的售后上，服务人员也要做好礼貌工作，给客人一种始终如一的感受，这是服务赢得客户信任的重要外在环节。

需要指出的是，礼貌待人与商业、服务业人员的人格尊严并无矛盾之处。相关人员为客户提供服务是工作，人格上他们与消费者是平等的。在商业服务过程中，工作人员要注意小节，把握服务尺度，要自尊、自重、自爱，不失人格、国格。服务行业每天接待的对象千差万别，素质参差不齐，不排除遇到有些顾客故意刁难、无理取闹。如果遇到这类情形，服务业人员应冷静对待，不要横眉冷对，但要不卑不亢。面对复杂的情况，更需要做出机敏的反应，用巧妙的语言给予正面的、礼节性的答复，从而维护服务业与服务人员的尊严。对于顾客的严重侵犯人格尊严的行为应严正抗议，并保留诉诸法律的权利。2012年6月3日，在西安开往宁波的某次列车上，一位男乘客认为女乘务员在扫地时碰到了自己的鞋子，双方发生争执。女乘务员非常委屈，竟然"扑通"下跪并自扇耳光以表歉意，但对此男乘客并无反应，最后在其他乘客的劝说下乘务员才站起来①。在此事件中，服务员面对冲突时就缺乏冷静思考，没有把握好分寸。即便自己有错，但是在屡次道歉的情况下，下跪和自扇耳光实际上是自己践踏了自己的尊严，也许能赢得怜悯，化解争端，却无法赢得客户和他人的理解。由此可见，服务的尺度在具体操作时，不是件容易的事情，服务人员必须小心揣摩。

案例与分析：

"最美司机"生死坚守

2012年5月29日中午，杭州长运客运二公司的快客司机吴斌驾驶着浙A19115大型客车从无锡返回杭州，车上有24名乘客。11时40分左右，车行驶至锡宜高速公路

---

① 新华网，http://news.xinhuanet.com/legal/2012-06-07c_12347004.htm.

宜兴方向阳山路段时，一块大铁片突然从天而降，在击碎挡风玻璃后砸向吴斌的腹部和手臂。面对突如其来的致命打击和后面惊慌的乘客，作为司机的吴斌会怎么做？监控画面记录下他当时坚强的1分16秒：被击中时的一瞬间，吴斌看上去很痛苦，本能地用右手捂了一下腹部，但他没有紧急刹车或猛打方向盘，而是强忍着疼痛把车缓缓减速，停靠在路边，打起双闪灯，拉好手刹，最后他解开安全带挣扎着站起来，回头对受惊吓的乘客说："别乱跑，注意安全。"车上一名周姓乘客回忆说，当时他正打瞌睡，听到一声巨响后就被惊醒了。"车子没有失控，而是稳稳地停了下来。我立刻跑上前去看，司机表情很痛苦，已经说不出话来，腹部都是血……"乘客们见状，马上报警。吴斌随后被送往无锡解放军101医院救治。按医生的说法，他的肝脏就像被掏空了，另外多根肋骨断裂，肺、肠也严重挫伤。6月1日凌晨，吴斌因伤势过重去世。

吴斌的同事介绍说，他从2003年进入该公司担任班车驾驶员起，就视手中的方向盘为生命线。10年来他已经安全行驶100多万公里，相当于绕地球近30圈，却从来没有发生过一起交通事故和旅客投诉。同时，他还常助人为乐、拾金不昧。

吴斌在遇袭后靠毅力完成安全停车的1分16秒的视频在网上流传开来，数百万网民表达了敬意，大家毫不吝啬地称他为"最美司机"。①

案例分析：

吴斌是中国成千上万名普通司机中的一员，他的职责在我国《合同法》第302条有规定："承运人应当对运输过程中旅客的伤亡承担损害赔偿责任，但伤亡是旅客自身健康原因造成的或者承运人证明伤亡是旅客故意、重大过失造成的除外。"他作为司机将乘客安全送达规定地点，似乎是天经地义的事，但是当他自己的人身安全遭到意外严重伤害时，这项法律规定对他的约束力其实已经不存在，而他还能坚守76秒，这伟大的坚持依靠的是什么？

有人说是职业习惯，有人说是潜意识，还有人说是高尚的职业操守。哪一种更为确切？我们不妨做一下分析。吴斌从业10年来，行驶里程已有100多万公里，职业技能和职业责任培训少说已进行过上百次，启动、刹车、提醒乘客、开启车门等细琐动作已经进行过数以万次，循环往复，肯定会形成某些职业习惯，在日常工作中肯定会不经意体现出来，不需要费多大努力。当紧急情势出现时，外行人需要付出很大努力才能完成的动作，有职业习惯的人做来可能信手拈来，成为一种最自然

---

① 根据新华网报道整理，http://news.xinhuanet.com/local/2012-06/02/c_112099686.htm.

的反应。比方说,在高速公路上的驾驶过程中,遇到意外的情况,对一位职业司机来说,紧急避险并尽量将车停到救援通道,提醒车上乘客注意安全是再常规不过的方式。但是对于一个普通人来说,在惶恐中可能做不到那么周全。这两类人的区别就在职业训练差别。

但是当一个职业人的人身遭受到巨大创伤,他的职业习惯、他的潜意识能持续多久?这个问题没有人做过实证调研,我们凭生活常识推理,它不可能太长,而像吴斌这样能持续76秒,那就不能简单归结于此。在承受巨大创伤时,他的身体已经非常虚弱,按照医学常识,身体做出反应的能力已经不是正常状态,这个时候人体的心理意识可出现应急反应,它的能量可以远远超出平时。在那样的关键时,还能忍受时速每小时150公里的铁块撞击,只能是在他心中处于至高地位的"乘客安全",在那一刻发挥了超能量,让他能按部就班地完成那一系列救命动作。这是何等一以贯之并内化到道德血液中的职业精神!中央文明办负责人王世明说:吴斌师傅在千钧一发的紧要关头,在生命最后一刻,用超人的冷静和勇气,保障全体乘客的生命安全,展现了乘客至上、忠于职守的职业道德,闪耀着普通劳动者身上人性的光辉。

何谓英雄?何谓敬业爱岗?吴斌的所作所为就是最好的诠释。心中有自己的职业,有自己的职业责任,并为这个职业孜孜以求,这是尽了一个职业人的本分,也是尽了我们对他人、对社会的责任。吴斌做到了,也给我们很多处于普通岗位的基层服务人员上了一节实实在在的职业道德课。

职业精神不是立竿见影的,它会一点一滴地融入我们的职业规范中,它让我们懂得职业责任,懂得我们工作的最终目的,懂得珍视生命和对人的发自内心的关怀,它可以在关键时刻帮我们克服惰性、自私、懦弱,让我们在工作的时候最美。这种美不是高不可攀的,任何职业人,只要尽心尽职地干好本职工作,就都可以成就自己的"最美"。"最美"不必轰轰烈烈,但"最美者"一定拥有这种"让敬业成为职业习惯"的精神。

拓展阅读:

医疗机构从业人员行为规范

第一章 总则

第一条 为规范医疗机构从业人员行为,根据医疗卫生有关法律法规、规章制度,结合医疗机构实际,制定本规范。

第二条 本规范适用于各级各类医疗机构内所有从业人员，包括：

（一）管理人员。指在医疗机构及其内设各部门、科室从事计划、组织、协调、控制、决策等管理工作的人员。

（二）医师。指依法取得执业医师、执业助理医师资格，经注册在医疗机构从事医疗、预防、保健等工作的人员。

（三）护士。指经执业注册取得护士执业证书，依法在医疗机构从事护理工作的人员。

（四）药学技术人员。指依法经过资格认定，在医疗机构从事药学工作的药师及技术人员。

（五）医技人员。指医疗机构内除医师、护士、药学技术人员之外从事其他技术服务的卫生专业技术人员。

（六）其他人员。指除以上五类人员外，在医疗机构从业的其他人员，主要包括物资、总务、设备、科研、教学、信息、统计、财务、基本建设、后勤等部门工作人员。

第三条 医疗机构从业人员，既要遵守本文件所列基本行为规范，又要遵守与职业相对应的分类行为规范。

第二章 医疗机构从业人员基本行为规范

第四条 以人为本，践行宗旨。坚持救死扶伤、防病治病的宗旨，发扬大医精诚理念和人道主义精神，以病人为中心，全心全意为人民健康服务。

第五条 遵纪守法，依法执业。自觉遵守国家法律法规，遵守医疗卫生行业规章和纪律，严格执行所在医疗机构各项制度规定。

第六条 尊重患者，关爱生命。遵守医学伦理道德，尊重患者的知情同意权和隐私权，为患者保守医疗秘密和健康隐私，维护患者合法权益；尊重患者被救治的权利，不因种族、宗教、地域、贫富、地位、残疾、疾病等歧视患者。

第七条 优质服务，医患和谐。言语文明，举止端庄，认真践行医疗服务承诺，加强与患者的交流与沟通，积极带头控烟，自觉维护行业形象。

第八条 廉洁自律，恪守医德。弘扬高尚医德，严格自律，不索取和非法收受患者财物，不利用执业之便谋取不正当利益；不收受医疗器械、药品、试剂等生产、经营企业或人员以各种名义、形式给予的回扣、提成，不参加其安排、组织或支付费用的营业性娱乐活动；不骗取、套取基本医疗保障资金或为他人骗取、套取提供便利；不违规参与医疗广告宣传和药品医疗器械促销，不倒卖号源。

第九条 严谨求实，精益求精。热爱学习，钻研业务，努力提高专业素养，诚实守信,抵制学术不端行为。

第十条 爱岗敬业,团结协作。忠诚职业,尽职尽责,正确处理同行同事间关系,互相尊重,互相配合,和谐共事。

第十一条 乐于奉献,热心公益。积极参加上级安排的指令性医疗任务和社会公益性的扶贫、义诊、助残、支农、援外等活动,主动开展公众健康教育。

第三章 管理人员行为规范

第十二条 牢固树立科学的发展观和正确的业绩观,加强制度建设和文化建设,与时俱进,创新进取,努力提升医疗质量、保障医疗安全、提高服务水平。

第十三条 认真履行管理职责,努力提高管理能力,依法承担管理责任,不断改进工作作风,切实服务临床一线。

第十四条 坚持依法、科学、民主决策,正确行使权力,遵守决策程序,充分发挥职工代表大会作用,推进院务公开,自觉接受监督,尊重员工民主权利。

第十五条 遵循公平、公正、公开原则,严格人事招录、评审、聘任制度,不在人事工作中谋取不正当利益。

第十六条 严格落实医疗机构各项内控制度,加强财物管理,合理调配资源,遵守国家采购政策,不违反规定干预和插手药品、医疗器械采购和基本建设等工作。

第十七条 加强医疗、护理质量管理,建立健全医疗风险管理机制。

第十八条 尊重人才,鼓励公平竞争和学术创新,建立完善科学的人员考核、激励、惩戒制度,不从事或包庇学术造假等违规违纪行为。

第十九条 恪尽职守,勤勉高效,严格自律,发挥表率作用。

第四章 医师行为规范

第二十条 遵循医学科学规律,不断更新医学理念和知识,保证医疗技术应用的科学性、合理性。

第二十一条 规范行医,严格遵循临床诊疗和技术规范,使用适宜诊疗技术和药物,因病施治,合理医疗,不隐瞒、误导或夸大病情,不过度医疗。

第二十二条 学习掌握人文医学知识,提高人文素质,对患者实行人文关怀,真诚、耐心与患者沟通。

第二十三条 认真执行医疗文书书写与管理制度,规范书写、妥善保存病历材料,不隐匿、伪造或违规涂改、销毁医学文书及有关资料,不违规签署医学证明文件。

第二十四条 依法履行医疗质量安全事件、传染病疫情、药品不良反应、食源性疾病和涉嫌伤害事件或非正常死亡等法定报告职责。

第二十五条 认真履行医师职责，积极救治，尽职尽责为患者服务，增强责任安全意识，努力防范和控制医疗责任差错事件。

第二十六条 严格遵守医疗技术临床应用管理规范和单位内部规定的医师执业等级权限，不违规临床应用新的医疗技术。

第二十七条 严格遵守药物和医疗技术临床试验有关规定，进行实验性临床医疗，应充分保障患者本人或其家属的知情同意权。

第五章 护士行为规范

第二十八条 不断更新知识，提高专业技术能力和综合素质，尊重关心爱护患者，保护患者的隐私，注重沟通，体现人文关怀，维护患者的健康权益。

第二十九条 严格落实各项规章制度，正确执行临床护理实践和护理技术规范，全面履行医学照顾、病情观察、协助诊疗、心理支持、健康教育和康复指导等护理职责，为患者提供安全优质的护理服务。

第三十条 工作严谨、慎独，对执业行为负责。发现患者病情危急，应立即通知医师；在紧急情况下为抢救垂危患者生命，应及时实施必要的紧急救护。

第三十一条 严格执行医嘱，发现医嘱违反法律、法规、规章或者临床诊疗技术规范，应及时与医师沟通或按规定报告。

第三十二条 按照要求及时准确、完整规范书写病历，认真管理，不伪造、隐匿或违规涂改、销毁病历。

第六章 药学技术人员行为规范

第三十三条 严格执行药品管理法律法规，科学指导合理用药，保障用药安全、有效。

第三十四条 认真履行处方调剂职责，坚持查对制度，按照操作规程调剂处方药品，不对处方所列药品擅自更改或代用。

第三十五条 严格履行处方合法性和用药适宜性审核职责。对用药不适宜的处方，及时告知处方医师确认或者重新开具；对严重不合理用药或用药错误的，拒绝调剂。

第三十六条 协同医师做好药物使用遴选和患者用药适应症、使用禁忌、不良反应、注意事项和使用方法的解释说明，详尽解答用药疑问。

第三十七条 严格执行药品采购、验收、保管、供应等各项制度规定，不私自销售、使用非正常途径采购的药品，不违规为商业目的统方。

第三十八条 加强药品不良反应监测，自觉执行药品不良反应报告制度。

第七章 医技人员行为规范

第三十九条 认真履行职责，积极配合临床诊疗，实施人文关怀，尊重患者，保护患者隐私。

第四十条 爱护仪器设备，遵守各类操作规范，发现患者的检查项目不符合医学常规的，应及时与医师沟通。

第四十一条 正确运用医学术语，及时、准确出具检查、检验报告，提高准确率，不谎报数据，不伪造报告。发现检查检验结果达到危急值时，应及时提示医师注意。

第四十二条 指导和帮助患者配合检查，耐心帮助患者查询结果，对接触传染性物质或放射性物质的相关人员，进行告知并给予必要的防护。

第四十三条 合理采集、使用、保护、处置标本，不违规买卖标本，谋取不正当利益。

第八章 其他人员行为规范

第四十四条 热爱本职工作，认真履行岗位职责，增强为临床服务的意识，保障医疗机构正常运营。

第四十五条 刻苦学习，钻研技术，熟练掌握本职业务技能，认真执行各项具体工作制度和技术操作常规。

第四十六条 严格执行财务、物资、采购等管理制度，认真做好设备和物资的计划、采购、保管、报废等工作，廉洁奉公，不谋私利。

第四十七条 严格执行临床教学、科研有关管理规定，保证患者医疗安全和合法权益，指导实习及进修人员严格遵守服务范围，不越权越级行医。

第四十八条 严格执行医疗废物处理规定，不随意丢弃、倾倒、堆放、使用、买卖医疗废物。

第四十九条 严格执行信息安全和医疗数据保密制度，加强医院信息系统药品、高值耗材统计功能管理，不随意泄露、买卖医学信息。

第五十条 勤俭节约，爱护公物，落实安全生产管理措施，保持医疗机构环境卫生，为患者提供安全整洁、舒适便捷、秩序良好的就医环境。

第九章 实施与监督

第五十一条 医疗机构行政领导班子负责本规范的贯彻实施。主要责任人要以身作则，模范遵守本规范，同时抓好本单位的贯彻实施。

第五十二条　医疗机构相关职能部门协助行政领导班子抓好本规范的落实，纪检监察纠风部门负责对实施情况进行监督检查。

第五十三条　各级卫生行政部门要加强对辖区内各级各类医疗机构及其从业人员贯彻执行本规范的监督检查。

第五十四条　医疗卫生有关行业组织应结合自身职责，配合卫生行政部门做好本规范的贯彻实施，加强行业自律性管理。

第五十五条　医疗机构及其从业人员实施和执行本规范的情况，应列入医疗机构校验管理和医务人员年度考核、医德考评和医师定期考核的重要内容，作为医疗机构等级评审、医务人员职称晋升、评先评优的重要依据。

第五十六条　医疗机构从业人员违反本规范的，由所在单位视情节轻重，给予批评教育、通报批评、取消当年评优评职资格或低聘、缓聘、解职待聘、解聘。其中需要追究党纪、政纪责任的，由有关纪检监察部门按照党纪政纪案件的调查处理程序办理；需要给予行政处罚的，由有关卫生行政部门依法给予相应处罚；涉嫌犯罪的，移送司法机关依法处理。

第十章　附则

第五十七条　本规范适用于经注册在村级医疗卫生机构从业的乡村医生。

第五十八条　医疗机构内的实习人员、进修人员、签订劳动合同但尚未进行执业注册的人员和外包服务人员等，根据其在医疗机构内从事的工作性质和职业类别，参照相应人员分类执行本规范。

第五十九条　本规范由卫生部、国家中医药管理局、国家食品药品监督管理局负责解释。

第六十条　本规范自公布之日起施行。①

希波克拉底誓言

医神阿波罗、埃斯克雷彼斯及天地诸神做证，我——希波克拉底发誓：

我愿以自身判断力所及，遵守这一誓约。凡教给我医术的人，我应像尊敬自己的父母一样尊敬他。作为终身尊重的对象及朋友，授给我医术的恩师一旦发生危急情况，我一定接济他。把恩师的儿女当成我希波克拉底的兄弟姐妹；如果恩师的儿

---

①　中华人民共和国卫生部网站，http://www.moh.gov.cn/publicfiles/business/htmlfiles/mohjcg/s3577/201207/55445.htm。

女愿意从医，我一定无条件地传授，更不收取任何费用。对于我所拥有的医术，无论是能以口头表达的还是可书写的，都要传授给我的儿女，传授给恩师的儿女和发誓遵守本誓言的学生；除此三种情况外，不再传给别人。

我愿在我的判断力所及的范围内，尽我的能力遵守为病人谋利益的道德原则，并杜绝一切堕落及害人的行为。我不得将有害的药品给予他人，也不指导他人服用有害药品，更不答应他人使用有害药物的请求。尤其不施行给妇女堕胎的手术。我志愿以纯洁与神圣的精神终身行医。因我没有治疗结石病的专长，不宜承担此项手术，有需要治疗的，我就将他介绍给治疗结石的专家。

无论到了什么地方，也无论需诊治的病人是男是女、是自由民是奴婢，对他们我一视同仁，为他们谋幸福是我唯一的目的。我要检点自己的行为举止，不做各种害人的劣行，尤其不做诱奸女病人或病人眷属的缺德事。在治病过程中，凡我所见所闻，不论与行医业务有否直接关系，凡我认为要保密的事项坚决不予泄漏。

我遵守以上誓言，目的在于让医神阿波罗、埃斯克雷彼斯及天地诸神赐给我生命与医术上的无上光荣；一旦我违背了自己的誓言，请求天地诸神给我最严厉的惩罚！[①]

机械工程师职业道德规范（试行）

前言：

职业道德规范是社会对特定职业群体及职业行为的期望。《机械工程师职业道德规范》（以下简称《规范》）是机械工程师职业道德行为的标准。本《规范》根据中华人民共和国《公民道德建设实施纲要》职业道德的基本内容，结合机械工程师的职业特点而制定。机械工程师应具备诚实、守信、正直、公正、爱岗、敬业、刻苦、友善、对科技进步永远充满信心、勇于攀登的品德；服务于公众、用户、组织及与专业人士协调共事的能力；勇于承担责任，保护公众的健康、安全，促进社会进步、环保和可持续发展的意识；中国机械工程学会的会员和认可的机械工程师，都应接受中国机械工程学会制定的《规范》，并自觉地将其作为始终如一的行为依据。

第一条 以国家现行法律、法规和中国机械工程学会规章制度规范个人行为，承担自身行为的责任。

1. 不损害公众利益，尤其是不损害公众的环境、福利、健康和安全。

2. 重视自身职业的重要性，工作中寻求与可持续发展原则相适应的解决方案和办法。正式规劝组织或用户终止影响和可能影响公众健康和安全的情况发生。

3. 应向致力于公众的环境、福利、健康、安全和可持续发展的他人提供支持。

---

① 国家医学考试网，http://www.nmec.org.cn/ysyd/07030906.htm.

如果被授权，可进一步考虑利用媒体作用。

第二条 应在自身能力和专业领域内提供服务并明示其具有的资格。

1. 只能承接接受过培训并有实践经验因而能够胜任的工作。
2. 在描述职业资格、能力或刊登广告招揽业务时，应实事求是，不得夸大其词。
3. 只能签署亲自准备或在直接监控下准备的报告、方案和文件。
4. 对机械工程领域的事物只能在充分认识和客观论证的基础上出示意见。
5. 应保持自身知识、技能水平与对应的技术、法规、管理发展相一致，对于委托方要求的服务应采用相应技能，若所负责的专业工作意见被其他权威驳回，应及时通知委托方。

第三条 依靠职业表现和服务水准，维护职业尊严和自身名誉。

1. 提供信息或以职业身份公开做业务报告时应信守诚实和公正的原则。
2. 反对不公平竞争或者金钱至上的行为。
3. 不得以担保为理由提供或接受秘密酬金。
4. 不故意、无意、直接、间接有损于或可能有损于他人的职业名誉，以促进共同发展。
5. 引用他人的文章或成果时，要注明出处，反对剽窃行为。

第四条 处理职业关系不应有种族、宗教、性别、年龄、国籍或残疾等歧视与偏见。

第五条 在为组织或用户承办业务时要做忠实的代理人或委托人。

1. 为委托人的合法权益行使其职责，忠诚地进行职业服务。
2. 未获得特别允许（除非有悖公共利益），不得披露信息机密（任何他人现在或以前的所有商业或技术信息）。
3. 提示委托人行使委托权力时可能引起的潜在利益冲突。在委托人或组织不知情或不同意的情况下，不得从事与其利益冲突的活动。
4. 代表委托人或组织的自主行动，要公平、公正对待各方。

第六条 诚信对待同事和专业人士。

1. 有责任在事业上发展业务能力，并鼓励同事从事类似活动。
2. 有义务为接受培训的同行演示、传授专业技术知识。
3. 主动征求和虚心接受对自身工作的建设性评论；为他人工作诚恳提出建设性意见；充分相信他人的贡献，同时接受他人的信任；诚实对待下属员工。
4. 在被邀请对他人工作进行评价时，应客观公正，不夸大，不贬低，注重礼节。

应协助防止选拔出不合格或未满足上述职业道德规范的人成为机械工程师。若认为他人行为有悖《规范》，请告知注册部门。[①]

---

① 中国机械工程学会：http://www.cmes.org.

会计基础工作规范（节选）

第二章　会计机构和会计人员

第一节　会计机构设置和会计人员配备

第六条　各单位应当根据会计业务的需要设置会计机构；不具备单独设置会计机构条件的，应当在有关机构中配备人员。事业行政单位会计机构的设置和会计人员的配备，应当符合国家统一事业行政单位会计制度的规定。设置会计机构，应当配备会计机构负责人；在有关机构中配备专职会计人员，应当在专职会计人员中指定会计主管人员。会计机构负责人、会计主管人员的任免，应当符合《中华人民共和国会计法》和有关法律的规定。

第七条　会计机构负责人、会计主管人员应当具备下列基本条件：

（一）坚持原则，廉洁奉公；

（二）具有会计专业技术资格；

（三）主管一个单位或者单位内一个重要方面的财务会计工作时间不少于2年；

（四）熟悉国家财经法律、法规、规章和方针、政策，掌握本行业业务管理的有关知识；

（五）有较强的组织能力；

（六）身体状况能够适应本职工作的要求。

第八条　没有设置会计机构和配备会计人员的单位，应当根据《代理记账管理暂行办法》委托会计师事务所或者持有代理记账许可证书的其他代理记账机构进行代理记账。

第九条　大、中型企业、事业单位、业务主管部门应当根据法律和国家有关规定设置总会计师。总会计师由具有会计师以上专业技术资格的人员担任。总会计师行使《总会计师条例》规定的职责、权限。总会计师的任命（聘任）、免职（解聘）依照《总会计师条例》和有关法律的规定办理。

第十条　各单位应当根据会计业务需要配备持有会计证的会计人员。未取得会计证的人员，不得从事会计工作。

第十一条　各单位应当根据会计业务需要设置会计工作岗位。会计工作岗位一般可分为：会计机构负责人或者会计主管人员，出纳，财产物资核算，工资核算，成本费用核算；财务成果核算，资金核算，往来结算，总账报表，稽核，档案管理等。开展会计电算化和管理会计的单位，可以根据需要设置相应工作岗位，也可以与其他工作岗位相结合。

第十二条　会计工作岗位，可以一人一岗、一人多岗或者一岗多人。但出纳人员不得兼管审核、会计档案保管和收入、费用、债权债务账目的登记工作。

第十三条　会计人员的工作岗位应当有计划地进行轮换。

第十四条　会计人员应当具备必要的专业知识和专业技能，熟悉国家有关法律、法规，规章和国家统一会计制度，遵守职业道德。会计人员应当按照国家有关规定参加会计业务的培训。各单位应当合理安排会计人员的培训，保证会计人员每年有一定时间用于学习和参加培训。

第十五条　各单位领导人应当支持会计机构、会计人员依法行使职权；对忠于职守、坚持原则、做出显著成绩的会计机构、会计人员，应当给予精神的和物质的奖励。

第十六条　国家机关、国有企业、事业单位任用会计人员应当实行回避制度。单位领导人的直系亲属不得担任本单位的会计机构负责人、会计主管人员。会计机构负责人、会计主管人员的直系亲属不得在本单位会计机构中担任出纳工作。需要回避的直系亲属为：夫妻关系、直系血亲关系、三代以内旁系血亲以及配偶亲关系。

第二节　会计人员职业道德

第十七条　会计人员在会计工作中应当遵守职业道德，树立良好的职业品质、严谨的工作作风，严守工作纪律，努力提高工作效率和工作质量。

第十八条　会计人员应当热爱本职工作，努力钻研业务，使自己的知识和技能适应所从事工作的要求。

第十九条　会计人员应当熟悉财经法律、法规、规章和国家统一会计制度，并结合会计工作进行广泛宣传。

第二十条　会计人员应当按照会计法律、法规和国家统一会计制度规定的程序和要求进行会计工作，保证所提供的会计信息合法、真实、准确、及时、完整。

第二十一条　会计人员办理会计事务应当实事求是、客观公正。

第二十二条　会计人员应当熟悉本单位的生产经营和业务管理情况，运用掌握的会计信息和会计方法，为改善单位内部管理、提高经济效益服务。

第二十三条　会计人员应当保守本单位的商业秘密。除法律规定和单位领导人同意外，不能私自向外界提供或者泄露单位的会计信息。

第二十四条　财政部门、业务主管部门和各单位应当定期检查会计人员遵守职业道德的情况，并作为会计人员晋升、晋级、聘任专业职务、表彰奖励的重要考核依据。会计人员违反职业道德的，由所在单位进行处罚；情节严重的，由会计证发证机关吊销其会计证。

第三节　会计工作交接

第二十五条　会计人员工作调动或者因故离职，必须将本人所经管的会计工作全部移交给接替人员。没有办清交接手续的，不得调动或者离职。

第二十六条　接替人员应当认真接管移交工作，并继续办理移交的未了事项。

第二十七条　会计人员办理移交手续前，必须及时做好以下工作：

（一）已经受理的经济业务尚未填制会计凭证的，应当填制完毕。

（二）尚未登记的账目，应当登记完毕，并在最后一笔余额后加盖经办人员印章。

（三）整理应该移交的各项资料，对未了事项写出书面材料。

（四）编制移交清册，列明应当移交的会计凭证、会计账簿、会计报表、印章、现金、有价证券、支票簿、发票、文件、其他会计资料和物品等内容；实行会计电算化的单位，从事该项工作的移交人员还应当在移交清册中列明会计软件及密码、会计软件数据磁盘（磁带等）及有关资料、实物等内容。

第二十八条　会计人员办理交接手续，必须有监交人负责监交。一般会计人员交接，由单位会计机构负责人、会计主管人员负责监交；会计机构负责人、会计主管人员交接，由单位领导人负责监交，必要时可由上级主管部门派人会同监交。

第二十九条　移交人员在办理移交时，要按移交清册逐项移交；接替人员要逐项核对点收。

（一）现金、有价证券要根据会计账簿有关记录进行点交。库存现金、有价证券必须与会计账簿记录保持一致。不一致时，移交人员必须限期查清。

（二）会计凭证、会计账簿、会计报表和其他会计资料必须完整无缺。如有短缺，必须查清原因，并在移交清册中注明，由移交人员负责。

（三）银行存款账户余额要与银行对账单核对，如不一致，应当编制银行存款余额调节表调节相符，各种财产物资和债权债务的明细账户余额要与总账有关账户余额核对相符；必要时，要抽查个别账户的余额，与实物核对相符，或者与往来单位、个人核对清楚。

（四）移交人员经管的票据、印章和其他实物等，必须交接清楚；移交人员从事会计电算化工作的，要对有关电子数据在实际操作状态下进行交接。

第三十条　会计机构负责人、会计主管人员移交时，还必须将全部财务会计工作、重大财务收支和会计人员的情况等，向接替人员详细介绍。对需要移交的遗留问题，应当写出书面材料。

第三十一条　交接完毕后，交接双方和监交人员要在移交注册上签名或者盖章，并应在移交注册上注明：单位名称，交接日期，交接双方和监交人员的职务、姓名，移交清册页数以及需要说明的问题和意见等。移交清册一般应当填制一式三份，交接双方各执一份，存档一份。

第三十二条　接替人员应当继续使用移交的会计账簿，不得自行另立新账，以保持会计记录的连续性。

第三十三条 会计人员临时离职或者因病不能工作且需要接替或者代理的，会计机构负责人、会计主管人员或者单位领导人必须指定有关人员接替或者代理，并办理交接手续。临时离职或者因病不能工作的会计人员恢复工作的，应当与接替或者代理人员办理交接手续。移交人员因病或者其他特殊原因不能亲自办理移交的，经单位领导人批准，可由移交人员委托他人代办移交，但委托人应当承担本规范第三十五条规定的责任。

第三十四条 单位撤销时，必须留有必要的会计人员，会同有关人员办理清理工作，编制决算。未移交前，不得离职。接收单位和移交日期由主管部门确定。单位合并、分立的，其会计工作交接手续比照上述有关规定办理。

第三十五条 移交人员对所移交的会计凭证、会计账簿、会计报表和其他有关资料的合法性、真实性承担法律责任。

第四章 会计监督

第七十三条 各单位的会计机构、会计人员对本单位的经济活动进行会计监督。

第七十四条 会计机构、会计人员进行会计监督的依据是：

（一）财经法律、法规、规章；

（二）会计法律、法规和国家统一会计制度；

（三）各省、自治区、直辖市财政厅（局）和国务院业务主管部门根据《中华人民共和国会计法》和国家统一会计制度制定的具体实施办法或者补充规定；

（四）各单位根据《中华人民共和国会计法》和国家统一会计制度制定的单位内部会计管理制度；

（五）各单位内部的预算、财务计划、经济计划、业务计划。

第七十五条 会计机构、会计人员应当对原始凭证进行审核和监督。对不真实、不合法的原始凭证，不予受理。对弄虚作假、严重违法的原始凭证，在不予受理的同时，应当予以扣留，并及时向单位领导人报告，请求查明原因，追究当事人的责任。对记载不明确、不完整的原始凭证，予以退回，要求经办人员更正、补充。

第七十六条 会计机构、会计人员对伪造、变造、故意毁灭会计账簿或者账外设账行为，应当制止和纠正；制止和纠正无效的，应当向上级主管单位报告，请求做出处理。

第七十七条 会计机构、会计人员应当对实物、款项进行监督，督促建立并严格执行财产清查制度。发现账簿记录与实物、款项不符时，应当按照国家有关规定进行处理。超出会计机构、会计人员职权范围的，应当立即向本单位领导报告，请求查明原因，做出处理。

第七十八条　会计机构、会计人员对指使、强令编造、篡改财务报告行为，应当制止和纠正；制止和纠正无效的，应当向上级主管单位报告，请求处理。

第七十九条　会计机构、会计人员应当对财务收支进行监督。

（一）对审批手续不全的财务收支，应当退回，要求补充、更正。

（二）对违反规定不纳入单位统一会计核算的财务收支，应当制止和纠正。

（三）对违反国家统一的财政、财务、会计制度规定的财务收支，不予办理。

（四）对认为是违反国家统一的财政、财务、会计制度规定的财务收支，应当制止和纠正；制止和纠正无效的，应当向单位领导人提出书面意见请求处理。单位领导人应当在接到书面意见起十日内做出书面决定，并对决定承担责任。

（五）对违反国家统一的财政、财务、会计制度规定的财务收支，不予制止和纠正，又不向单位领导人提出书面意见的，也应当承担责任。

（六）对严重违反国家利益和社会公众利益的财务收支，应当向主管单位或者财政、审计、税务机关报告。

第八十条　会计机构、会计人员对违反单位内部会计管理制度的经济活动，应当制止和纠正；制止和纠正无效的，向单位领导人报告，请求处理。

第八十一条　会计机构、会计人员应当对单位制定的预算、财务计划、经济计划、业务计划的执行情况进行监督。

第八十二条　各单位必须依照法律和国家有关规定接受财政、审计、税务等机关的监督，如实提供会计凭证、会计账簿、会计报表和其他会计资料以及有关情况，不得拒绝、隐匿、谎报。

第八十三条　按照法律规定应当委托注册会计师进行审计的单位，应当委托注册会计师进行审计，并配合注册会计师的工作，如实提供会计凭证、会计账簿、会计报表和其他会计资料以及有关情况，不得拒绝、隐匿、谎报；不得示意注册会计师出具不当的审计报告。

第五章　内部会计管理制度

第八十四条　各单位应当根据《中华人民共和国会计法》和国家统一会计制度的规定，结合单位类型和内容管理的需要，建立健全相应的内部会计管理制度。

第八十五条　各单位制定内部会计管理制度应当遵循下列原则：

（一）应当执行法律、法规和国家统一的财务会计制度。

（二）应当体现本单位的生产经营、业务管理的特点和要求。

（三）应当全面规范本单位的各项会计工作，建立健全会计基础，保证会计工作的有序进行。

（四）应当科学、合理，便于操作和执行。

（五）应当定期检查执行情况。

（六）应当根据管理需要和执行中的问题不断完善。

第八十六条　各单位应当建立内部会计管理体系。主要内容包括：单位领导人、总会计师对会计工作的领导职责，会计部门及其会计机构负责人、会计主管人员的职责、权限，会计部门与其他职能部门的关系，会计核算的组织形式等。

第八十七条　各单位应当建立会计人员岗位责任制度。主要内容包括：会计人员的工作岗位设置，会计工作岗位的职责和标准，各会计工作岗位的人员和具体分工，会计工作岗位轮换办法，对各会计工作岗位的考核办法。

第八十八条　各单位应当建立账务处理程序制度。主要内容包括：会计科目及其明细科目的设置和使用，会计凭证的格式、审核要求和传递程序，会计核算方法，会计账簿的设置，编制会计报表的种类和要求，单位会计指标体系。

第八十九条　各单位应当建立内部牵制制度。主要内容包括：内部牵制制度的原则，组织分工，出纳岗位的职责和限制条件，有关岗位的职责和权限。

第九十条　各单位应当建立稽核制度。主要内容包括：稽核工作的组织形式和具体分工，稽核工作的职责、权限，审核会计凭证和复核会计账簿、会计报表的方法。

第九十一条　各单位应当建立原始记录管理制度。主要内容包括：原始记录的内容和填制方法，原始记录的格式，原始记录的审核，原始记录填制人的责任，原始记录签署，传递、汇集要求。

第九十二条　各单位应当建立定额管理制度。主要内容包括：定额管理的范围，制定和修订定额的依据、程序和方法，定额的执行，定额考核和奖惩办法等。

第九十三条　各单位应当建立计量验收制度。主要内容包括：计量检测手段和方法，计量验收管理的要求，计量验收人员的责任和奖惩办法。

第九十四条　各单位应当建立财产清查制度。主要内容包括：财产清查的范围，财产清查的组织，财产清查的期限和方法，对财产清查中发现问题的处理办法，对财产管理人员的奖惩办法。

第九十五条　各单位应当建立财务收支审批制度。主要内容包括：财务收支审批人员和审批权限，财务收支审批程序，财务收支审批人员的责任。

第九十六条　实行成本核算的单位应当建立成本核算制度。主要内容包括：成本核算的对象，成本核算的方法和程序，成本分析等。

第九十七条　各单位应当建立财务会计分析制度。主要内容包括：财务会计分析的主要内容，财务会计分析的基本要求和组织程序，财务会计分析的具体方法，财务会计分析报告的编写要求等[①]。

---

① 国家财政部网站，http://www.mof.gov.cn/index.htm.

上海市商业服务业企业从业人员行为礼仪规范

第一章 总则

第一条 基本宗旨

从满足服务对象的需求出发,全面提升本市商业服务业企业从业人员的整体素质和服务水平,塑造文明礼貌的职业形象,培养爱岗敬业的职业道德,提高规范服务的职业技能,根据国家和本市的有关标准及规定,制定本规范。

第二条 主要内容

本规范内容涉及本市商业服务业企业从业人员在岗服务全过程应遵守的行为礼仪基本要求,主要包括接待礼仪、服务礼仪、服务行为、服务用语等。

第三条 适用范围

(一)本规范适用于上海市行政区域内直接面向终端顾客的,包括零售、批发、餐饮、服务等商业服务业企业的从业人员。

(二)本规范适用于国有、股份制、中外合资、外商独资和民营个体等各种经济成分的商业服务业企业从业人员。

第四条 基本原则

以人为本,尊重顾客,平等待客,宽容待客,诚实守信,热情周到。

第五条 企业职责

(一)商业服务业企业要注重软实力的建设和提升,加强对从业人员行为礼仪的教育培训,并与员工职业发展相结合,开展必要的检查、考核和奖惩,引导从业人员自觉践行行为礼仪规范。

(二)商业服务业企业要持续改进和精细现场管理。推行首问负责制,对服务对象的要求不推诿、不扯皮,协调好与顾客的关系,提供语言无障碍服务。大型商业服务业经营场所应在总服务台配备能应用外语与手语服务的从业人员。

第二章 接待礼仪

第六条 基本要求

精神饱满,服饰整洁,仪表端庄,仪容得体。

第七条 容貌发型

(一)从业人员应保持面容洁净。女从业人员外貌修饰应遵循庄重、简洁、适度的原则。

(二)从业人员发型、发式要与服务对象、岗位特点、工作环境等因素相适宜。

第八条 衣着穿戴

（一）大中型企业应根据所在行业、岗位（部门）特点统一着装，从业人员着装应规范、整洁。无统一着装条件的企业从业人员应穿着得体。

（二）从业人员上岗应统一佩戴标注单位名称、从业人员姓名、所在部门及工号、技能或服务等级的胸卡（证），对具备外语、手语者在胸卡（证）上要明显标注。

（三）从业人员佩戴饰物应严格按照企业、岗位的规范要求。符合身份，适度为宜。从事食品销售、食品加工和药品销售等岗位的从业人员，要佩戴合格的专用工作衣、帽、口罩和手套，不佩戴与岗位规范要求不适的饰物。

第三章　服务礼仪

第九条　基本要求

尊重顾客，真诚守信，周到服务，文明热情。

第十条　迎送接待

（一）顾客进入服务区域时，从业人员应主动招呼，微笑相迎；热情接待，适时适度。

（二）服务过程中，从业人员自觉做到"语言、举止得当，站立、坐姿端正，行走时应礼让顾客"，体现"两个一样"，即成交与否一个样，数额大小一个样；严格遵守岗位纪律。营业时间结束，对尚在购物或结算的顾客，继续热情接待，不以任何形式逐客。

（三）因人而宜地做好各类顾客的迎送接待工作，体现"三个注重"：即对不同年龄段顾客按不同需求，注重贴切到位；对老幼弱病残者按不同情况，注重便捷便利；对外宾、少数民族和宗教人士按不同文化习俗，注重礼节恰当。

第十一条　导购接待

为顾客导购，从业人员应面带微笑，走在顾客的左或右前方，行走速度应适合顾客的步速，配合相应的手势，热忱导购，诚实推介，有问必答。尊重顾客意愿，不诱购，不劝购。

第十二条　问讯接待

从业人员要了解商场、服务场所的总体布局，熟悉各自商品或服务的价格和特性，及时热情耐心地为顾客答疑解惑，做到有问必答、满意答复，不推诿敷衍、含糊其辞，或心不在焉。如遇一时难解答问题，应做好记录，按照规定与顾客约定联系方式，做好后续答复处理工作；如从业人员在盘点、上架、结账或交接班时，遇顾客询问，应优先接待答复。

第四章 服务行为

第十三条 基本要求

态度和蔼，周到细致，准备充分，动作规范。

第十四条 餐饮服务

餐饮企业从业人员在关注菜点质量、卫生质量的同时，要重视就餐前、就餐中和就餐后的服务质量。

（一）就餐前。顾客进门，迎宾要主动招呼，微笑相迎，热情引领至就餐区（位）；服务员在接受顾客点菜后，要清晰复述，尽量满足顾客的特殊要求；待餐期间，服务员按行规铺台摆位，递茶续水。

（二）就餐中。服务员规范上菜，动作要"稳、轻、快"，逐一报清菜名；遵循宾主有别、女士优先的习惯，开展礼貌服务；不催促结账。

（三）用餐后。服务员按顾客指令，及时规范完成结算、收银等工作，提醒顾客带走随身物品，热情送客，微笑道别。

第十五条 美容美发服务

从业人员行为必须文明卫生诚信。为顾客进行理发、修面和美容护肤等服务时，对有明确卫生要求规定的用具和物品，严格实行"一客一换一消毒"；不使用假冒伪劣用品，不误（诱）导顾客。

第十六条 商品展示服务

（一）在商品展示时，从业人员应使商品正对顾客，采用适当方式展示商品的性能、特点、外观等。递拿商品时，要安全接放，不扔不摔，贵重、易碎物品要主动提示顾客。

（二）在商品推介时，从业人员要态度和蔼，据实介绍商品的价格、性能、产地、质量保证和售后服务等要素，认真接受顾客询问，耐心解答各类问题，不生拉硬拽、强买强卖。

第十七条 销售辅助服务

（一）除可自选的超市外，顾客在浏览或挑选商品时，从业人员要目视关注，眼神应自然、温和，禁止用轻蔑、怀疑的目光扫视；与顾客保持适当距离，不干扰或影响顾客的购买愿望和行为。

（二）除特别贵重商品、药品和涉及食物卫生的商品外，一般商品必须敞开陈列，让顾客直接触摸看样；对可试穿、试听、试看、试测的商品，从业人员要热情提供、指导顾客验看商品的外观和内在质量，耐心协助顾客调试商品，核对商品配（附）件。

（三）对需包装、包扎的商品，从业人员应在顾客购物付款后主动提供相关的辅助服务。

第十八条 收款找零

（一）在收款找零时应迅速、准确。从业人员要当顾客面点清，唱收唱找，唱验唱付，双手递交，并如实开具发票、正确填写内容。超市收款找零，从业人员应先递交收银条，后找余款；先找大额票面余款，后找零票。

（二）掌握支票、信用卡等各类收银方法。当顾客输入信用卡密码时，从业人员应与顾客保持一定的距离，并主动移开视线；当票据与信用卡不符合规定，或收银设备发生故障时，从业人员应主动向顾客礼貌说明，取得谅解。

第十九条 退换和投诉

（一）顾客退货、换货、投诉时，从业人员应以礼相待，认真倾听，详细询问，妥善处理。做到不推诿、不冷淡、不刁难。

（二）及时做好退（换）货、投诉的处理记录。对需通过退换解决的问题，先满足顾客的合理要求，后追索生产企业责任；对需通过调查核实或检测程序解决的问题，应在规定期限内完成或明确答复顾客；对需通过有偿服务解决的问题，应明码标价，告知在前。无论有偿服务还是无偿服务，都要有诺必践、态度诚挚。

第二十条 安全提示和告知

（一）从业人员要树立"顾客安全第一"的理念，做好日常安全提示和告知工作。如遇地面湿滑或临时检修施工等情况，应有明显的警示告知顾客；经手贵重商品、易碎商品及高额现金时，从业人员应明确提示顾客注意安全、妥善保管。

（二）从业人员应注重提高处理突发事件的应变能力，掌握安全保卫常识和处置方法。遇突发事件，应保持冷静，提醒顾客不要惊慌拥挤，有序组织和带领顾客撤离危险区域。

第五章 服务用语

第二十一条 基本要求

文明、礼貌、亲切、准确，做到"五声"，即来有迎声，问有答声，走有送声，不明白有解释声，不满意有道歉声。

第二十二条 规范使用普通话

从业人员在服务中应讲普通话，注重主动性、尊重性、准确性、适度性的和谐统一，"语气诚恳，语调柔和，用语恰当，音量适中"。

第二十三条 准确使用礼貌用语

从业人员应熟练运用日常礼貌服务用语，准确使用称呼词、赞赏语、祝贺语、答谢语、征询语、应答语、道歉语等。

第二十四条　正确使用外语、手语

负责提供这方面服务的从业人员应掌握并规范使用符合岗位要求的外语和手语。

第二十五条　严禁使用服务忌语

不得使用讥讽、嘲笑、挖苦、催促、埋怨等语言。

第六章　附则

第二十六条　培训教育

商业服务业企业应采用多种形式，普及从业人员礼仪规范，交流、宣传、推广教育培训工作的经验和成果。

第二十七条　贯彻落实

商业服务业相关的行业协会和相关部门要引导商业服务业企业认真贯彻落实本规范，制定适宜相关行业特点的行业性实施意见，指导相关企业制定切合本单位实际的具体实施细则。

第二十八条　监督保证

充分发挥社会公众、新闻媒体和行业协会的监督保证作用。

附录：商业服务业服务文明用语

　　　商业服务业服务警示语

　　　商业服务业服务禁忌语

上海市经济委员会
二〇〇八年八月

附录：

一、服务文明用语

欢迎光临；您好；请稍等；请问您需要什么帮助？对不起让您久等了；请多提宝贵意见；请拿好您的物品；请您慢慢挑选（享用）；欢迎您选用；能为您服务很高兴；有什么需要帮忙吗？谢谢，不客气；对不起，请稍等片刻；请到收银台结账；请问您有贵宾卡吗？请问您带会员卡了吗？您此次消费一共xx元；请问是用现金还是信用卡支付？请输入您的信用卡密码；请在这里签名；谢谢您使用信用卡；请收好您的信用卡；请收好您的找零；欢迎您下次再来；请走好；谢谢；再见。

二、警示用语

小心玻璃；小心地滑/小心滑倒；小心台阶；小心碰头；禁止吸烟/请勿吸烟；暂停使用；暂停收银；正在维修；顾客止步；请勿挤靠；请保管好您的物品；请保

管好购物凭证；请照看好您的小孩；老人、幼儿乘电梯需要家人陪同；请勿带宠物入内；票款请当面点清；遇火警请勿用电梯；乘用电梯时请注意靠右侧站立；贵重物品请妥善保管；请节约用水；报警 110；火警 119；紧急出口；安全出口。

三、服务禁语

顾客提前到来时，禁说：还没上班，出去等着。

顾客询问有关事项时，禁说：不知道；墙上贴着呢，自己不会看吗？不是告诉你了吗，怎么还不明白，有完没完？

业务忙时，禁说：急什么，慢慢来；没看到一直忙着吗，那边等着去。

电脑出故障时，禁说：机器坏了，不能办理。

顾客有不同意见时，禁说：有意见找领导去；我的态度就是这样，你能怎么着；那边有意见征询表，写意见去；爱上哪告就上哪告去。

临近下班时，禁说：下班了不办了；怎么不早来。①

思考与讨论：

1. 中国传统医德的精髓主要表现为哪些方面？
2. 市场经济条件下，该如何理解"医乃仁术"？
3. 工程仅仅是"造物"的活动吗？
4. 你如何理解工程师的社会责任？
5. 财务人员如何有效处理财务工作的"利"、"义"关系？
6. "顾客是上帝"吗？请从商业伦理的角度探讨你对这个问题的看法。

---

① 上海商业网，http://www.commerce.sh.cn/lmxx/ej/mb.asp?text_id=28083&lmbh=134|135|136|137&sub_lmbh=|134|&z_lmbh=36&y_lmbh=32。

第五章 职业道德修养的途径与方法

德性分两种：理智德性和道德德性。理智德性主要通过教导而发生和发展，所以需要经验和时间。道德德性则通过习惯养成，因此它的名字"道德的"也是从"习惯"这个词演变而来。由此可见，我们所有的道德德性都不是由自然在我们身上造成的。

——亚里士多德

学习目标：
1. 提高对职业道德修养重要性的认识；
2. 熟悉职业道德修养的基本途径和方法；
3. 学思并重：职业道德修养的前提和基础；
4. 慎独自律：职业道德修养的价值核心；
5. 榜样感召：职业道德修养的力量源泉；
6. 躬行践履：职业道德修养的实践精神；
7. 通过修养提升自己的职业道德境界。

导入案例：

2012年感动中国人物获奖者罗阳的颁奖词：

如果你没有离开，依然会，带吴钩，巡万里关山。多希望你只是小憩，醉一下再挑灯看剑，梦一回再吹角连营。你听到了么？那战机的呼啸，没有悲伤，是为你而奏响！

加强职业道德修养 终成"航空报国英模"[①]

罗阳，男，1961年出生，中共党员，研究员级高级工程师。曾任中航工业沈

---

① 题目为编者所拟。

阳飞机工业（集团）有限公司（以下简称中航工业沈飞）董事长、总经理，任歼-15飞机等多个型号研制现场总指挥。2012年11月25日，随中国首艘航母"辽宁舰"参与舰载机起降训练的罗阳，在执行任务时突发急性心肌梗死、心源性猝死，不幸殉职。

他以航空报国的赤子情怀带领中航工业沈飞迈上科学发展的新台阶。几年来，他夙兴夜寐，务实创新，始终坚定地站在党和国家利益的高度，大力践行"航空报国、强军富民"的宗旨和"敬业诚信、创新超越"的理念，不断创造航空制造的新奇迹。

他以报国强军的政治使命带领中航工业沈飞完成了多个重点型号研制，为我国国防现代化建设做出突出贡献。罗阳把型号研制作为最大的政治使命，成功克服了资源不足、周期紧张、成品供应不及时等一个又一个难关，实现了多个重点新研型号的成功首飞和设计定型，推动军机研制取得重大进展，为国家航空武器装备发展做出了突出贡献。

他以强军富民的战略眼光整合民机产业结构，身体力行地践行着"两融、三新、五化、万亿"发展战略。罗阳同志以开阔的视野和深远的谋略实现产业发展布局，积极对外拓展业务，加速民机产业化、规模化发展，实现了产业发展与地方经济和世界民用航空产业发展有机融合。

他以追求卓越的治企理念大力实施改革管理，带领中航工业沈飞步入了持续快速跨越发展的快车道。上任之初，他提出"十个统筹"的思路，逐步推进落实。他提出管理"四化"，即管理"严格化、精细化、规范化和标准化"，以此统领企业各项管理工作实现重大飞跃。

卓越的领导才能和出色的业绩，谱写了中航工业沈飞光辉灿烂的发展篇章。几年来，公司获得了"改革开放30年全国企业文化优秀单位"、"全国模范劳动关系和谐企业"等近百项荣誉称号。罗阳同志本人也先后获得"国防科技工业创新领军人物"、"中航工业优秀领导干部"、"中航工业航空报国金奖"、"辽宁省劳动模范"、"辽宁省第三届创业企业家"等多项荣誉称号。

罗阳同志作为中航工业沈飞负责人，以国家之振兴为己任，以企业之发展为己任，兢兢业业，鞠躬尽瘁，将自己的全部精力和生命都奉献在工作岗位上。生命不息、奋斗不止，他用全部的精力带领着中航工业沈飞冲上了事业的巅峰，用无悔的信念诠释着"航空报国"的真谛，直至生命的最后一刻……①

所谓道德修养，是指"个体在道德意识、道德行为方面，自觉地按照一定社会和阶级的要求，所进行的自我审度、自我教育、自我锻炼、自我改造和自我塑造的

---

① 节选自罗阳同志事迹材料［DB/OL］. 中国航空工业集团公司新闻网页, http://www.avic.com.cn/cn/xwzx/jtxw/383162.shtml.

活动"①。职业道德修养既包含职业道德的内化过程，也包含职业道德的外化过程，是职业中的个体在道德品质方面所进行的自我改造、自我锻炼、自我陶冶的过程，它不仅涉及个体要改变旧观念、旧习惯，树立新形象、新行为，更重要的是要进行个体的职业道德灵魂塑造，重构个体的自我职业道德信念，完善自我的职业道德人格，是建立新的人生观、价值观、世界观的过程，从某种意义上说也是思想意识形态领域的一场自我革命。职业道德修养主要包括两个方面的内容："一是遵循一定的职业道德原则和职业道德规范、准则进行的自我反省活动，以及在反省活动中所形成的道德情操和所达到的道德境界。二是职业道德行为的养成。职业道德修养的内容具体而言，包括'知、情、意、信、行'五个方面，即职业道德认识、职业道德情感、职业道德意志、职业道德信念和职业道德行为。"②

高职大学生仍处于学习阶段，还不是职业人，但是，大学是进入职场前最后的系统构建自己知识体系的阶段，是进行职业道德修养的最佳时期。大学生学习和加强职业道德修养，能够尽快地熟悉职业道德、确立职业道德理想、培养职业道德情感、提高职业道德选择能力和行为能力，能加快大学生的职业化进程，尽早实现个体与社会的统一，加快实现大学生的人生价值。中国历代思想家提出的个体道德修养的理论和方法很多，这是我们进行职业道德修养的丰富的理论来源和巨大的思想宝库。这里，我们借鉴吸收古代个体道德修养智慧，提出了四个十分重要的职业道德修养的途径和方法，即：学思并重、慎独自律、榜样感召和躬行践履。

第一节 学思并重：职业道德修养的前提基础

学而不思则罔；思而不学则殆。

——孔子

【解释】学：学习；而：但是，表转接；思：思考；罔：即"惘"，迷惑；殆：危险，这里指疑惑。只知道学习，却不知道思考，到头来等于白学；只知道思考却不去学习，则就变得危险了。

【评点】书本的知识都是前人根据当时的实际情况总结出来的经验，要把书本的知识变为自己指导现实的精神力量，必须经过一番艰苦复杂的思索过程，分析出以往书本知识的现实价值、时代局限甚至错误缺陷，否则一味读书不假思索，好比光吃不消化，学得再多还是惘然无收获。然而光思不学也是一种弊病，一个人的实

---

① 唐凯麟编著.伦理学[M].北京：高等教育出版社，2001：267.
② 钱安国主编.职业道德修养教程[M].北京：北京工业大学出版社，2003：204.

践是极其有限的，尽管肯用脑子思考问题，若不勤奋地学习，充分地吸收前人的经验教训，还是会处处疑惑不解，好比能消化但不吃东西，肚子里还是空空的。看来"学而不思"与"思而不学"其结果是一样的，"学"、"思"并重，不可偏废，只有"学而思"，才能得到管用的真知识。学是掌握知识，思是消化知识，并把知识转化为认识世界与改造世界的能力。①

　　学习，是主体通过自身感受、体验或受教获得知识、掌握技术、改变态度、增加价值，从而使得稳定行为发生的过程；思考，是主体针对客体进行分析、综合、判断、推理、演绎等的大脑思维活动。作为人来说，只有通过学习才能从无知到知，从知之不多到知之甚多；只有通过思考才能从"知其然"再到"知其所以然"。人们通过学习不断进行知识量的积累，人们通过思考不断对知识进行归纳、创造和升华。学习和思考是人们获得职业道德知识、践行职业道德精神的重要途径，学与思同样重要。在思想道德领域，经过历代思想家们的阐述和完善，学思并重成为个体道德修养的重要途径之一，学思并重也是当前大学生进行职业道德修养的前提基础。

　　《论语·述而篇第七》中记载："子曰：'我非生而知之者，好古，敏以求之者也。'"孔子说，我不是生来就知道一切的人，我是喜好古代文化并勤奋追求这些知识的人。其实，孔子告诉世人，任何人都不是天生有知识有学问的，只有通过后天的勤奋学习才能获取；同样，职业道德知识体系也只有通过勤奋的学习才能获得，这是提高个体职业道德素养的必然前提。当然，职业道德品质的获得，不仅要通过学习职业道德知识而获得，而且要在学习过程中结合自身或总结他人的职业道德经验，进行理性思考，以求得理解和把握职业道德本质，使之发生创造性的学习与思考，完成主体内在的转化和升华，内化形成科学的职业道德知识系统和健康的自我职业道德意识系统。学与思是相互结合、相辅相成、相互促进的关系，两者不可偏废。一味地学习而不思考，只能被牵着鼻子走，达不到职业道德真知的境地。相反，只是一味地埋头苦思而不进行一定的职业道德知识的学习和积累，也只能是流于空想，内心困惑不仅得不到彻底解决，反而会产生更多的道德疑惑。只有把学习和思考结合起来，才能把职业道德知识内化为自我职业道德体系，外化为自觉职业道德行为。

一、"学"是"思"的前提和基础，"思"离不开"学"

　　在职业道德修养中，进行职业道德之思，离不开职业道德知识之学。思而不

---

① 杨树增评注.论语·为政篇第二.北京：蓝天出版社.2003：22—23.

学，则思只能是无源之水、无本之木。学习是获得知识的唯一途径，人只有通过学习才能从蒙昧走向智慧，从孤陋寡闻走向博学多才。学习也是获得职业道德知识的重要途径。职业道德知识不仅是职业道德行为的先导，而且对整个职业道德行为起指导作用。古希腊哲学家苏格拉底提出"知识即美德"，他认为，人的德性分为理智德性和伦理德性，人的德性只能靠学习才能习得，只有具有了美德知识，才能懂得去做道德的事情。我们也可以这样说，文明、理智、高尚总是同知识、文化相联系的，不明事理、粗俗、愚昧、野蛮总是同无知、不学无术相联系的。

孔子十分重视学习，"子曰：吾尝终日不食，终夜不寝，以思，无益，不如学也"（《论语·卫灵公篇第十五》）。意思就是说，他曾经整天不吃饭，整夜不睡觉，用来苦思冥想，但无所收获，还不如实实在在地学习。孔子还强调"学而知之"（《论语·季氏篇第十六》)，意指人是通过学习而获得知识的，主张"学以致其道"（《论语·子张篇第十九》），即只有通过终身的学习才能实现"道"的目的。孔子也特别强调要虚心向他人学习，"三人行，必有我师焉，择其善者而从之，其不善者而改之"（《论语·述而篇第七》）。孔子的思想对当前学习职业道德知识具有重要的启发意义：首先，学习是习得职业道德的基础，学习职业道德知识、职业道德典范和他人的职业道德经验，对提高职业道德修养是十分必要的；其次，良好职业道德的养成，是必须通过不断地学习才能获得的，只有通过不断学习职业道德理论，才能懂得在职业中什么是善，什么是恶；什么是可以做的，什么是不可以做的；什么是应当提倡的，什么是应坚决反对的。

职业道德学习的内容和范围是同人们的职业活动紧密联系的，是符合职业特点所要求的道德准则、道德情操与道德品质的，指导职业活动的行为，对社会负有道德责任与义务。对大学生而言，他们还未走向真正意义的职业岗位，职业道德的理论、内容、结构、体系、功能作用等对他们都是陌生的，是必须通过不断学习才能掌握的。这里的学习是广泛意义上的学习，它不仅要求大学生要从课堂上、书本中、职业实习、职业培训中学习，更重要的是从社会实践中学习，向他人学习，向社会学习。被誉为新时代工人楷模的青岛港工人许振超，就是不断在学习中获得职业道德精髓而成功的典范。许振超虽然只有初中文凭，但凭着对工作的热情，刻苦努力地钻研业务，不断学习职业道德。许振超几十年如一日，对待工作总是兢兢业业，一丝不苟，创造了一个又一个奇迹，曾经一年内就两次刷新世界集装箱装卸纪录，最后成为国内外知名的桥吊专家。许振超高尚的职业道德操守让亿万中国人敬佩和感动，从他身上，我们领会到了现代职业道德的精髓——干一行、爱一行、精一行。

二、"思"是"学"的升华和提高,"学"也离不开"思"

当然,在职业道德修养中,单纯学习道德理论知识是远远不够的。无论是通过学习书本知识、观察他人等获得的间接经验,还是亲身实践获得的直接经验,都必须经过大脑认真思考,把职业道德理论知识进一步理解和消化,内化为自己的职业道德理论规范;只有对通过学习获得而来的职业道德进行理性思考,才能形成自己更加合理的职业道德知识体系和思想体系。"思"是感性认识到理性认识的必然活动,是职业道德修养的重要一环,它包括对所学职业道德内容的伦理思考和对自己言行的自我审查。我们不能仅仅局限于"知其然",更重要的是要"知其所以然",也就是说,我们不能仅局限于知道或者了解一些职业中的道德规范体系,更重要的是要通过"思"来知道职业道德规范体系为什么是这样,为什么要把外在的职业道德规范体系内化为自己的职业道德品质。职业道德修养中的"思"包含两个方面:一方面是人们对所学职业道德知识的消化过程,把外在的规范转化为自己的职业道德知识体系,引起自己职业道德情感的共鸣,树立起自己的职业道德理想。另一方面,"思"就是对自己的言行做自我检查、自我反省,通过"思"知道哪些行为是对的,哪些行为是错的,对的要发扬,错的要坚决改正。比如,2012年6月,网络上一则"实习护士把新生儿当玩具耍"①的消息曾在网上引起广泛关注。当事人违反职业道德,把手机私自带进育婴室,在没有任何防护措施的情况下将婴儿摆弄成各种姿势拍照,没有考虑严重时可能会导致婴儿死亡,之后她把用手机拍摄的照片并配上戏谑的语言一起公布到网上。这种虐待婴儿的行为引起了家长们的愤怒,遭到网友们的强烈谴责,也使原本就紧张的医患关系更是雪上加霜。据查,当事人是浙江中医药大学护理学院2008级参加实习的学生,学校对其进行了严肃的批评教育,责令其停止实习,并做出深刻检查②。这是对职业道德缺乏"思"而行的结果。同样通过教育和反思,实习护士认识到了自己的行为违反了护士职业道德,给社会带来了不良后果,对自己的行为感到内疚和不安,主动通过微博公开道歉。

孔子十分重视"思"在个体道德修养中的作用,他对君子做人做事有十分具体的要求,孔子曰:"君子有九思:视思明,听思聪,色思温,貌思恭,言思忠,事思敬,疑思问,忿思难,见得思义。"(《论语·季氏篇第十六》)杨树增对此有精辟的点评:"孔子对君子做人做事有具体要求,他说:'作为君子,常有九种要用心考虑的事情:观察事物的时候要考虑看明白,倾听意见的时候要考虑听清楚,自己的脸色要考虑保持温和,容貌态度要考虑做到谦恭,言语交谈要考虑诚实,做事要考虑

---

① 资料来源:http://news.cnxianzai.com/2012/06/404034.html.
② 资料来源:http://bbs.hnjy.com.cn/forum/forum.php?mod=viewthread&tid=63268.

谨慎认真，遇到疑惑要考虑向人请教，发怒时要考虑会有后患，见到利益时要考虑是否该得、合不合道义。'要想看明白，就得从多个角度观察，才能看明白事物的全貌；要想听清楚，就得听取各方面的意见，才能比较出反映真实的话来；要想和颜悦色，就得有品德修养，内心善良、平和，容止自然温和谦恭；要想言谈诚实，就得讲信用，只有老实人才说老实话、办老实事；要想请教人，就得不耻下问，别人才肯释疑解惑；要想止怒消患，就得克制自己的感情冲动，牢记'小不忍则乱大谋'的训诫；要想得利又符合道义，就得公私分明，不贪不占，取之有道。……总而言之，君子的一言一行、一举一动，都要合礼，做到'非礼勿视，非礼勿听，非礼勿言，非礼勿动'，就达到了'九思'的标准。"①孔子也十分重视个人的反思在道德修养中的作用，《论语·里仁篇第四》中记载："子曰：'见贤思齐焉，见不贤而内自省也。'"这是说看到圣贤，应该考虑向他看齐；遇到不贤者，应该反省自己有没有同他类似的毛病。他人有贤与不贤之分，自己内心对之反映有正确与错误之别。如果见他人贤明，便自惭形秽，自认不如，或者妒贤嫉能，百般挑剔，见他人平庸不贤，便轻蔑鄙夷，甚至冷嘲热讽。这些待人的态度都是不可取的。正确的态度应该像孔子提倡的那样：见到贤明的人，应该想想自己怎样能达到他的水平；见到平庸不贤的人，应该想想自己有没有与他类似的毛病，要以他人为"镜"。孔子的这种"反思"的修养方法，在一定程度上符合了认识（修养）的内在规律，是值得我们借鉴的。

三、"学"与"思"是辩证统一的关系，要"学""思"并重

"学而不思则罔，思而不学则殆"（《论语·为政篇第二》）精辟论述了学与思相互统一的关系。西方哲人康德也说过类似的话："感性无知性则盲，知性无感性则空。"②也就是说，在职业道德修养中，学与思是互相结合、相辅相成、相互促进的。清代王夫之也说："致知之途有二：曰学，曰思。学则不恃己之聪明，而一唯先觉之是效；思则不徇于古人之陈迹，而任吾警悟之灵。……学非有碍于思，而学愈博则思愈远；思正有功于学，而思之困则学必勤。"③每一个职业都有自己独特的道德意识和逻辑，都有自己特定的道德价值谱系，"职业院校学生道德价值体系的内容建构应以主导道德价值的建立为依托，以社会主义核心价值体系为统领，以学生的

---

① 杨树增评注. 论语 [M]. 北京：蓝天出版社，2003：268—269.
② [美] 约翰·杜威. 杜威在华教育讲演 [M]. 北京：教育科学出版社，2003：268.
③ 王夫之. 四书训义·卷六. 转引自宇辑. 学与思 [J]. 昆明师范学院学报（哲学社会科学版），1980，（1）：34.

全面发展以及道德水平的提升为目标,以社会公德和家庭美德教育为基础,以职业道德教育为重点"①。在职业道德修养培养过程中,要思考古往今来的职业道德的成败得失,不可任凭自己主观臆测;要注重锻炼逻辑思维能力,遵循职业道德思维规律,更要注重思考的独立性,不能人云亦云,鹦鹉学舌。

综上所述,大学生在职业道德修养培养过程中,要注重以下几点:

首先,通过学与思,坚定自己的职业道德理想和信念。所谓道德信仰,是"以人为主体,以道德为客观对象,展现了人在自我追求中对自己的社会本质规定的高度自觉,是道德主体通过自我设定自身、创造自身的对象化活动形成道德客体并在道德客体的对象化过程中创造道德主体的双向互动性社会实践活动"②。只有坚定职业道德信仰的人,才能在本职工作中做出突出的贡献,才能将职业道德之善作为自己终极的价值追求。同样,无论做什么工作,只要有坚定的职业道德信仰,就有可能取得巨大成功,被社会所认可。雷锋的一生是平凡的,他没有太多的豪言壮语,没有创造什么惊天动地的经济、科技奇迹,他只是始终坚守为人民服务的宗旨,坚守自己平凡的岗位,兢兢业业,从小事做起。他对待同志像春天般温暖,对待工作像夏天般火热;他用真诚和热情,把温暖送给每一个人,"雷锋出差一千里,好事做了一火车"。他用辛勤和责任,铸造了一颗"革命的螺丝钉",雷锋成为了时代的楷模,雷锋精神已成为我们民族精神的一部分。

其次,通过学与思,树立全新的职业道德价值体系。实际上,职业道德价值体系的创新构建,职业道德理想人格的塑造,是每一位职业人所面临的重大课题。随着时代的变化,伦理的变迁,学思并重作为一种道德修养方法,不仅没有过时,而且内涵越来越丰富。我们相信,学思并重始终会是职业道德修养形成不可或缺的重要方法和途径。

最后,通过学与思进行道德修养培养,最终落脚点在职业道德行动上。任何一种职业道德理论和规范体系,最终都要落实到现实职业生活中,都要改变职业者的思想和行为,提高职业道德水平,只有这样才具有价值和意义。大学生把通过学与思获得的职业道德知识利用到顶岗实习、模拟职场活动、临时工作等职业道德实践活动上来,不断践行职业道德、规范职业行为。通过职业道德实践更好地掌握职业道德,成为职业道德高尚的人。

---

① 柴宝林,王晓辉.论职业院校学生道德价值体系的内容建构[J].教育与职业,2010,(36):94.
② 任建东.道德信仰论[M].北京:宗教文化出版社,2004:60—61.

案例与分析：

许振超的学海奋进路

许振超是青岛港的一名码头工人，已经在那里工作了38个年头。他先后干过装卸工、电工、门机司机和桥吊司机，担任过副班长、值班队长、副队长、队长兼队党支部书记，2004年被树立为新时期的中国产业工人典型。近些年，许振超还担任了许多社会职务，是党的十七大代表、第十一届全国人大代表，十一届全国人大常委会委员，第七届、第八届中国科学技术协会常委会委员等。但在他眼里，不管干什么，担任什么职务，都是工作，都是社会的需要，都要努力去完成好，这是一个工人几十年养成的习惯和追求。

当好工人尽好责任

1967年，许振超初中毕业时，怎么也没想到继续求学的路就此中断了。当时大学关门了，高中也停办了。许振超要考清华大学当工程师的梦想也随之被彻底粉碎了……怀着迷茫和不解，许振超进入工厂做了一名工人。

怎么干才是一个好工人，许振超奋斗了几十年；怎么做才是一个好工人，许振超领悟了几十年。"当好一个工人，首先要把自己的本职工作干好，这是当工人的本分。"许振超说。

记得刚当电工的时候，第一次单独作业因为缺乏电工基础知识没完成任务，被师傅狠狠地数落了一顿。这让他猛然醒悟过来，仅有干好工作的愿望不行，还必须要有相应的知识和技能。从那以后，许振超就开始自学相关知识和技术。边学习边实践，很快就让许振超有了收获，手头的电工活也干得有模有样了。"学习有了内生动力，感觉就不那么枯燥了。"许振超对中国青年网记者说。

后来因工作需要，队里安排许振超去开门机（也就是吊车）。虽然有点舍不得刚刚入门的电工岗位，但想想任何工作都可以通过学习进而掌握，他也就愉快地去了新岗位。

新岗位对许振超来说确实是一个挑战，操控门机要学习起重安全知识，还要学习力学以及门机的工作原理，机械传动、液压传动知识，整机的电气控制系统原理。这些知识不具备，就不可能正确地操作使用它。

为了能尽快地掌握这些知识，许振超到处借书看，借不到就从每月不多的伙食费里省出几块钱，到新华书店去买，或到当时郊区的旧书摊上去淘，往往五块钱能买一摞书。但对他却是如获珍宝，细细地在书本里寻找所需要的知识。一分耕耘，一分收获，知识使许振超的生活充实起来，工作也干得有声有色。对自己的要求也从开始的想干、能干，提高到怎么想办法干得更快、干得更好。

慢慢地，在许振超的心里，他开始觉得他就是码头的主人。记得20世纪70年代为了提高粮食装火车的速度，许振超找到自己操作技能中的不足，利用班中的休息时间，苦练门机操作一钩准，就是上夜班也坚持练。一边练习，一边琢磨，一边自我纠正，终于做到从船上抓满一斗粮食，飞快地转回到码头上，稳稳地停在火车厢的正上方。由于肯钻研、个人技术娴熟，许振超得到了装卸工友们的认可。80年代初，许振超荣获了优秀门机司机的荣誉称号。

为胜任岗位工作而努力学习

许振超当门机司机那会儿，港口对司机的工作要求是"四懂三会"，就是"懂结构、懂性能、懂原理、懂维修"，"会操作、会保养、会排除故障"。这个要求就是拿到今天，也是个高标准、严要求，因为这几乎是要司机做到"七项全能"。在那个时候，机械一有故障，一般情况就是通过班长去找电工、维修工上来修理。这样一来耽误时间，影响作业效率，而且不利于司机技术的提高，大部分司机也就有了依赖性，只停留在会操作、会给轴承加油的水平上。

面对这种局面，许振超感觉到了困难。但同时也想，上级的要求是纪律，自然有他的道理。而且从中央到地方一再强调，企业中要建设一支"有理想、有道德、有文化、有纪律"的"四有"职工队伍。"什么是有理想，什么是有道德，当时的历史条件下，可能理解不深，但有一点我知道，这些要求对咱工人有好处，最终还能提高工人的能力和水平。"许振超说。

明白了这个道理，许振超就扑下心老老实实地学，扎扎实实地干，只要是任务，都努力把它干好。并且注意工作经验的积累，努力向"四懂三会"的目标逐渐靠近。

为港口现代化建设学习，为给中国工人争气学习

20世纪80年代，青岛港组建现代化集装箱公司，许振超荣幸地成为第一批桥吊司机，这是许振超当时做梦都想做的工作。新设备、新技术使许振超对本职工作产生了浓厚的学习兴趣，并很快成了公司的生产技术骨干。但他并没满足，也没有停下钻研技术的脚步，因为他感觉"在世界先进技术面前，我们的差距太大，我们花了大价钱买来设备，仍然要受国外公司的制约和技术封锁"。

1988年，许振超所在的部门使用的唯一一台桥吊出了故障，请来外国厂家的技师修理维护。他清楚地记得外方专家要价很高，他在这仅干了12天，一下子就拿走了好几万元人民币。

那一刻，许振超发誓：一定要争口气，学会这门技术，咱中国的工人不能老是带着技术落后的帽子！许振超下足了力气，拜几个大学生技术员为师，开始学习钻研，可当时很多专业知识许振超还没掌握，也没有技术资料，怎么钻研？

后来许振超想了个"土"办法，用桥吊的控制板倒推画出电路图。每天下班，许振超带着借来的备用控制板，回到家里就反复琢磨。仔细观察各种电子元件和印刷电路走向，然后一笔一画绘制草图。光画这些焊点，已经够麻烦了，它们之间怎样连接，这才是关键！一根线路多的要测试几十个电子元件，才能最终确定它的来龙去脉。

就这样，许振超前后用了4年的时间，在没有资料的条件下，用最原始的方法消化吸收了当时号称世界先进水平的桥吊电气控制系统。靠着这些知识，当年外国专家修了12天的故障，后来许振超只用了一个半小时。依靠这些技术，许振超解决了大量工作中遇到的技术难题，为港口生产解了燃眉之急。再后来，连外国专家都不敢动的系统"心脏"部件，许振超也能熟练地给它动"大手术"。

"从此以后，再也没有麻烦外国朋友来修桥吊。"许振超得意地说。同时，他也有了新体会，可以没有文凭，不能没有知识，可以不上大学，但不能不学习。

为建设世界级一流大港口学习

20世纪80年代，中国的港口曾经因为集装箱装卸效率不高，老是延误船期，信誉不高。有的船长对许振超说："你们的装卸速度太慢了，什么时候能赶上日本的码头？我看这辈子是不行了。"听了这话，许振超心里很不是滋味，心想有朝一日我们一定要成为世界第一。

"现在世界上的大港口论规模、论实力都相差无几，什么是一流水平？就是技术上要有自己的撒手锏，要有高招，老是跟在别人的屁股后面跑，第一只能离你越来越远，拖也把你拖垮了，与其跟着第一跑，不如咬咬牙自己当第一。"许振超说。

20世纪90年代，许振超和全队桥吊司机一起创造了桥吊无声响操作法，大幅度提升了作业效率。进入新世纪，生产方式发生了变化，大型、超大型集装箱船越来越多，对许振超和工友们码头上装卸效率提出更高的要求。为此，许振超和工友们针对作业中的不足，瞄准世界港口的最高卸船效率，展开新一轮技能训练。

2003年开始，许振超带领团队，用手中掌握的绝活儿，多次打破集装箱装卸船世界纪录，实现了多年前的誓言，创造出世界第一的装卸效率。"现在，对比世界先进港口，我们的装卸速度可以说是长江后浪，把国际上知名的港口都拍到了码头上，在世界航运界打出了我们中国码头的品牌，吸引了不少的国外船公司来青岛港装卸，其中还有世界著名的'马士基'船公司，看好了青岛港的发展前景，干脆与我们合资经营码头。在这个领域里，中国的码头工人挺直了脊梁。"

<h3 style="text-align:center">为建设创新型港口、创新型国家学习</h3>

从2002年开始，许振超和他们团队的技术工人就针对场地堆码机械耗油量大、尾气排放污染环境的缺陷，想方设法进行技术攻关，降低柴油机的耗油量和排放，取得了很好的效果。在这个基础上，他们又萌生了一个更大胆的设想：烧油是为了发电，干脆直接用电，不烧油。

在长达几年的"油改电"技术创新过程中，许振超团队集思广益，先后设计了很多方案。在集团领导的鼓励和支持下，许振超和团队的同志调整了攻关思路，又经过半年的努力，终于攻下了关键技术，使这一世界性的行业难题在他们手中得以破解。

通过多次的模拟试验，第一台生产样机于2006年下半年试制成功，取得了意想不到的效果。

"过去，我们装一个箱子用柴油的成本是6块钱，现在只要2块多一点儿，仅此一项，按吞吐量计算，港口每年可以节约费用3000多万元。"此后，他们将这项成果在一部分场地推广应用，当年节能4000吨标煤，减少二氧化碳排放量18000吨，两年全部回收成本，而且从根本上解决了温室气体排放和噪声污染这两大难题，有效地改善了司机们的工作环境。这既体现了以人为本，推动了港口的可持续发展，同时也符合当今低碳生产的新要求。该项目获得2008年全国职工技术创新成果一等奖。

回顾40多年的工作经历，许振超深深地感到："作为一名工人，我确实讲不出什么大道理，说一千道一万，成就事业啊、人生价值啊，归根结底还是要干出来。要通过诚实劳动，扎扎实实干出成绩，为国家和民族兴旺发达做出有益贡献。一个人，无论起点多低，岗位有多么平凡，只要想干，就能够通过学习提升自己的能力，不断进步，创造出属于自己的精彩人生。"[①]

案例分析：

许振超是新时代优秀工人的代表，在改革开放和现代化进程中，表现出了高尚的职业道德情操，在平凡的岗位上做出了不平凡的业绩，为青岛港、为国家做出

---

① 刘哲.青春励志故事网，http://qclz.youth.cn/xzhch/wdld/201207/t20120722_2282095.htm.

了突出贡献。他的职业道德精神是时代精神的体现，代表着当代产业工人先进的职业道德，是当代工人学习的楷模。许振超的职业道德不是一蹴而就的，而是通过他本人刻苦学习、勤于思考、善于钻研得来的。许振超正是通过勤奋刻苦的学习与思考，才使自己的业务能力不断提升，才达到了职业道德修养的崇高境界；没有学与思，许振超不可能成为桥吊专家，没有学与思，也成就不了"振超精神"。

许振超是现代产业工人的杰出代表、我们广大青年学生学习的榜样。我们要学习他爱岗敬业、恪尽职守、干一行爱一行、干一行精一行、为事业甘心奉献的主人翁精神，学习他艰苦奋斗、不畏艰险、勇于开拓实践、对党和人民的事业高度负责的精神，学习他与时俱进、争创一流、勤于学习、刻苦钻研、勇做知识型的现代产业工人的改革创新精神，学习他精诚团结、竞争协作、相互关爱的团队精神，学习他处处起到模范带头作用不忘历史使命，强烈的爱国主义精神。

第二节　慎独自律：职业道德修养的价值核心

因为他无私心，在党内没有要隐藏的事情，"事无不可对人言"，除开关心党和革命的利益以外，没有个人的得失和忧愁。即使在他个人独立工作、无人监督、有做各种坏事的可能的时候，他能够"慎独"，不做任何坏事。

——刘少奇

自律，指在没有外在压力强迫下，自觉规范自己行为，自己约束自己，自己管理自己，从而由被动选择变为主动选择，自觉地遵循职业道德规范，自觉地不做违反职业道德的事情，并能自觉地与违反职业道德的人和事情做斗争。自律并不是被动接受职业道德规范的束缚，也不是处处与职业道德规范做斗争，而是通过自律为自己创造一种井然的秩序，使自己获得更大的自由和内心的安宁。"慎独"在我国伦理思想史上是一个十分重要的范畴，有着丰富和特有的内涵。所谓"慎独"，是指人们在独自活动、无人监督的情况下，凭着高度自觉，按照一定的道德规范行动，而不做任何有违道德信念、做人原则之事。这是进行个人道德修养的重要方法，也是评定一个人道德水准的关键性环节。慎独是一种高尚的情操，是一种品质修养，是一种高度的自律。在当前职业道德修养中，更需要继承和发扬古代慎独自律精神。

一、如何理解慎独自律

自律是慎独的前提和基础，慎独是自律的根本，慎独自律反映的是一个人的德性修养和道德品质。慎独自律，一般可以分为三个层面去理解：时空层面，心性层面，境界层面。

首先，在时空层面上，指的是别人不在场，独处的时候能够做到不违反职业道德。词条"慎独"在辞海中解释为"在独处无人注意时，自己的行为也要谨慎不苟"，也就是说，在一定的时空中，没有人去监督，没有人看到，也就是在独处没有人注意的时候，自己也不能随性妄为。《礼记·中庸》说："莫见乎隐，莫显乎微，故君子慎其独也。"一个有道德的人在别人看不见、听不到的情况下能够小心谨慎，不做坏事。这些都是从时空层面上阐述慎独修养方法的，这是慎独的最低层面。儒家道德认为，在"慎独"情况下虽缺乏监督，而此时的行为却最能反映出道德主体的道德素质。在现实职场中，最基本的要求是遵守各种规章制度，遵守行业基本的职业道德，当人们身处于公共领域、在有其他人在场的情况下，他会受到更多的监督、考核、评价，一旦违反职业道德会直接受到职业惩罚，在这样的时空下，一般人不愿或不敢做违反职业道德的事情。然而，在没有人在场，没有任何监督，在社会舆论和法律缺位的时空中，如果能遵循"内心的道德律"（康德语），那是真正的有职业道德的人。比如，针对医生收取红包问题，医院都有明确的规定，严禁医生收受红包礼物，一旦发现将会受到一定的处罚，甚至开除公职。而真正具有良好道德的医生，即使没有规定或惩罚的约束，也不会受物质诱惑，不收取病人任何红包礼品。再比如，当前食品行业，部分企业和个人职业道德沦丧，在国家三令五申、监管严打的情况下，仍然出现诸多问题，食品造假、化学物质添加，似乎成为行业的"潜规则"。这些公然违背职业道德的企业和个人，他们迟早会受到市场规律的惩罚，受到国家法律的制裁。职业中能否做到"慎独"，直接关系到自身职业生涯，关系到个体健全道德人格的形成。从这个意义上说，现实职场中更要讲慎独自律，在职业道德修养中个体离开了"慎独"，也就谈不上具有真正的职业道德操守，更谈不上塑造健全的人格。

其次，在心性层面，指的是"慎心"，意念真诚，动机纯正，对待事情能防微杜渐。《大学》中指出："所谓诚其意者，毋自欺也。如恶恶臭，如好好色，此之谓自谦。故君子必慎其独也。小人闲居为不善，无所不至，见君子而后厌然，揜其不善而著其善。人之视己，如见其肺肝然，则何益矣？此谓诚于中，形于外，故君子必慎其独也。"这段话的意思是说：所谓内心要真诚，就是自己不要欺骗自己。

就像厌恶难闻的气味和喜欢美好的颜色一样，这样才可说自己不亏心。因此君子在离群独处时，一定要守住本心本性。小人闲居独处的时候，做一些不善的事，没有什么坏事不做的，但当他们见到那些有道德修养的人，却又躲躲藏藏企图掩盖他们所做的坏事，而装出一副似乎做过好事的模样，设法显露出其善的假面。其实，人们看他，就像看透了他的五脏六腑一样，他虚伪的掩饰又有什么用呢。这就是所谓的内心真实的东西一定会自然地显露在外。宋朝大儒朱熹曾说："君子慎其独，非特显明之处是如此，虽至微至隐，人所不知之地，亦常慎之，小处如此，大处亦如此；显明处如此，隐微处亦如此。表里内外，粗精隐显，无不慎之，方谓之'诚其意'。"在职业生涯中，会有各种诱惑，必须要靠"心性"把持住自己，牢固地保持职业良心，坚守自己的职业道德理想，不为所动，恪守职业道德，做到"富贵不能淫，贫贱不能移，威武不能屈"。当前某些领导干部出现腐败问题，便是没有做到"慎独"。慎独之"独"在这里已具有更深层次的意义，指个体的意念或者动机。一个有职业道德修养的人，顺性而动，则其意念与动机必然是善的。只要是违背职业道德规范的，即使未行动于外，意念一经发端，他人不知，自己却十分清楚。因此需要时刻警醒自己，要通过内心自省来使动机与意念俱善，从而合乎职业道德要求。

另外，"慎独"还是一种修养的境界。作为一个能做到"慎独"的职业人，必有坚定的职业道德信念，不因他人监督而履行职业道德，也不因无人监督而违反职业道德，有高度的自觉性和自控力，是在外无愧于人、在内无愧于心的人生最高精神境界，是崇高的职业道德修养境界。在我国南北朝时期，范晔在《后汉书·杨震传》记载了"杨震夜拒黄金"的故事：杨震字伯起，陕西华阴人。年轻的时候十分好学，广博阅览各种经史子集，50岁以后才进仕途为官，后来做官做过司徒、太尉等要职。在他从荆州刺史升迁为东莱太守时，路过昌邑县，"故所举荆州茂才王密为昌邑令，谒见，至夜怀金十斤以遗震。震曰：'故人知君，君不知故人，何也。'密曰：'暮夜无知者。'震曰：'天知、神知、我知、子知。何谓无知。'密愧而出"。翻译过来就是：以前被他推荐为昌邑县令的王密去拜见他，到了夜晚，怀揣十斤黄金想送给杨震表示感谢，杨震拒绝了，说："我了解你，你不了解我，是什么原因呢？"王密说："夜深没有人知道。"杨震义正词严："天知，神知，我知，你知，怎么说没有人知道呢！"王密羞愧而返。此事妙就妙在"暮夜"二字，在夜深人静的时候，在没有外人知道的情况下，杨震作为王密的上司，同时又是他的恩师，坚决拒收巨金，这是何等的精神境界！杨震的行为受到了历代为官者的赞美，是世人景仰的高尚的思想道德模范。杨震真正做到了在外不欺人，在内不欺心，达到了儒家所追求的"慎独"境界。"慎独"是心性修养、品德操守的试金石，是一个人内在素质的体现和意志品质的展示，"独处"时最容易违反职业道德，以为没有别人在场，神不知鬼不觉，就可为所欲为。"慎独"就是一种无须他人提醒、督促和管束的自觉，是一种由良好品质产生的控制力，是无愧于人、无愧于心的人生最高精神境界。一个人有高尚的职业道德情操不易，达到慎独的境界更难，关键要有高度的自觉性和高度的自控力。

二、如何才能做到并坚持慎独自律

首先，坚持慎独自律，要在"隐"上下功夫。大家一起工作时，如果你头脑中萌发了一些违反职业道德的念头，一般来说比较容易在行动上进行自我克制和约束，即使在行动上做出了某些违背职业道德的事，也能很快被领导和群众发现，及时给予批评、纠正和引导。所以，人们在有人监督的情况下，坚持道德原则，遵纪守法，相对来说比较容易。但是，当人们在独处、别人看不到、没有任何监督的情况下，则容易放松对自己的要求，容易违反职业道德。因而，在没有组织和他人监督的情况下，要把工作做好，就需要严格的慎独自律精神。

其次，坚持慎独自律，还要从"微"处下功夫。在最隐蔽的言行上能够看出一个人的思想，在最微小的事情上能够显示一个人的职业道德品质。在"微"处下功夫，就要在工作中，时刻注意自己行为中的每一个细小环节，"勿以善小而不为，勿以恶小而为之"。2002年"感动中国"奖获得者郑培民，他身居高位仍心系百姓，他以"做官先做人，万事民为先"为自己的行为标准，直到生命的最后时刻仍然不忘自己曾经许下的诺言。他展现了一个共产党人优秀的品德风范，他在人民心里树立起一座公正廉洁、为民服务的丰碑。郑培民同志之所以能成长为新时期党员领导干部的楷模，是与他长期自觉贯彻执行党的路线方针政策、持之以恒地坚持慎独自律分不开的。无论是在何时何地何种情况下，郑培民都能坚守自己的思想阵地，做到固本守节，清正廉明。郑培民经常提醒自己：人要淡泊明志，清白做人；做人，职务越高，越要做一个真正的人；钱是身外之物，不能成为钱的俘虏，要做堂堂正正的人。郑培民还非常注意从"微"处下功夫，注意每一件细小的事情。如他在中央党校学习时所存差旅费的活期利息八元多钱，他如数上缴；到党校讲课，他拒收讲课费；工作调离、女儿结婚、父母辞世时不搞吃请；对于老乡或老朋友的礼物，他都付款；他与一位双目失明的干部通电话，总是先等对方挂了电话，自己才放下电话；他因突发急性心肌梗死赶往医院途中，还不忘叮嘱司机"别闯红灯"；等等。这真是"积小节而成伟大"。

最后，要培养并形成遵守职业道德规范的自觉性和自控力。就是要培养"四自"精神，即自重、自省、自警、自励。自重就是要认识到自己作为人所具有的尊严和自身存在的价值，珍惜职业给你带来的收获和荣誉，不去做违反职业道德的事；自省就是要经常反省自己的行为，用职业道德标准严格要求自己，时时检查自己、反省自己；自警就是要自我警惕，面对各种诱惑，不要迷失自己的本性，始终不忘职业道德规范，时刻遵守职业道德；自励就是自我激励、自我进取，时时用自己的职业道德理想激励、鞭策自己。"四自"精神是一个完整的整体，相互制约又相互促进。大学生应努力培养"四自"精神，不断提高遵纪守法、遵守职业道德的自觉性，逐步提高"慎独自律"水平。

案例与分析：

深山信使王顺友

"哎……我从北京赶回来哟，乡里乡亲等着我噢；牵着马儿就上路哟，送去党的好声音噢喂！"6月30日上午10点27分，王顺友吼着从北京回来后自编的山歌，牵着枣红马，驮着两大袋邮件、报纸重返马班邮路，继续他20年来一个人、一匹马、一条路的艰苦而平凡的乡邮工作。

新时期共产党员先进典型、四川省凉山州木里县马班邮路乡邮员王顺友，为了传递党和政府的声音，为了传递人民群众的信件，在大山里默默行走了20年。他的感人事迹被报道后，在全国广大读者、观众中引起强烈反响。受各地邀请，王顺友从5月23日起一直在外参加各种活动，其间还受到党和国家领导人的亲切接见，6月29日下午5时多才回到木里。在王顺友离开木里的这段时间，县邮政局临时聘请了一个当地老乡为他代班。

王顺友对记者说："受到那么多人的关注，得到这么高的荣誉，都是源自于党的培养，源自于我对这份工作的尽心尽责，我不能骄傲，不能停下来，我要更好地去走好马班邮路，所以我准备明天就上路。"

为做好第二天上路的准备工作，29日下午刚回到木里，王顺友就匆匆赶到县邮政局分发邮件、办理手续，一直忙到晚上19时过。30日一大早，县邮政局用邮车将王顺友和邮件送到10多公里外大山里的家中。县城不能养马，这儿才是王顺友马班邮路出发的始点。

9点17分，县邮政局邮车邮件一到，王顺友和家人即备马上鞍、准备行囊。除了两捆邮包，王顺友的行囊很简单：一袋干粮、一袋饲料、一顶帐篷、一壶白酒。

王顺友说:"路上太孤独了,没有酒走不下来。"

在家人的帮忙下,王顺友的行囊很快就上马捆扎完毕。轮到捆扎邮包的时候,王顺友坚决不要其他人动手帮忙,他自己将两大包邮件抱上马后,捆了扎、扎了解、解了又捆,来来回回折腾了几次,最后王顺友双手拉着马背上的包裹,使劲地摇,直到确信邮包不会滑落才罢休。妻子韩萨倚在墙角默默地看着他,直到王顺友牵着马走出家门,也没有说一句话,依依不舍之情令人动容。女儿则在屋里忙前忙后准备午饭。

20年乡邮工作,这样的"出发"早已成为王顺友一家生活的习惯,没有嘱咐,没有叮咛,甚至连招呼一声都没有,王顺友牵着马、唱着山歌就上了屋后的山。三个小时之后,他将到达第一个送信点——树珠村,在那里王顺友将吃上这次行程的第一顿饭。

"哎……我从北京赶回来哟,乡里乡亲等着我噢;牵着马儿就上路哟,送去党的好声音噢喂!"王顺友的背影在大山中慢慢隐去,而他的歌声还飘荡在幽静的山谷中。①

(附:2005年度"感动中国"人物——王顺友的颁奖词:他朴实得像一块石头,一个人一匹马,一段世界邮政史上的传奇,他过滩涉水,越岭翻山,用一个人的长征传邮万里,用20年的跋涉飞雪传心,路的尽头还有路,山的那边还是山,近邻尚得百里远,世上最亲邮递员。)

案例分析:

王顺友是平凡得不能再平凡的人,他也做着一件十分平凡的工作,然而,在日积月累的平凡中却造就了不平凡的事迹。一个普通的西部山区乡村邮递员,工资微薄,工作环境极端恶劣,非常人所能忍受。他完全可以放弃这种辛苦工作而去另寻就业之路,但是他没有,他竟然一个人20年走了26万多公里的孤独邮路,他没有延误过一个班期,没有丢失过一封邮件,投递准确率达100%。正是他对职业的热爱,一直以来对职业道德的坚守,才在平凡中走向伟大,才令我们敬仰,成为感动我们内心的人,王顺友可以堪称是当代"慎独"的典范。

---

① 资料来源:http://www.uibe.edu.cn/upload/up_fxy/xianjin/dianxing02.htm.

第三节　榜样感召：职业道德修养的力量源泉

用道德的示范来造就一个人，显然比用法律来约束他更有价值。

——希腊谚语

一、榜样感召是传统文化中重要的教育方法和修养方法

"榜"，古代指"张贴出来的文告或名单"；"样"，原义是橡树的果实，后来指形貌，衍生为"作为标准的东西"。"榜"、"样"二字连在一起指"行动的模范"，就是"作为仿效的人或事例（多指好的）"[1]。以某个人为榜样，其实就是学习领会这个人的立场、观点、方法，使自己成为榜样人物的替身[2]。武汉大学博士杨婷将"榜样"定义为："榜样是在一定历史时期内，集中体现一定的阶级、政党或社会群体的道德规范和价值取向，并因其所内含的思想境界、道德情操和所外显的行为实践对他人具有示范和激励价值的个人或群体。"[3]

我国传统道德教育家、思想家都十分重视榜样感召的教育方式。实际上，榜样感召作为一种道德教育手段，早在西周时代就有记载，《诗经·大雅·卷阿》中写道："有冯有翼，有孝有德，以引以翼，岂弟君子，四方为则。"古代人明确提出了把"有孝有德"这样品德崇高的君子，作为"四方"效仿的榜样。孔子十分重视榜样教育，他认为当政者要做好表率作用，"其身正，不令而行；其身不正，虽令不从"（《论语·子路篇第十三》）。当管理者自身端正，做出表率时，不用下命令，被管理者也就会跟着行动起来；相反，如果管理者自身不端正，而要求被管理者端正，那么，纵然三令五申，被管理者也不会服从的。在道德修养上，孔子要求弟子："三人行，必有我师焉；择其善者而从之，其不善者而改之。"（《论语·述而篇第七》）并且要"见贤而思齐焉，见不贤而内省也"（《论语·里仁篇第四》）。孟子也说："圣人，百世之师也，伯夷、柳下惠是也。故闻伯夷之风者，顽夫廉，懦夫有立志；闻柳下惠之风者，薄夫敦，鄙夫宽。奋乎百世之上，百世之下，闻者莫不兴起也。非圣人而能若是乎？而况于亲炙之者乎？"意思是，"圣人是百代后人的老师，伯夷、柳下惠就是这样的人。因此听到伯夷的节操的，贪婪的人也会变得清廉，软弱的人也会有自立的志向；听到柳下惠的节操的，鄙陋浅薄的人也会变得敦

---

[1] 中国社会科学院语言研究所词典编辑室编.现代汉语词典［M］.北京：商务印书馆，2012：40.
[2] 资料来源：http://baike.baidu.com/view/594710.htm.
[3] 杨婷.榜样教育研究［D］.武汉大学.2010：39.

厚，气量狭小的人也会变得大度。他们在百代以前奋发，百代以后，听到他们的事情的人，没有不为之振作的。不是圣人能够像这样有感召力吗？更何况曾经亲自接受过圣人熏陶的人呢！"[①]

二、榜样感召在职业道德修养中的作用

榜样感召作为一种道德教育和道德修养的方法和途径，也历来被儒家所推崇。俗语说得好，榜样的力量是无穷的。大学生进行职业道德修养培养，榜样感召是十分重要的方法，也是十分有效的方法，对促进大学生成长成才、提高职业道德水平具有重要而深远的意义。

首先，职业道德榜样为大学生的职业道德修养指明了方向，提供了成功的经验。所谓职业道德榜样，就是那些在一定职业生活中，恪守职业道德，成为本职业中的佼佼者，对本职工作做出突出贡献的人。他们之所以成为职业道德榜样，是因为他们是抽象的职业道德理想、职业价值追求的具体化身，他们探索出适合本职业的发展道路，这对那些还没有真正走向社会，对将要从事的职业与职业道德知之不多，对自己的职业道德理想也十分模糊的年轻大学生来说，就像在黑暗航行中看到了灯塔，能够使大学生明确自己的职业道德理想，意识到自己的职业价值和历史使命，以践行职业理想走向成功。比如，青岛港一名普通的码头工人许振超，在平凡的岗位上创造出了不平凡的业绩，发明创造了"一钩清"、"15分钟排障"、"无声响操作"等工作方法，汇集成"振超效率"，凝聚成"振超精神"。就是这个被誉为"当代产业工人的杰出代表"的许振超，迅速成为青岛港工人学习的榜样，从中涌现出了许多像他一样的"装卸专家"。十七班班长李瑞青的"绝活"是码氧化铝的标准垛。一个叫郑顺的装卸工，小袋物标准勾做得最有名；一名叫秦泗成的工人创造了带有自己风格的封车法。在许振超榜样的感召带动下，各行各业出现了许振超式的人物，形成了"许振超现象"。

其次，学习职业道德榜样也是大学生走向成功的捷径。每一位职业道德榜样，都有他在职业中最突出、最优秀的思想道德品质，每一位职业道德榜样也是这个职业领域中最成功的那一个。当大学生走向工作岗位，把本岗位中最优秀的人作为榜样，能够帮助自己少走弯路，迅速走向成功。这是因为：第一，学习职业道德榜样，可以直接为自己提供成功的方法和策略。第二，学习职业道德榜样，能够影响自己的行为习惯向好的方面转化。第三，学习职业道德榜样，会在奋斗的过程中带给自己无穷的心灵力量。每一个榜样，都是你心中敬仰的人物，他的每一

---

① 孟轲著，陈才俊主编.孟子全集·卷十四·尽心下.北京：海潮出版社，2008：405.

个行为和成就都会使你激动不已,成为他那样的人也是你心中的梦想,因而,职业道德榜样,会直接给你前进的动力。总之,榜样的作用体现在他的职业道德的示范作用上,体现在社会职业道德发展的指引作用上,榜样为我们提供了学习的内容和方向,提供了成功的经验。遵循榜样足迹,能够使大学生尽快习得职业角色,缩短大学生社会化过程,提高自己的职业道德素养,尽快走向成功之路。比如,我国篮球运动员易建联,2012年1月在接受搜狐体育记者专访时说"我一直将姚明视为自己的榜样,他在NBA取得了巨大的成功"[①]。正是姚明的职业道德榜样的作用,使得易建联也很快成长起来,成为美国NBA赛场上的主力球员。

再次,职业道德榜样具有持续的激励作用和较强的感染力。职业道德榜样是发生在社会中真实的人和事,他们体现的是高尚的职业道德情操,浓缩了时代职业精神精髓,是大学生应追求的职业道德理想人格。这种激励作用表现在:一方面,大学生可以从职业道德榜样具体的一言一行中去触摸道德规范的含义和行为标准,从他们的具体行为、事迹中去感受职业道德的高尚和美好的结果;另一方面,大学生通过职业道德榜样高尚的职业道德情操和行为,引起道德情感共鸣,释疑内心道德困惑和缓解道德冲突。大学生们也可以直接从中得到某些教益和启示,从而达到对职业道德榜样的精神叹服和人格崇敬,激发他们追求更为高尚的职业道德以求达到较高的职业道德境界。比如,2005年"感动中国"获奖者深圳歌手丛飞,作为来深圳打工的青年歌手,收入并不丰厚,但他先后参加了400多场义演,进行了长达11年的慈善资助。他资助了183名贫困儿童,累计捐款捐物300多万元,直至生命的最后一刻。2006年4月,丛飞因病去世,年仅37岁。他在生命垂危之际,还不忘奉献社会,把自己的眼角膜捐献出来,谱写了一曲助人为乐、无私奉献的动人乐章。丛飞的先进事迹和崇高精神,深深地感动了全中国,是当代青年学习的榜样。丛飞被誉为"爱心大使",但他更是爱的传递者。丛飞的爱心感召了更多的人,"目前深圳已经有53万像丛飞一样的志愿者,千万个默默奉献的'丛飞',正在把这场爱的接力棒传下去"[②]。

总之,职业道德榜样是职业精神、职业价值的体现,是一种价值载体,代表着这一职业先进的职业道德文化,体现着崇高的职业道德精神,传承和颂扬着特有的职业道德价值。职业道德榜样不仅为大学生提供了职业价值取向,也会激励大学生不断地追求崇高职业道德境界和提高职业道德修养的自觉性。

---

① 阿联专访:一直视姚明为榜样 尚未向王治郅请教 [DB/OL]. 搜狐体育,http://sports.sohu.com/20120107/n331456863.shtml.

② 人民日报. 2005-6-29,第5版.

案例与分析：

一个高尚灵魂的道德感召
——优秀共产党员道德模范郭明义的故事（节选）

28年，足以垒土九仞，漫度雄关。"雷锋传人"郭明义，成了鞍钢一面旗。

郭明义发起的敬业奉献团队，已经囊括了齐矿采场的所有一线工人；

郭明义牵头的无偿献血应急服务大队，已经召集了600名志愿者；

郭明义组织的造血干细胞捐献队伍，已经容纳了1700名志愿者；

郭明义命名的爱心团队，已经由30人发展到5800人。

千峰映月，万川归之。起初这是一个人的故事，现在这是一群人的故事。

丹心铸爱

齐大山铁矿采场纵横千万平方米，40公里公路是它的动脉。郭明义说，"我在这条路上走，能感受到它沸腾的血液"。

这条路，一直是齐矿的骄傲。星级公路达10多公里，达标合格率98%以上，仅2009年，齐矿公路节能降耗就创效3600多万元。这个殊荣竟和一个普通采场公路管理员密不可分。

采场公路管理员干了15年，郭明义坚持实地观测和记录，坚持学习借鉴国际矿山公路管理最新理念。他对齐矿采场公路管理的技术工艺进行了大胆实践和创新，制订了《公路、支线、铲窝维护技术标准与考核办法》《采场星级公路达标标准与工作流程》等技术标准和工作制度，填补了采场公路建设上的多项技术空白。

好路省车，谁都知道。郭明义的管理方法，使公路维护质量逐年上升，为降低备品备件和物料消耗做出重要贡献。多年来，齐矿一直是全国同行业电铲效率、生产汽车效率第一名。

这个成绩在办公室里"坐"不出来。事实上，他的办公室只用来保存文件和资料，而每天的工作都是一场长途跋涉。

露天采场条件艰苦，冬天温度要比外面低5℃左右，夏天要比外面高10℃以上。驾驶"电动轮"、"电铲"的司机师傅都坐在驾驶室里，冬有暖风，夏有空调。走在路上检测的郭明义却头顶烈日，毫无遮蔽。比起一线工人，更容易冻伤和中暑的却是这位技术管理员。

仅推土机司机单锡纯，就看过郭明义三次中暑。高温曝晒加上长时间工作，眼瞅着郭明义走着走着就脚下一软，倒在了路上。最严重的一次，采场紧急动用了洒水车，给晕倒的老党员持续洒水降温。

冻伤感冒更是"轻伤不下火线"。2008年2月，号称"亚洲第一移"的齐矿破碎站下移工程与东北最寒冷的日子遭遇。一座高20米、宽15米、重900吨的钢铁建筑物需要通过采场公路下移到下一个平台，一旦破碎侧翻，后果不堪设想。

路是关键。凌晨5点到夜里2点，患了重感冒的郭明义一直在现场监督指挥。采场寒风透骨，同事们屡屡劝他回家休息，他坚决不肯。路修好时，郭明义浑身颤抖，站都站不住，是两名同事搀扶着将他送回了家。第二天，老党员又准时出现在采场。

"郭明义敬业奉献团队"正是脱胎于这次艰苦的"亚洲第一移"。到鞍钢工作28年，担任采场公路管理员15年，党员本色，丹心可鉴。郭明义早已成为工人心中的一面旗帜，只待迎风招展。敬业奉献团队的号召一发出，采场100多名一线员工，齐刷刷报名响应。

"就是冲着郭大哥来的！"所有"郭明义敬业奉献团队"的队员庄严宣誓：一旦遇到大雨大雪等恶劣天气或者大会战，团队成员将不计任务报酬，不讲任何条件，随叫随到，攻坚克难，确保矿山道路这一企业生产"血脉"的全天候畅通。

两年，"郭明义爱岗敬业团队"日渐壮大，在一系列重大战役中屡奏凯歌。以前，无论多重的担子、多艰苦的工作交给郭明义，后者都是一句"没问题"。现在，这三个字成了齐山采场所有一线工人的口头禅。

热血传情

贤者，以其昭昭，使人昭昭。

李树伟越来越体会到了这句话的意义。五年前，生意失利、进退维谷的他从外地回鞍山后，碰到了老同学郭明义。

郭明义手中拿着一张表，李树伟扫了一眼，看到了一个不大明白的词："造血干细胞。"在郭明义热情地向他介绍这张表代表的意义后，李树伟下意识地问了一句："给多少钱？"

郭明义笑了，"小伟，老想着钱，你得累死"。

当时他确实活得很累。"那是我最颓废的日子"。李树伟说。人家打麻将，他也打麻将；别人晨起跑步，他也跟着跑步，但无论怎样，生活的混沌感仍然难以摆脱。奇怪的是，在跟着郭明义捐献了造血干细胞、加入了鞍山慈善义工之后，他忽然觉得心态不一样了。

"麻友"看见他带着"慈善义工"的牌子，一拍他的头："你闲得啊。"

他就把头一梗："我心里舒坦。"

郭明义从1990年开始义务献血，2002年成为鞍山市第一批造血干细胞捐献者。20年热血传情，他把越来越多人的血脉挽结在了一起。

为工友搓澡宣传义务献血，在齐矿已是佳话。前后8次、规模达1700人造血干细胞捐献，郭明义"搓"出来的功劳不小。除此之外，郭明义还有别的"招儿"。

为了表达对长期义务献血志愿者的感谢，鞍山市中心血站每次都会为献血者准备礼物。像郭明义这样的"资深"献血者，中心血站准备的是榨汁机、豆浆机这样的"大件"。但郭明义每次都要求把这样的"大件"换成若干块手表——血站最基本的礼物。中心血站副站长李莎疑惑了，"钱财对郭大哥一向是身外之物，他要这么多块手表干什么"？

后来她发现，郭明义是要把这些手表送给工友，既资助困难工友，又宣传无偿献血，一举两得。

这不是说教，这是道德示范。2007年2月，鞍山市临床用血告急。郭明义一场号召，百人响应。中心血站工作人员来到齐矿采场，顿感措手不及，体检表差点都没带够，采血车就出动了三台。除矿山工友之外，下面的献血者尤其耐人寻味：

齐大山邮局全体职工。他们认识郭明义，是因为他长年到邮局给困难学生汇款；

复印社的打工者。他们认识郭明义，是因为他经常到复印社打印困难儿童资料；

齐矿周边社区居民。他们认识郭明义，各人有各人的缘由，但都离不开"做好事"三个字。

最好的宣传，却是无声。

许平鑫，齐矿大型生产汽车司机，深刻地体会到了这种无声的力量。2006年底，他参加了郭明义发起的第一次造血干细胞捐献活动。回家一说，母亲强烈反对，"留后遗症咋办"？妻子也表达了顾虑：捐也行，但也得等我们要了孩子。

许平鑫向她们说起了郭明义。20年热血真情，说得母亲和妻子都沉默了。

这次坚持给许平鑫带来了人生中最有意义感和荣誉感的时刻——2008年12月，他被通知配型成功，用自己的造血干细胞挽救了一名白血病患者的生命。这是鞍山市第5例、全国第1066例造血干细胞成功捐献者。

"表面上看是我救了他，其实真正救了他的人，是郭大哥。"许平鑫说。

已然20年。"鞍山市无偿献血形象代言人"、"全国无偿献血奉献奖金奖"，"郭明义"三个字前的定语越来越多；"无偿献血应急服务大队"、"红十字志愿者服务队"，三个字的后缀也越来越多。

有人说郭明义作秀，装。李树伟怒了："你也装一个我看看。你从七八岁'装'到52岁给我看看？"他是郭明义的小学同学，知根知底。

都有一杆秤。"持之以恒，一辈子老这样，我才跟着他"。

铁肩道义

钟明杰自己也觉得好笑，一开始老说郭明义傻，最后自己也成了这样的"傻子"。

作为矿用生产汽车的轮胎供应商，他和郭明义经常打交道。一次在工作交接完毕后，郭明义说："你开车捎我去个地方。"钟明杰发现，郭明义是去希望工程办公室，给贫困孩子捐钱。

郭明义没钱，钟明杰知道。但为了孩子，郭明义什么都能捐得出来。2008年春节，矿业公司到他家走访，为他办了超市购物卡，他换钱捐了；2009年春节，齐矿奖励一台数码相机，他换钱捐了；2010年，他被评为鞍钢劳模，获得一万元嘉奖，又捐了。

"一开始瞅他那样也生气。"但见了希望办的孩子，钟明杰心软了。后来，只要见到郭明义捐助贫困儿童，他也一定跟着捐助。这一捐就是4年。

2010年3月，郭明义从报纸上看到这样一条消息：辽宁某大学一个大一女孩因患尿毒症休学，清贫家庭面对28万元手术费一筹莫展。郭明义马上赶往鞍钢铁东医院。为他开车的，是钟明杰。

郭明义说，"我去给孩子捐点钱。"

钟明杰说，"那我也捐钱。"

郭明义说，"我想给孩子捐个肾。"

钟明杰咬咬牙说，"算我一个，我也有这么大的女儿。"

两个人到了医院，把身上的钱都给了孩子家长。但因为指标不匹配，捐肾的事未能达成。

陌生人给陌生人捐肾，这不是小说煽情，这是今年（2010）3月11日发生的真事。

需要怎样的感召，才能让一个普通人有这样的道德勇气？钟明杰不知道。但他的体会显然更直观，"我发现只要我跟着郭明义做了好事，这一天吃饭、喝酒，不管干啥都觉特别的舒坦"。

这说中了郭明义的"秘密"。别人说郭明义做好事无所图，郭明义说，"我有所图，我收获的是快乐。这样的快乐，你不做不能明白"。

在郭明义参加希望工程捐资助学十几年之后，越来越多的人体会到了郭明义的快乐。

2008年3月，郭明义在鞍山团市委希望办的支持下，发起了以捐资助学为目的的"郭明义爱心联队"。现在，这个"爱心联队"成了郭明义"爱心团队"的七个联队之一，也成为参与人数最多的队伍。在郭明义的感召下，截至今年（2010）7月底，"爱心联队"已经发展到2800人，累计捐资助学金额达到40万元，迄今为止共资助了1000多名特困学生。值得一提的是，几乎所有鞍钢的"80后"职工，都是

"爱心联队"成员。

一个人的"战斗",迅速成为"集团作战"。2010年4月,在郭明义个人拿出3000块钱资助10个贫困的塔吉克族孩子后,"爱心联队"迅速跟进,在不到一个月的时间内就筹集了3万元爱心款,由两名志愿者代表亲自送到新疆喀什塔吉克族孩子寄宿的学校;2010年7月,郭明义开始资助独立照顾瘫痪母亲的小学生凡凡,"爱心联队"现已多次去孩子家里赠送必需品,并确定了长期资助方案。

2010年8月11日,辽宁省总工会做出在全省职工中开展向郭明义学习活动的决定;8月16日,中华全国总工会授予郭明义全国"五一劳动奖章"称号。郭明义还是那个郭明义,但他开始的道德接力,必将在中华大地上掀起波澜。①

案例分析:

在中华民族的传统美德中孕育、在辽宁鞍山这个雷锋精神的故乡成长的郭明义,爱岗敬业,起早贪晚护路。工作在他的眼中就是事业,他把工作当作事业来干,而且在极其平凡的工作岗位上做出了极不平凡的业绩。他和雷锋同志一样,是一颗闪闪发光的永不生锈的螺丝钉。当别人有困难,他主动去帮;当社会需要血,他就义不容辞主动献血。30年坚持不懈学雷锋、20年无偿献血、16年帮困助学,以实际行动学习实践雷锋精神,集中展现了我们这个时代公民道德的高度与力量。

郭明义的榜样力量是巨大的。2009年7月成立的郭明义爱心团队,从最初的200多人,发展到目前的8000多人,并迅速成为具有全国影响力的志愿者团队品牌。全国各地已有17个省市自治区成立了郭明义爱心团队的大队、分队170余支,注册志愿者达到6万多名,参加活动的志愿者遍布全国。至今,郭明义爱心团队累计捐款200多万元,在新疆、重庆援建希望小学各1所,资助困难学生2900多名,无偿献血130多万毫升,捐献造血干细胞血液样本5000多例,其中1人成功完成了捐献。800多人成为遗体(器官)捐献志愿者。

郭明义的先进事迹和崇高品德感人至深,不愧是助人为乐的道德模范,新时期学习实践雷锋精神的优秀代表,亿万中国公民的学习楷模。我们处在社会转型时期,需要千千万万个郭明义式的人物,他的存在,对于个人而言,是告诉我们怎样走一条不会后悔、充满幸福的人生路。对社会而言,他是洒下爱的种子、传承雷锋精神的阳光使者,他周边的人受他影响,也成为一个个"郭明义"。对于整个国家而言,他引发的群体效应证明,我们在任何时候都需要雷锋精神,这种精神在新

---

① 刘文嘉,毕玉才. 光明日报. 2010-9-21, 第001版, http://hxd.wenming.cn/zhen/content/2010-09-21/content_168206_3.htm.

时期依然会感染我们每一个中国人,那朴素而宁静的精神家园正等着我们回归,而这,正是我们构建社会主义和谐社会的强大基础和不竭动力。所以,我们这个时代需要郭明义,需要更多的、在各个岗位上的"郭明义"!

第四节　躬行践履:职业道德修养的实践精神

通过实践而发现真理,又通过实践而证实真理和发展真理。从感性认识而能动地发展到理性认识,又从理性认识而能动地指导革命实践,改造主观世界和客观世界。实践、认识、再实践、再认识,这种形式,循环往复以至无穷,而实践和认识之每一循环的内容,都比较地进到了高一级的程度。这就是辩证唯物论的全部认识论,这就是辩证唯物论的知行统一观。

——毛泽东

职业道德修养既是一个知识体系——毛泽东问题,也是一个方法论问题;既是一个理论问题,更是一个实践问题。所有职业道德理论知识只有经过职业道德实践,或者说只有经过躬行践履,才能发挥它的功能和作用。也只有经过躬行践履,才能检验职业道德知识的真伪,才能克服不道德的思想和行为,职业道德才能随着时代的发展而不断升华和深化,形成先进的职业道德理论。因此,"躬行践履"是人们进行职业道德修养的重要方式。

一、躬行践履是一种实践精神

"躬行"指的是身体力行,亲身实行;"践履"就是行动、实行、实践;所谓"躬行践履",就是指亲自实行、亲自去做。道德本质上是实践的,实践精神是人们把握世界的特殊方式。什么是道德的"实践精神"?就是向善、求真、行善的精神。列宁对此有明确的解释,他说"'善'是对外部现实性的要求:这就是说'善'被理解为人的实践=要求(1)和外部现实性(2)"[①]。古希腊亚里士多德是实践哲学的奠基人,他所推崇的实践精神,至今仍然有很大影响。他在著名的《尼各马可伦理学》中开篇指出:"每种技艺与研究,同样地,人的每种实践与选择,都以某种善为目的。"[②]他强调了实践作为人的生命实践、生活方式的特征,在这个意义上,实践精神不是一种工具,它是内在于人类的追求和生活方式之中的;换言之,它内在

---

① 列宁.哲学笔记[M].北京:人民出版社,1956:200.
② [古希腊]亚里士多德.尼各马可伦理学.廖申白译注.北京:商务印书馆,2009:3.

于人类的存在和生存之中。亚里士多德认为，人在本性上是一种志趣优良的动物，所求的是具有德性的幸福生活。西方哲学大师康德就把纯粹理性划分为理论理性和实践理性，康德的实践理性就是表示道德的。康德认为理论理性和实践理性虽然是同一理性，但两者的关系不是平行的，实践理性高于理论理性。因此，道德的实践精神既是道德价值的追求，也是道德价值的实现，只有经过外部的躬行践履才能完成，从这个意义上，实践精神成为道德修养的价值追求和内在驱动力。

中国传统哲学是一种以实现理想人格为目的的实践哲学，"它以自我完成、自我实现和自我证悟为特点。这样的思维，必须诉之于'躬行践履'，在'躬行践履'中完成和实现其理想"①。历代思想家们也无不强调实践精神，以"躬行践履"为根本宗旨，以实现理想人格、成为圣人或贤人为人生的根本目的和意义。因此，在中国，道德从来就是实践"做人"的学问。以"修身、养性、齐家、治国、平天下"为主导价值观的传统伦理思想和处世态度决定了实践在道德中举足轻重的地位，通过行动践行人伦关系的要求乃是道德的最高境界，人格的磨炼最终要落实在人生或现实生活中。那么，"躬行践履"也自然成为中国历代宣扬的道德修养根本方法之一。儒家十分重视躬行践履的道德修养，认为有道德的人，不仅要有丰富的道德知识、强烈的道德意识，更重要的是把这些道德知识和道德意识转化为实际行动，要做一个身体力行的"躬行君子"，要保持认识与行动的高度一致。孔子的道德修养十分重视"行"，有学者总结了孔子重视躬行实践的思想，表现在三个方面："（一）'为仁由己'，重在躬行；（二）'听其言而观其行'，以行取人；（三）闻过即改，择善而从。"②孟子继承和发扬了孔子的"力行"思想，认为努力实践推己及人的忠恕之道，是达到"仁"境界的重要方法。他强调要想形成完善的人格，达到崇高的道德境界，就必须自觉地进行各种严酷环境的磨炼和艰难挫折的考验。此外，孟子强调的养浩然之气、清心寡欲的道德修养过程，其实也就是不断进行道德实践的过程。明代的王守仁提出"知行合一"的修养方法，在中国近代影响比较大，他指出："知是行的主意，行是知的工夫，知是行之始，行是知之成。"他认为，"凡人"之所以不能"做圣"，主要就是由于"知"与"行"分家了，"行"离开"知"便是乱"行"，"知"离开"行"便不是"真知"。因此，他主张的实质在于把"知"和"行"结合起来，不能离开"行"而求"知"。"知行合一"的一个重要作用就在于防止人们的"一念之不善"，当人们在道德教育上刚要萌发"不善之念"的时候，就要将其扼杀于"萌芽"，避免让这种"不善之念"潜伏在人们的思想当中，从而解决人们的"心病"。

① 蒙培元.中国哲学主体思维[M].北京：人民出版社，1993：111.
② 李晓英.道德践履：孔子道德论的特质[J].南都学坛（哲学社会科学版），2001，（1）：14—15.

二、躬行践履是职业道德修养的起点和终点

从某种意义上说，躬行践履既是职业道德修养的起点，也是职业道德修养的终点。

首先，躬行践履是职业道德形成、发展的根源与动力。职业道德蕴含了在某一职业领域中的人与人、人与企业、人与社会之间的关系，以及人们在从事这一职业所应有的基本规范要求、基本权利和义务等，任何职业道德的形成和发展都必须通过实践，"躬行践履"在职业道德的形成和发展中起到了至关重要的作用，一方面，职业与职业道德是通过"躬行践履"密切联系在一起的。一种职业从它存在的第一天起，就与职业道德实践紧密联系在一起，职业的存在发展与职业道德的存在与发展相辅相成。一种职业因职业道德而存在和发展，职业道德须凭借一种职业为平台并在职业生活实践中丰富和发展。另一方面，职业道德必须通过"躬行践履"才能形成，是职业道德发展的根源与动力。这是因为，职业道德是在职业活动中形成的，反映了此职业中人与人、人与社会的关系，这些关系随着时代的变迁而变化，相应地，职业道德也必须随之而改变和发展。

其次，躬行践履是大学生进行职业道德修养的主要途径。大学生关于职业道德的知识，主要是通过学习得来的，他们并不能真正深刻地理解它，"纸上得来终觉浅，绝知此事要躬行"（陆游《冬夜读书示子聿》）。只有通过实践活动，才能加深对职业道德知识的理解，培养职业道德情感，形成自己的职业道德理念，才能真正内化职业道德；也只有通过实践，才能真正把职业道德外化为职业道德行为，才能真正提高自己的职业道德层次。同时，通过实践，大学生才能真正培养和发展职业道德，没有沟通和交往，没有竞争和合作，没有职业实践，大学生不能形成真正的职业道德，更不会履行职业道德的责任和义务。

第三，躬行践履是大学生职业道德修养的目的和归宿。道德在本质上是实践的，职业道德是道德的一种，也具有实践性本质。职业道德要想发挥其功能和作用，达到影响个体职业行为的目的，都一定要化为主体的活动或实践。而获得高尚的职业道德的唯一目的，就是把职业道德理论和知识应用于现实职业中，充分发挥其应有的作用。这种作用体现在两个方面：一方面，个体只有通过实践，才能检验职业道德理论和知识是否正确；另一方面，个体只有通过实践，不断创造新的职业道德，提炼和升华职业道德。因此说，躬行践履是职业道德的唯一目的和归宿。在校大学生缺乏对社会的认识，缺乏实际的工作经验，对职业道德价值标准认同度较低，在职业道德实践中知行脱节，这些不是更需要大学生做到躬行践履。

千里之行始于足下，职业道德修养重要的是要把躬行践履落到实处，不做样子，不做花架子，用真诚把职业道德付诸实践，从点滴做起，从小事做起。2010年，82岁的普通老太太袁苏妹没有上过大学，也不知道什么是"院士"。她至今只学会写5个字，没做出什么惊天动地的伟业，只是44年如一日地为学生做饭、扫地，却被香港大学授予"荣誉院士"。与她同台领奖的，有汇丰银行曾经的行政总裁柯清辉、香港富豪李兆基的长子李家杰，以及曾获铜紫荆星章的资深大律师郭庆伟。颁发院士的荣誉，是为了表彰她"对高等教育界做出的独特贡献，以自己的生命影响大学堂仔的生命"。的确，当前高校人文精神的缺失已成为社会关注的热点，而不以功名论成败，给予一个普通老太太平凡而高尚的人生以高度的尊崇，对于我们的大学尤其是内地的大学生，显然具有导向意义。① 把职业道德修养落到实处，更要坚守"勿以恶小而为之，勿以善小而不为"不要认为坏事较小就去做，不要认为好事较小就不去做。荀子说："积土成山，风土兴焉；积水成渊，蛟龙生焉；积善成德而神明自得，圣心备焉。故不积跬步，无以至千里；不积小流，无以成江河。骐骥一跃，不能十步；驽马十驾，功在不舍。锲而舍之，朽木不折；锲而不舍，金石可镂。"② 高尚的道德人格和道德品质，不是一夜之间能够养成的，它需要一个长期的积善过程。只有不弃小善，才能积成大善；只有能积众善，才能成就高尚的品德。职业道德修养是在点滴中形成，每一位贪官污吏，每一位职业罪人，都有一个过程，都是从小恶开始的；每一位伟大的心灵，都是平时小善的积累。"小人冤枉做小人，君子乐得做君子"，作为新时代大学生，更要坚守躬行践履，一旦切实地履行了职业道德，你会得到意想不到的社会赞誉，得到内心的安宁；如果不遵守职业道德，你将得到来自社会和内心的惩罚。

拓展阅读：

学、思结合的修养方法

如何培养"仁且智"的理想人格，是孔子伦理思想所要解决的又一个重要问题。对此，孔子根据自己长期的教学实践总结出一套道德修养，即所谓"修己"的理论和方法。

孔子的修养论与其认识论是一致的。他一方面认为有"生而知之者"(《季氏》)，

---

① 袁苏妹：82岁扫地老太获港大荣誉院士[DB/OL].资料来源：大众网，http://www.dzwww.com/xwpd/dyiz/renw/201001/t20100110_5312188.htm

② 荀况.荀子[M].[唐]杨倞注，耿芸标校，上海：上海古籍出版社，1996：5.

并自称"天生德于予"(《述而》),体现了在知识、德性来源上的先验论倾向。但同时又强调"学而知之"(《季氏》),主张"学以致其道"(《子张》),并明确申言"我非生而知之者,好古敏以求之者也"(《述而》)。认为一般人的知识和道德是通过后天学习而获得的。这显然是唯物主义的观点。

孔子的修养论还有其人性论的根据。他说:"性相近也,习相远也。"(《阳货》)应该指出,孔子关于人性论的观点,《论语》中仅此一见,尚不足以表明孔子对人性的具体看法,我们也不必强为之解。但有一点则是明确的,在孔子看来,人在其本性上原是相差无几的,人之所以有道德品质上的差异,是由于后天习俗的不同所造成的。因此,后天的道德修养就是完全必要、也是十分重要的了。

……

孔子实际上提出了这样一个道德修养的过程:志—学—思—行,最后达到修养的最高境界,即所谓"从心所欲不逾矩"。不过,孔子的修养论,显然还包括"知天命"、"顺天命"。孔子认为,这对于培养"仁者安仁"的理想人格,也是不可缺的一环。他总结自己一生的修养过程时说:

"吾十有五而志于学,三十而立,四十而不惑,五十而知天命,六十而耳顺(一说'耳'同'尔'),七十而从心所欲,不逾矩。"(《为政》)

意思是说,他15岁就立志学"道",通过学而思,到30岁就确立了对"道"的坚定信念,到40岁终于达到了对"道"的自觉。以上是学"道"和知"道"的阶段。50、60,则进入到一个新的阶段,即"知天命"和"顺天命"。在孔子的思想中,尚保留着传统的天命观念,认为人的生死、富贵以及"道"之行与不行(成功与失败),是由"命"决定的。对此,孔子的态度是知而顺之,但这并不妨碍自己去行"道"、尽"义"。正如其学生子路所表白的,"道之不行,已知之矣",但"长幼之节,不可废也;君臣之义,如是何其废之?欲洁其身,而乱大伦"(《微子》),是决不干的。这也就叫做"知其不可而为之",或曰"听天命而尽人事",一方面是顺从天命,另一方面又不弃人事,而前者又是后者的前提,因为达到了"顺天命"的境界,就能超脱利益得失、成败与否的干扰,从而能更坚定地去履行自己应尽的道德义务和历史责任。于是,到70岁时达到了"从心所欲不逾矩"的最高修养境界,即使自己的主观完全符合于"道",没有一点勉强造作,也就是《中庸》所说"从容中道"的"圣人"境界。这是一种道德认识上的"自由"然而是以"知天命"、"顺天命"为前提的,因而也就不能不是实现其心中的"自由",说到底,只是心"不违仁"而已。这无疑是"仁者安仁"理想人格的道义论特点在修养论中的逻辑归宿。[①]

---

① 朱贻庭主编.中国传统伦理思想史(增订本)[M].上海:华东师范大学出版社,2003:51—55.

人民的好卫士——任长霞

我认为警察就是我的天职，为自己所执著追求的事业而献身，值！

——任长霞

2004年4月14日上午7点半左右，河南省登封市公安局局长任长霞像往常一样准时起床。今天，她要去郑州市公安局汇报"1·30"案件的进展情况。她让食堂准备一些烙饼、烤红薯和野菜，顺便回家看一看家人。但大家都不会想到，当天晚上8点40分，任长霞在回登封的途中，遭遇车祸，于15日零时40分不幸殉职，终年40岁。

40岁，人生最灿烂、最壮美的季节；40岁，建功立业的黄金时期。然而，她却倒下了，倒在为之倾洒全部热血的嵩岳大地上，倒在为之奋斗不息的公安事业上。任长霞的去世，震撼了登封市。

她救助过的孤儿披戴重孝；她接待照料过的老上访户70多岁的苗凤英为她守灵3天；一位老人哭倒在灵堂的台阶前："任局长走了，这咋整呀！"

登封市公安局就在人民医院对面，任长霞的下属们还来不及伤心，先为维持葬礼秩序喊哑了嗓子。

公安局副局长岳建国是任长霞的警校同学，他说，他们过一会儿就要擦一遍水晶棺，因为吊唁的人实在太多，浮起的浮土很快就盖上一层。在灵堂入口，按照当地葬仪摆了礼桌，登记人们送来的挽幛、花篮、花圈。岳建国说，人们送来的慰问金越来越多，许多人根本不留名，礼桌的桌腿都被人潮挤断了。

一位当地电视台的记者跟拍了葬礼的全过程。他说，17日，当灵车开往殡仪馆火化时，送别的人群几乎让灵车难以前行，"长霞，一路走好！"、"好闺女，你慢点走！"哭喊声响成一片。直到灵车走出市区，还有一些老百姓开着拖拉机、骑着摩托车追随在后面……

"我认为警察就是我的天职，为自己所执著追求的事业而献身，值！"任长霞是这么说的，也是这么做的。

2001年4月，郑州市公安局技侦支队队长任长霞调到登封市担任公安局局长，这不仅在登封市的历史上，就是在河南省的历史上，也是第一位女公安局长。

这个消息一下子在登封市炸开了锅。"郑州没人啦？咋派个娘们儿来？"群众议论纷纷。公安局里很多民警也持怀疑态度。"一开始有点担心，任长霞能不能胜任局长这个职务，而且登封市社会治安比较复杂。"登封市公安局政委刘丛德也对新任局长打了个问号。

当时面临的形势非常艰难：民警队伍涣散、积案堆积如山、群众怨声不断、行风评议年年倒数第一。她深入基层调查摸底，跑遍了登封17个乡镇区派出所，找到了问题的症结所在。随即从"从严治警"入手，清除了队伍中的3个害群之马，15名长期不上班、旷工、迟到以及参与违法违纪行为的民警被开除和辞退。此举令民警的精神面貌焕然一新。

在整顿队伍、严肃警风的同时，任长霞将全部精力集中到了破大案、破积案上，打响了一场又一场攻坚战。"4·15"东金店强奸焚尸案、"4·18"大冶镇火石岭村绑架案、"5·18"特大盗枪案、"5·28"石道杀人案、"6·9"强奸轮奸女教师案、"7·2"唐庄杀妻杀子案等一系列大案要案纷纷告捷。面对辉煌的战绩，干警和群众服了。大家都说："咱登封来了个女神警，案发一起就破一起。"

1998年12月，接到群众举报，一个黑帮头目要在郑州市邙山公墓祭奠同伙。任长霞带领侦察员凌晨3点赶往潜伏，进行抓捕，但是两个主要头目漏网。

黑帮头目知道，被任长霞盯上便逃不掉，便将任长霞丈夫的弟弟绑架，装入麻袋扔到黄河边，故意让任长霞看到，以进行恐吓，并捎话说："如能网开一面，要20万、30万都行。"

母亲劝说，别干了，公安这行又苦又累，还很危险。任长霞说："要怕我就不干警察。"

刑事案件破获了，任长霞又着手解决深层次问题。2001年4月23日，她从一封平常的群众来信中了解到，松颖避暑山庄老板王松纠集家庭成员、两劳教释放人员在白沙湖一带，横行乡里，敲诈勒索，致使上百人受到伤害，7人丧命，民怨极大。她决心挖掉这颗毒瘤。

4月29日，王松手下的爪牙因参与作案被抓获，王松企图以钱开路，打通关节，救出这几个"弟兄"。5月1日晚，王松来到任长霞办公室，随手甩出一沓钱放在桌子上说："手下人捅了娄子，请任局长高抬贵手，网开一面。"任长霞严词拒绝，并将计就计，指令民警将王松一举擒获。

登封市有两起家喻户晓的强奸杀人案。一起是西岭区域内自1997年到2001年的5年间，先后有多人被抢劫、被杀，数名妇女被强奸，案件难以侦破，群众反映强烈。任长霞研究决定将此案定为攻坚战的重中之重，抽调精干力量强力侦破，终于在8月1日将犯罪嫌疑人王少峰抓获归案。另一起是长达11年未破的两少女被奸杀案，任长霞多次召开党委会研究部署此案的侦破工作。她在一次接待来访群众时获知一条重要线索，迅速组织民警顺线追踪，终于将犯罪嫌疑人赵占义擒获。在短短的几个月时间内，登封市公安局共查结1998年以来控申积案71起，使多年的上访老户息诉停访，老百姓终于有了笑脸。

任长霞从小长在农村，有过贫寒的生活，接触过任长霞的人说，她是一个无私无畏的人,把老百姓的事看得比什么都重。

三年前的一次小煤窑塌方,让幼年丧母的11岁孩子刘春玉又失去了父亲。戴着孝、扶着一口薄棺的刘春玉独自给父亲送葬的情景,让当时在场处理事故的任长霞感到"心都揪紧了"。

那年六一节,任长霞来到刘春玉的学校,送来书本衣物,认缴她的学费,还带动干警在这所学校一对一资助了126名小学生,从此就成了刘春玉的"任妈妈"。

随着工作紧张、压力的增加,任长霞慢慢地忽略了家庭。她曾经评价自己说:"我不是一个好妻子、好母亲。"在登封市工作的三年里,她一般半个月或二十多天才回家一次。每次回家,都来不及跟儿子亲热,跟丈夫温存,只能跟儿子说上两句话:"学习怎么样?一定要好好学习,听爸爸的话!"然后就开始打电话安排工作,工作忙完之后,来不及再说些什么就走了。与丈夫的最后一次见面,还是任长霞带了一个上访户去找丈夫提供法律援助,这次见面也只有20分钟。

"我真正有愧的就是我儿子,生他,养他,却很少教他。"2004年寒假,恰逢任长霞丈夫出差,孩子回家没有钥匙,行李在小区门卫室里放了7天。孩子给妈妈任长霞打电话,"我已经回来了,去哪里呀?这年咋过呢"?当时,任长霞正在忙"1·30案件",无暇顾及。一位同事实在看不下去,说:"俺哥不回来,俺姐也不回来,先把孩子接我家吧。"

任长霞对待同事和群众,心很细,但在孩子方面,心很粗,常常忘记把孩子安排在哪儿,过一两天才想起来。

让任长霞有愧的还有她的双亲——行动不便的父亲和天天在家看全家福、想念女儿的母亲。

三年来,任长霞每年回父母家的时间加起来不到三天。知道任长霞工作忙,家里聚餐很少叫上她。有一次,大家一起吃饭,她突然回来了,坐在饭桌旁,就开始掉泪。"我知道她心里歉疚,顾不上,确实顾不上。"丈夫看她掉泪,也很心酸。

任长霞因公殉职了,14万群众自发为她送行,高峰时达到20万人,而登封市人口总数不到63万。

编后:任长霞,一位普通的人,却是百姓心中的丰碑;一位普通的公安局长,却赢得同行的敬慕;一位普通的女儿、妻子和母亲,亲人们为她自豪。打恶除霸,她毫不留情;拒腐防变,她一身正气;办案破案,她不辞辛劳;对待群众,她柔情似水;整治队伍,她严字当头。她的业绩众人称颂,她的故事感人至深,她的精神给人启迪。任长霞以她执著的生前事和光荣的身后名,验证了这样一个朴素的道理:群众在干部心中的分量有多重,干部在群众心中的分量就有多重。任长霞以她璀璨夺目的人生轨迹，为广大公安干警和其他人，树起了好的榜样。她是老百姓心中的彩霞。①

思考与讨论：
    1. 学思并重在职业道德修养中的作用是什么？
    2. 如何认识职业道德修养中躬行践履的作用和意义？
    3. 职业道德修养中"知"和"行"的关系如何？
    4. 坚持慎独自律对我们今天的职业道德建设有什么重大意义？
    5. 如何做到在职业中慎独自律？
    6. 当今社会，应该树立怎样的职业道德榜样？
    7. 如何理解许振超所说"干一行，就要爱一行、精一行"？

---

① 时代先锋——新世纪100位共产党员先进典型［M］.北京：中共党史出版社，2005：17—21.

第六章　职业道德与个人修养

古之欲明明德于天下者，先治其国；欲治其国者，先齐其家；欲齐其家者，先修其身；欲修其身者，先正其心；欲正其心者，先诚其意；欲诚其意者，先致其知。致知在格物。格物而后知至，知至而后意诚，意诚而后心正，心正而后身修，身修而后家齐，家齐而后国治，国治而后天下平。自天子以至于庶人，一是皆以修身为本。

——《大学》

学习目标：

良好职业道德的形成离不开个人品德修养的底蕴，个人品德修养的建构离不开中华民族优秀传统道德文化的滋养。对中国人内在品德修养影响最深远的是以《论语》为核心的儒家道德文化。学习本章，通过对职业道德与个人修养的关系、个人修养与传统文化的关系的思考，深入学习、理解儒家道德文化精髓，涵养职场道德智慧。应掌握以下几方面的主要内容：

1. 思考个人修养的内涵，明确个人修养是职业道德的基础；
2. 领悟不断提升个人修养是树立良好职业道德的有效途径；
3. 正确理解学习传统文化和提升个人修养之间的关系；
4. 懂得不断提升个人修养是事业有成的关键；
5. 学习以《论语》为核心的儒家道德文化，增长职场智慧。

导入案例：

2013年最年轻的全国"五一劳动奖章"获得者：裴先峰

据中华全国总工会消息，在2013年获得全国"五一劳动奖章"的1224人中，23岁的中国石油天然气第一建设公司工人裴先峰是最年轻的一个。

据媒体报道，在2011年举行的第41届世界技能大赛上，裴先峰凭着精湛的技艺夺得焊接项目银牌，成为60多年来在该赛事上获得奖牌的中国第一人。①

裴先峰1990年出生在洛龙区李楼乡下庄村，父母以种菜为生，家里经济条件比较困难。裴先峰还有一个哥哥，2006年8月，兄弟俩先后考上大学和高中。拿着两张录取通知书，父母忧喜交加，大儿子一年学费就要8000多元，两个孩子同时升学，全家人不吃不喝也难以承担。

眼见父母一筹莫展，16岁的裴先峰做了一个让家人意想不到的决定：让哥哥上大学，自己打工分担父母压力。裴先峰说：那个时候家庭条件是不太好，所以就想选择一个职业，一个是自己可以尽快到社会上锻炼，再一个自己有了工作，可以为家里减轻一点负担。

裴先峰听说中国石油第一建设公司在洛阳南郊有所国家重点技校，主要给石油、化工、船舶、电建等行业输送技术工人，思索再三，他决定到这里学习焊接：焊接非常容易找工作，再一个自己所在企业的技校焊接的实力非常强，是里面的主打专业。大概学了一年半时间的理论，完了以后才投入实践操作。对焊接已经有所了解，真正实际操作时，就非常容易。

技校为裴先峰敞开了一扇技能成才的大门。裴先峰在学校期间刻苦努力，成绩名列前茅。他是班里最早通过考核领到焊接中级资格证的学生，多次代表班级参加学校比赛，每次都在前3名。

毕业那年暑期，裴先峰请老师帮忙推荐地方实习工厂，当时报名去了10个人。由于实习工厂条件太艰苦，一个月以后，就剩下裴先峰和另外一名同学。裴先峰坚持一直干到完工，并把挣来的600多块钱，一分不少地交给母亲补贴家用。

2008年底，裴先峰代表公司技校队，参加中国石油在河北廊坊举办的院校组电焊技能竞赛，获得第2名。2009年初，又闯入第九届全国工程建设系统焊工技能竞赛，获得第6名。

在河北廊坊的比赛是裴先峰第一次出洛阳，提起那一次经历，裴先峰记忆犹新：当时考试时候出汗，手发抖，但后来到真正考试的时候，投入到焊接世界中以后，就没多想这些事情，反正尽自己最大努力，做到最好。

父母为孩子有了不错的工作喜上眉梢，裴先峰高兴的却不仅仅是这些：几年的学习，他深深爱上电焊，因为电焊是石油工程建设的主力工种，不少学长都在进厂后成长为国内一流焊工，一大批代表行业最高难度的世界级工程就是中油一建的杰

---

① 2013年最年轻的"全国五一劳动奖章"获得者：裴先峰［DB/OL］. 人民网—中国工会新闻，http://acftu.people.com.cn/n/2013/0423/c67502—21251956.html.

作。他暗暗下定决心：不辜负家人和老师的希望，早日成为焊接能手。

2010年8月，裴先峰被选送到中国石油最具实力的一建焊接研究与培训中心强化培训。这座焊培中心被业内誉为"中国高级焊工的孵化器"，近年来，先后有17名学员在全国焊接大赛中获得前三名；中国石油30多位技能专家中，有16位出自这里。

裴先峰非常珍惜培训的机会，学习起来格外用心。焊道坡口规定要用扁铲和铁锤把多余的部分剔掉，铁锤砸肿了手，他一声不吭；双手磨出了血泡，他咬牙坚持；好几次仰脸焊接时，由于精力太过集中，铁水顺着棉工作服口袋往下流，衣服被点着了他也不知道。

功夫不负有心人，裴先峰的焊接技术突飞猛进，并在层层选拔赛中脱颖而出：2010年5月，获得第三届全国院校焊接专业河南省选拔赛第一名；2011年3月，夺得第十届全国工程建设系统焊工技能竞赛职工组铜牌，荣获"中国石油天然气集团公司技术能手"称号。

"90后"焊工裴先峰，在国家重点工程建设中，刻苦钻研技术，立足岗位报国，终于走出了一条青年技能工人职业发展之路，实现了中国工人向世界焊接技术巅峰冲刺的梦想。面对成绩，裴先峰说：岗位不分高低贵贱，只要你重视自己所从事的事业，你在自己的岗位做出一定的工作业绩，企业会认可你，社会也会尊重你。下一步就是好好工作，争取能做出更多的成绩。①

第一节　职业道德与个人修养

人的最有价值的努力是为我们行为的道德化而奋斗。我们的内心平衡，甚至我们的生存本身都取决于道德。唯有我们行为的道德化才能赋予生命以美好和尊严。

——爱因斯坦

看过2006年《感动中国》获奖人物颁奖晚会的观众都会记住一位名叫"华益慰"的医生的名字。在短短十几分钟介绍华益慰医生事迹的视频短片中，人们因为感动而热泪盈眶。华益慰医生为了替一位来自农村的患者节省医药费，整个手术没有采用价格昂贵的全自动缝合，而是宁愿费时费力一针一线手工缝合，手术从早晨七点半一直做到下午四点半，其间九个小时水米未沾。而更为让人震惊的是，后来人们才发现，当时华医生的脊椎已经严重变形，若非全身心专注于手术，很难想象他是

---

① 资料来源：洛阳广播网，http://www.radioluoyang.com/xwpv/ahui/201205/62315.html.

怎么撑过来的。华医生给病人听诊，总是先把听诊器放在手里捂一捂，再放到病人身上，避免听诊器冰冷，刺激了病人的身体。华医生查房的第一个动作总是把门轻轻地关上，到了病人那儿先是低着头弯着腰，轻轻地先笑笑，态度谦和而慈祥。但很多人并不知道，弯腰这个动作对于腰骨已经陈旧性骨折的华医生来说是一件多么艰难的事。有人评价他的手术"细腻精巧，犹如绣花"；还有，他做到了在56年临床生涯中，"不拿一分钱，不出一个错"……

华医生看似自然而然甚至不经意的行为让全国人民为之感动。因华医生在工作中表现出的对经济条件不好患者的格外照顾，对医生节操名誉的爱护，对所有患者细致而温暖的尊重与关怀而感动。所有这些行为既是医生职业道德的体现，更是华医生高尚的个人修养的体现。

如果仅从职业道德规范的要求来看，并不要求医生听诊一定要把听诊器捂热才放到患者的身体上。事实上，在日常就医的体验中我们发现确实并非每一个医生有这样细致关怀的表现。如果仅从职业道德规范的要求来看，也没有要求医生手术之后一定要用费时费力的人工缝合，用快速但价格高昂的自动缝合机并不违反职业道德规范。但是华医生就这样日复一日地做了，这样做能为家庭困难的患者节省大笔的医药费，这样做每一个患者能减少身体的痛苦，并获得更多内心的安慰与战胜疾病的力量。从这些行为中我们首先看到了一位专业医生高明的医术和严谨敬业的态度，进而看到了一位医生内心对患者更深层的关怀与体贴。精湛的医术和良好的个人修养在华医生的身上相辅相成。精湛医术中处处透出个人修养的深厚，个人修养的深厚时时反映在他治病救人的每一个细节上。

从华益慰医生的身上我们可以看到，一个职业人优良的职业道德其实是良好的个人修养在工作中的体现，职业道德和个人修养不是割裂的，而是互相包含、互相影响、相得益彰的。人的一生用一个词来概括也许就是：为人处世。不断提高个人修养是"为人"最核心的内容，职业工作是"处世"的重要方面，职业道德则是出色完成职业工作最内在、最根本的动力。"为人"离不开"处世"，"处世"就是"为人"。因此探讨职业道德的养成离不开对个人修养的关注与重视。

一、何谓个人修养

何谓个人修养？"修"是指（学问，品行方面）钻研、学习、锻炼。"养"是指教育、训练、培养。修养主要包含两层意思：第一，通过学习和受教育在知识、技能、思想理论、文化艺术等方面达到一定的水平，如文学修养、艺术修养、理论修养等；第二，通过学习、感悟、实践培养正确的待人处世态度与完善的行为规范，形成良好的品德修养。其中第二层意思是修养最重要的含义，在此也是在品德修养的意义上使用修养一词。

在修养前面加上"个人"二字，是强调品德修养是每个人自己为人、做人、成人必须要做的功课。个人修养是每个个体自己尽心尽力学习、领悟与践履的过程。正如《论语·颜渊篇第十二》中所说："为仁由己，而由人乎哉？"成为一个善良、有担当、品德完善的仁者是每个人做人的使命，这既不是与生俱来、自然而然能形成的，更不是外人或外力能赋予的。个人修养培养的过程就是每一个人类个体生命成长的过程。

二、修养对于个人的意义

修养对于人的重要性，相信受过一定教育的人都有基本的共识。但是若对这个问题做更深入的理解则要从人和动物的区别来分析。仅从生物学的意义上来看，人和动物没有本质的区别，所有的动物都只为两件事而忙碌：一件是保存个体生命，另一件是延续种代生命。而且除人以外的动物对这两件事并没有自我意识，仅仅依靠动物的本能完成。动物这种生命状态完全受生物本能支配。但是，人除了受自然规律支配，比如生老病死，人还有意识和精神。意识和精神赋予人认识和思考的能力，这种能力使人能跳出自然生命的束缚，做更自由的选择。比如同样是吃食物，动物只能从大自然中获取现成的食物，人则能对大自然中的食材做进一步的加工和处理，从而把人的创意、情感、思想、智慧等元素融入其中，把基于本能的饮食行为演变、升华为文化行为。

因此，人和动物最大的区别就在于动物只能受本能的支配，人却有精神生命，可以有智慧的选择。能够选择自己的生存方式、价值目标等人作为人类存在并区别于动物的重要标志。如果一个人甘愿过一种没有追求、混沌、迷茫的生活，只能说他还处在人的"未完成"的状态。对待食物，人尚且能加工、改造使其色香味更加完美，人对自己的生命、生存状态本身当然不应该任其混沌、迷茫。"人有双重生命，必须经历两次生成，只能在有意识的'做人'中才会成为人。小孩从父母获得自然生命只能看作具备了做人的基础，他只有通过做人的学习阶段获得'第二生命'之后，才能算作完成的人。至于他们将会成为一个什么样子的人，那要看个人怎样'做人'和怎样塑造自己的'人格自我'。"[①]

个人修养就是个人学习如何"做人"，就是培养、锻炼、塑造自己的"人格自我"，就是不断超越自己的本能和自然性，不断提升自己的社会性和精神境界。

---

① 高清海.人就是"人"[M].沈阳：辽宁人民出版社，2001：12.

对于人生的境界，哲学家冯友兰先生曾撰文阐述。他说："我在《新原人》一书中曾说，人与其他动物的不同，在于人做某事时，他了解他在做什么，并且自觉他在做。正是这种觉解，使他正在做的对于他有了意义。他做各种事，有各种意义，各种意义合成一个整体，就构成他的人生境界。如此构成各人的人生境界，这是我的说法。不同的人可能做相同的事，但是各人的觉解程度不同，所做的事对于他们也就各有不同的意义。每个人各有自己的人生境界，与其他任何个人的都不完全相同。若是不管这些个人的差异，我们可以把各种不同的人生境界划分为四个概括的等级。从最低的说起，它们是：自然境界，功利境界，道德境界，天地境界。"[①]

其中处在自然境界的人做事多半只是顺着本能或社会的风俗习惯，对自己所做的缺乏自我意识，从严格的意义上说还处在动物本能的状态。

处在功利境界的人做事更多考虑的是个人利益与自己的得失。虽然这并不意味着不道德，但一旦个人利益与他人或群体利益冲突时，功利境界的人更容易为了保全自己的利益而损害他人或群体的利益。我们在现实生活中看到很多处处为自己计较打算，甚至损人利己的人就是这种境界的人。

"还有的人，可能了解到社会的存在，他是社会的一员。这个社会是一个整体，他是这个整体的一部分。有这种觉解，他就为社会的利益做各种事，或如儒家所说，他做事是为了'正其义不谋其利'。他真正是有道德的人，他所做的都是符合严格的道德意义的道德行为。他所做的各种事都有道德的意义。所以他的人生境界，是我所说的道德境界。

"最后，一个人可能了解到超乎社会整体之上，还有一个更大的整体，即宇宙。他不仅是社会的一员，同时还是宇宙的一员。他是社会组织的公民，同时还是孟子所说的'天民'。有这种觉解，他就为宇宙的利益而做各种事。他了解他所做的事的意义，自觉他正在做他所做的事。这种觉解为他构成了最高的人生境界，就是我所说的天地境界。

"这四种人生境界之中，自然境界、功利境界的人，是人现在就是的人；道德境界、天地境界的人，是人应该成为的人。"[②]

如果说天地境界并非常人所能轻易企及，但是作为普通人，超越本能主导的自然境界和私利为重的功利境界，达到通过自己的行为增进他人与社会福利的道德境界则是人应该选择和努力的方向。国学大师梁启超先生1905年编著《德育鉴》一书，目的是为"惟有志之士，欲从事修养以成伟大之人格者，日置座右，可以当一

---

① 冯友兰.中国哲学简史［M］.涂又光译.北京：北京大学出版社，1985：389.

② 同上，390.

良友"①。在此书的开篇,梁启超先生引用了曾文正公的名言:"不为圣贤,便为禽兽。莫问收获,但问耕耘。"并强调"生平最服膺曾文正此语,录以为题《德育鉴》——启超"。曾文正公的遗训,梁启超先生的著述,就是为我们后辈晚学修德成人擎起灯盏,指明方向。

三、个人修养的内容

美国哲学家、教育学家杜威曾说过:"道德即生活。"这句话告诉我们有生活的地方就有道德的要求,就需要人具备相应的品德修养。因此一个人的品德修养几乎涵盖言谈举止、为人处世各个方面。但是从学习、培养的角度,我们要做更理性的梳理与归纳,便于按不同顺序、阶梯、层次进学修习。

对于个人修养,可以从宏观和微观、广义和狭义两个方面来看。从宏观和广义的角度,个人修养应包括社会公德修养、职业道德修养、家庭美德修养。从狭义和微观的角度,个人修养就是个人品德和人格的修养。

国学大师梁启超先生早在1905年发表的《新民说》一书中就把道德分为公德和私德,并对公德和私德的内涵做过系统分析与研究,至今对我们学习和研究品德修养的内涵与路径有指导意义。梁启超先生认为:"人人独善其身者谓之私德,人人相善其群者谓之公德。"②如果人没有私德则不能成人,不能成为一个善良的好人。人如果没有公德则不能成为有益于群体和公共利益的人。所谓"无私德则不能立","无公德则不能团"。因此对于个人而言即要涵养个人的私德,也要培养自己的公德,二者缺一不可。而其中私德的涵养是更基础和根本的,因为,很难想象一个人连私德都没有,怎么会有公德。"夫聚群盲不能成一离娄,聚群聋不能成一师旷,聚群怯不能成一乌获。故一私人而无所私有之德性,则群此百千万亿之私人,而必不能成公有之德性,其理至易明也。盲者不能以视于众而忽明,聋者不能以听于众而忽聪,怯者不能以战于众而忽勇。故我对于我而不信,而欲其信于待人,一私人对于一私人之交涉而不忠,而欲其忠于团体,无有是处,此其理又至易明也。"③梁启超先生这段话中提到的离娄是中国古代传说中视力特别好的人;师旷是春秋时期著名的乐师,辨音力极强;乌获是战国时的大力士。梁启超先生是通过这些比喻说明一个人内心没有私德,与人共处也不会有公德。就算把百千亿个没有私德的人群聚在一起,也无法形成公有的德行。因此,"是故欲铸国民,必以培养个人之私

---

① 梁启超编著. 翟奎凤校注. 德育鉴[M]. 北京:北京大学出版社,2011:60.
② 梁启超. 宋志明选注. 新民说[M]. 沈阳:辽宁人民出版社,1994:16.
③ 同上,162.

德为第一义；欲从事于铸国民者，必以自培养其个人之私德为第一义"。"私德者，人人之粮，而不可须臾离者也。"①

梁启超先生重视的私德就是我们今天所说的个人品德，它是个体生命在成长过程中对自己提出的要求，是个人为自己的行为立法，是自律，是内诚、慎独、修己。公德则是个人品德在社会生活各种具体情形下的外显与转化。我们都知道在社会生活中各行各业都要求诚信，诚信是社会对每一个公民提出的最基本的道德要求。但是在生活中我们也能处处遇到不诚信的人和事。为什么？就是有些人缺乏良好的个人品德修养，在自己的内心并没有把诚信视为做人必须遵守的道德原则。反之，在各种利益面前唯个人私利为重，不惜损害他人和社会的利益。因此，公德和私德都是做人必须具备的道德修养，其中私德，也就是个人品德修养则是基础和根本。

梁启超先生在1902年—1906年间陆续在《新民丛报》发表了系列论文，共计二十多篇，1936年上海中华书局将这二十多篇论文汇编成单行本出版，取名《新民说》。《论私德》就是其中的第十八节，文章中指出个人应从"正本"、"慎独"、"谨小"三个方面培养自己的私德。1905年梁启超先生进一步编著《德育鉴》②，把中国古代先贤关于道德修养的相关思想与智慧做了系统梳理，可以说正是接着《论私德》来对个人品德的培养做更具体深入的展开。为后来学习、研究和培养中国人品德修养提供了重要的学术资源和方法路径。

在《德育鉴》一书中，梁启超先生把人的品德修养分成六个部分或说六个步骤，分别是：辨术、立志、知本、存养、省克、应用。其中"辨术"是指要辨识心术的诚与伪。做人心术要正，这是做人的根基。心术正指的是学习和成长的根本目的在于不断提高自己在品德上的修养，追求道义，止于至善，而不是为了外在的名利和一己之私。这是一切修身的起点。

第二步"立志"，强调"立志"对成人的重要意义。有大志才能有大成。世间万事无不发轫于志，有志者有成。

第三步"知本"，强调个人发掘守护自己的本心良知是修养最根本的功夫。世间善恶都在人心一念之间。修养就是持续不断地在自己的内心扬善抑恶，只有在内心对善恶有清晰的鉴别并能自觉摒弃恶念，在现实生活中才能疾恶如仇，坚守善道。

第四步"存养"，强调"知本"之后要能将"良知""存养"起来，若无"存养"，良知会涣散。存养的功夫分为三个方面：主"敬"、主"静"和主"观"。

第五步"省克"，是省察和克治的简称。指修养的过程是发掘本心、存养良知善念的过程，同时也是不断省察自己，思过、改过，克制自己的欲念和行为，有所

---

① 梁启超著．宋明远选注．新民说[M]．沈阳：辽宁人民出版社，1994：163，176．
② 梁启超编著．翟奎凤校注．德育鉴[M]．北京：北京大学出版社，2011．

为有所不为的过程。

第六步"应用"，是强调个人品德的修养，独善其身在先，兼济天下在后。而且古往今来，有志之士都能以身为教，养成一世之风尚，造出时代的精神。因此，个人的道德修养也是可以转移习俗、陶铸世风的。

梁启超先生通过《德育鉴》一书，把中国历代先贤关于个人品德修养的相关思想与智慧通过以上六个部分做了系统的归纳和整理，可以说涵盖了中国传统道德文化精神的内核，也为我们今天学习提高个人品德修养明确了主旨要义。而且，个人品德修养最后一步落实到"应用"，就是强调要将私德推广为公德，将个人品德外推到经世致用、利国利民的事业中。从这个意义上，我们今天所说的职业道德就是个人品德在职业生活中的推广。因此，个人修养也是职业道德的基础。

四、个人修养是职业道德的基础

《论语·八佾篇第三》中有一段孔子和学生子夏的对话，子夏问曰："'巧笑倩兮，美目盼兮，素以为绚兮'。何谓也？"子曰："绘事后素。"曰："礼后乎？"子曰："起予者商也，始可与言诗已矣。"意思是：子夏问孔子说，《诗经》中的这句话"甜美的笑容，酒窝微动；美丽的眼睛，顾盼传神；洁白的纸上，颜色绚烂夺目"，是什么意思呢？孔子说：先有白底子，而后才绘画。子夏说：那么礼节的修习也应该是在内心有了忠和信的信念之后吗？孔子说：启发我的是你呀，这样就可以与你谈诗了。

这段话中提到的"绘事后素"，后世引来诸多不同的解读。其中以宋代著名的儒学大师朱熹的解读最为经典。朱熹在《四书集注》中解读为："绘事，绘画之事也；后素，后於素也。《考工记》曰：'绘画之事后素功。'谓先以粉地为质，而后施五采，犹人有美质，然后可加文饰。""礼后乎？"朱熹《集注》为："礼必以忠信为质，犹绘事必以粉素为先。"①意思是，一个人若内心没有忠信的修养与信念，就算是在形式上把礼仪都做到了也没有实质意义，也是虚假的。简言之，"绘事后素"就是说绘画之事，先要有白底子。比喻有良好的质地，才能进行锦上添花的加工。如果底子是污浊的，就很难再画出美丽的图画。这句话是指做人本质上纯洁、善良、质朴最重要。结合《论语》中孔子全部的学说可以看出，他强调的人生的"素"就是"仁爱"之心，是一切德行的底子和基础。

孔子关于"绘事后素"的思想可以帮助我们深刻理解和领悟人生修养与职业道德的关系。如果把人生比喻成一幅美丽的画作，职业道德就是其中我们能看到的绚

---

① 朱熹集注.四书集注［M］.长沙：岳麓书社，1985：87.

丽的形象与文饰，而人生修养就是其中的底色与质地。

职业是人的生命过程中重要的内容，人们要通过职业安身立命，确立自己在社会中的身份定位，实现自己对生活和社会的理想追求，同时发挥自己的潜能与才华，活出生命的意义和价值。从整个人生的过程来看，前职业阶段是为职业生涯做准备，学生从小学、中学到大学，学习知识、文化、技能，涵养德性品行。学习本身固然有自身的价值，但很大程度上都是在为毕业后走上社会工作岗位做准备和积累。后职业阶段人生开始步入晚年，享受因长期为社会工作而应得的社会为养老提供的待遇与福利。因此从事一种职业并赋予其责任尽心尽力地完成，是人一生重大的使命。任何一种职业都离不开相关的知识和技能，但仅有职业知识和技能远远不够，能够使职业人出色与卓越的是职业道德。

职业道德由职业道德规范、职业道德意识、职业道德活动三个部分组成。每一种职业都为社会特定的人群提供相应的服务，同时也都包含特定的权力和特殊的责任。因此，任何一种职业都有相应的道德规范，规定相关从业者在相应的岗位上应该做什么，不应该做什么。这一点我们在第四章"职业道德的特殊要求"中已经有所了解。但是，仅有道德规范还不够。正如马路上有红绿灯的设置，清楚地标示了什么时候能过马路，什么时候不能过马路。然而有些人还是会闯红灯。交通秩序的保持和遵守固然需要有红绿灯的设置，但是不仅要自觉遵守红绿灯的指示，还要取决于行人内心对交通规则的理解与认识，更取决于行人自觉自愿遵守交通规则的意识。可见职业道德规范是给出了一个职业行为的尺度与标准，是不是遵守这种尺度与标准，在什么样的程度上遵守则取决于从业者内心的道德修养和道德意识。规范是职业道德客观的内容，意识则是职业道德的主观方面。有了规范，有了对规范的意识与认同，在具体工作实践中，自觉遵守规范并精益求精完成工作，才是把职业道德落到了实处。因此职业道德活动是人在职业道德意识的指导下对职业道德规范的自觉遵守与贯彻。

其中职业道德意识的形成就是长期个人修养打下的道德意识基础和底色在职业行为中的自觉转化。如果从微观和狭义的角度来看，个人修养是人内在对自己品德上的要求，本无涉外界，因此也称私德。但人是群居和社会动物，涵养私德并不是为了自娱自乐，而是为了能成为一个内心善良、仁爱，有利于他人、群体、社会的人。之所以称私德是强调正心、存养、反省、省察、克己都是通过自己内心的力量来进行学习、训练、约束自己的行为，从而把自己涵养成利他、利群的有德行的人。

正如梁启超先生在《论私德》一文中所说，德是人的人格品质，本不分公私。"公云私云，不过假立之一名词，以为体验践履之法门。就泛义言之，则德一而已，无所谓公私，就析义言之，则容有私德醇美，而公德尚未完者，断无私德浊下，而公德可以袭取者。孟子曰：'古之人所以大过人者无他焉，善推其所为而已矣。'公德者私德之推也，知私德而不知公德，所缺者只在一推；蔑私德而谬托公德，则并所以推之具而不存也。故养成私德，而德育之事思过半焉矣。"①这段话的大意是，"德"从广义而言无所谓公私，只是为了体验践履的方便才分开来说。也许有的人私德很好，公德不够，但是绝没有私德很差、公德可取的。公德、私德都很重要，私德是基础，公德是私德的推广。私德好，公德不够，缺的只是一推。因此，养成私德，用今天的话说，就是养成了良好的个人品德，就完成了德育工作的一半。

若从公德和私德的意义上来看，职业道德是属于公德的范畴。因此职业道德也要依赖于良好的个人修养的外推。有良好的个人修养，实现在职业中的"一推"是一件容易的事。若没有良好的个人修养，则无所外推，职业道德的养成也就不是一件容易的事。

我们感动于华益慰医生在工作中流露出的高尚的职业道德和个人品德修养，我们也为社会上很多人由于缺乏职业道德，从而损害他人和社会的利益而痛心疾首。一个职业人有没有职业道德，主要不取决于职业道德规范，而取决于其是否具有良好的个人品德修养。没有良好的个人品德修养，即使规范再完善，也未必会被遵守。一个人有了良好的个人品德修养，即使规范不够具体和明确，其也会自觉严格要求自己的行为。良好的个人修养实则为职业道德的前提和基础。

五、不断提升个人修养是树立良好职业道德的有效途径

如梁启超先生所言，养成私德，而德育之事就做好了一半。有了良好的私德，即良好的个人品德修养，对于个人职业生涯的意义，在于做好了精神和修养上的铺垫。

2001年中共中央颁发了《公民道德建设实施纲要》，对我国公民道德建设的目标、任务等做出了相应的规定。其中明确指出："职业道德是所有从业人员在职业活动中应该遵循的行为准则，涵盖了从业人员与服务对象、职业与职工、职业与职业之间的关系。随着现代社会分工的发展和专业化程度的增强，市场竞争日趋激烈，整个社会对从业人员职业观念、职业态度、职业技能、职业纪律和职业作风的要求越来越高。要大力倡导以爱岗敬业、诚实守信、办事公道、服务群众、奉献社会为主要内容的职业道德，鼓励人们在工作中做一个好的建设者。"

"爱岗敬业、诚实守信、办事公道、服务群众、奉献社会"是当代社会所倡导的职业道德基本规范。其中核心的要求——爱与敬、诚与信、公平公正、服务奉献

---

① 梁启超著.宋明远选注.新民说［M］.沈阳：辽宁人民出版社，1994：163.

意识并不是职业和岗位赋予从业者的品德，恰恰是需要从业者自身具有这样的品德并以这样的品德与信念来对待岗位和工作的职责。

人们首先要有爱与敬、诚与信、公平公正和服务奉献的基本品德，才能在职业工作中自觉转化为与职业岗位相适应的具体的爱、敬、诚、信等职业道德。若没有这些基本的品德做铺垫和准备，人和职业规范之间就会存在冲突。这种冲突既损害工作的效率和质量，也不利于从业者的成长与发展。因此，提前培养和完善个人基本的品德修养，在日常生活中就以道德尺度约束和规范自己的为人处世，到了一定的职业岗位上就能很快适应和内化职业道德规范要求。

虽然不同职业有着各自特殊的职业道德规范，但是所有职业道德规范有着基本的共性，就是上面提到的爱岗敬业、诚实守信、办事公道、服务群众、奉献社会。如果我们对职业道德基本规范的核心要求做更精炼的概括，大致上是仁爱、虔敬、诚信、公正。这几种基本的道德要求可以说是所有职业道德都需要从业者具备的品质和修养的底色，即"绘事后素"的"素"。有了"仁爱、虔敬、诚信、公正"的个人修养积淀，一个人不管做什么工作都会用心投入、严谨认真、一视同仁。就像我们前面提到的华益慰医生，如果华医生内心没有对病人深切的关爱与同情，他不会为了给病人省下医药费而长时间承受腰椎陈旧性骨折带来的痛苦；如果华医生没有对诚信和公正的执着，他不可能做到一辈子"不出一个错，不拿一分钱"。

如果我们从青少年时期就能不断自觉重视和提升个人的修养，在生活和学习过程中时时处处留心涵养我们的仁爱、虔敬之心，坚持诚信为本，始终把善良、利他作为对自己品德上的要求；不断反思、省察、克制自己的情绪、欲望和不善、不足之处，那么，一旦我们步入社会，走上工作岗位，这些存养在内心的修养与品行就会通过职业和岗位的契机发扬光大，转化为社会中的正能量，惠及、影响更多的人和事。

案例与分析：

高职生毕业闫文静6年成长为十八大代表

直到晚上10点，闫文静才从调研的一个镇上回到家里，由于大雨，回程就花了一个半小时。今年（2012）5月当选十八大代表，计划着"每天跑一个"、走遍中山市24个镇区倾听基层声音的闫文静，最近每天整理调研材料到深夜1点才睡。

短短6年时间，从一名职校生到公司高管，从"天天画图纸"的工科生到顺利接手行政管理工作，从"异乡人"到逐渐融入中山市，再以外来工身份成为广东最年轻党代表，这位1986年出生的女孩用职校生的踏实，走出了自己的一片天。

"学校教会我务实"

学校老师常念叨的"务实"两次帮助闫文静顺利迈过职场"关卡"。

2006年，经过4重考核，闫文静毕业来到中山市，进入一家企业当储备干部。跟她同期进入公司的100名"新人"超过一半是本科生和研究生，职校出身的闫文静却不气馁。

在湖北职业技术学院，闫文静所在的机电工程系两个班89人，只有9个女生。印象中，学校老师总是提醒，"职校生学历比别人低，那就定位低一点，从基层做起"；老师会鼓励女生"自立、自信、自强"；师兄师姐们的动手能力很强，初到社会并没有因为学历低而让人瞧不起。"那就笨鸟先飞"，闫文静对自己说。

一个月的车间实习引起了同学们的抱怨。"工作太累"、"条件不好"、"这工作不是大学生做的"……实习期间有20多个一同进入的同学相继离职。闫文静对这些抱怨充耳不闻，车间工人的粗活累活她一声不吭地干着，甚至常常比一线工人更迟下班。

闫文静的勤奋、刻苦受到了公司领导的赏识。正式上班3个月后，公司任命闫文静担任行政管理部部长助理一职，第二年部长离职，由21岁的她接任。闫文静是同期新员工中最早步入主管岗位的。

"闪电"升职迎来的不是祝贺，而是议论纷纷。有人质疑，"她是老板的亲戚吧"；有人担心，"她能胜任这个职位吗？"

"我特别需要证明自己，需要更加努力。"闫文静理解这些质疑，明白"只有比想象中更加努力"才能名副其实。因此，即使已经是主管，可以把工作安排给下属，但为了尽快熟悉工作，很多事情闫文静仍亲力亲为，加班到晚上11点是家常便饭，女孩子享受的逛街成了"踩着店面倒数下班的点去买鞋"。

闫文静常常感到时间不够用，食堂、宿舍、保安、保洁、车队和企业文化，样样都要负责安排。她先后改善了员工住宿条件和食堂伙食，还"导编演"三位一体，举办了多台丰富多彩的文艺晚会。公司领导评价她："起初还担心把一大摊子事、100多号人交给一个小姑娘，行不行？后来证明，她干得很好。"

"从职校走进社会，由于学历低而自卑，但也因此对自己有了更准确的定位。"闫文静自信地说，只要肯埋头努力，本科生和大专生的未来是画等号的。

以志愿服务带领外来工融入当地

上大学时专业学的是工科，跟图纸打交道；现在却要做行政管理，跟人打交道,刚刚升职的闫文静感到职业迷茫。这时,在车间实习期间熟悉的同事给了她很大帮助,不仅鼓励她接受挑战,还主动提出建议改善员工宿舍和食堂。基层的工人大多来自外省,跟他们越亲近,闫文静越能深切体会异乡人的种种难处。如何让外来工融入中山?做管理工作的闫文静想到了志愿服务。

闫文静的志愿情怀同样培植于大学时代。湖北职业技术学院位于湖北省孝感市,因东汉孝子董永卖身葬父,行孝感天动地而得名,行孝感恩也成为学校人文教育的一部分。在校期间,闫文静积极参加学校义工社活动,经常利用假日与福利院的老人们聊天,帮他们梳头、剪指甲,陪智障儿童玩游戏。

"真正做义工,才明白'赠人玫瑰,手有余香'这个道理。"闫文静向记者解释,上一代外来工打工是为了挣钱,然后寄回家建房子,年纪大仍然回到老家;新一代外来工出来挣钱是为了生活,从未打算回去。所以,他们必须成为名副其实的"当地人",而志愿服务能帮助他们更快融入当地。首先,可让外来工与当地人有更多的接触,从而加深了解;其次,可提升外来工在当地社会的形象,扫除一些可能存在的融入障碍;第三,可提升外来工本身的素质,减少他们沾染恶习的可能性。

难得的休息日,身为公司志愿服务队队长的闫文静经常用来组织外来工志愿活动。她组织外来工登山健身,每人带个大的环保袋,从不同路径上下山,一边爬山一边捡垃圾;由于外来工都租住在厂区附近的社区,闫文静带领工人们主动深入社区,和居民一起清理社区垃圾、保持社区整洁。这样,外来工和当地居民的个人摩擦都少了。

随着对外来工群体认识的逐渐加深,闫文静意识到,真正的融入是"让外来工也能和当地人一样享受他们的劳动成果",她认为政府应该有所作为,"做好教育、就业、医疗等权益的均等化工作"。这些观点她将在合适的时机表达。

为外来工发声

今年5月,闫文静高票当选十八大代表,将代表广东省2700万外来工发声。中山市共选出两名代表,另一位是中山市市委书记。

面对荣誉,闫文静非常冷静。"代表中山的党员和基层外来工,我觉得'鸭梨山大',还有很多东西需要走访调研,肩上担子很重。"

为了准确地表达基层心声,闫文静开始积极准备。目前她正在做两个关于外来务工人员的基层调研,分别是"走进工业区——外来务工人员对城市生活的需求和想法"、"走进社区——基层民众生活中还有哪些改进的要求"。她计划每天花一个上午或下午的时间,走遍全市24个镇区。

通过调研，闫文静对外来工需求认知变得更为明确。"分年龄分学历，外来工需求有不同。'90后'外来工对经济要求不高，他们比较在乎一个星期能休息几天、业余有哪些活动，这些满足了，他们便会稳定下来；而结了婚的外来工，对户口、子女读书、住房的需求很大。"她井井有条地分析道。

闫文静还表示，要解决所有外来工融入当地的问题，落户不是关键，实现教育、就业、医疗等权益的均等化才是关键。"有的外来工，在当地工作不满三年，他的孩子需要上学，他不能也不愿在当地落户，上学的问题还是难以解决。在这个层面上，'三年工作就能落户'这类政策只能解决一部分人的问题。"

从基层听到的不只是意见，还有解决办法。有外来工表示，虽然实际上已经在当地工作超过3年或5年，但是因为没有及时办理居住证，而影响了入户入学的进度。"能否灵活一些，用其他证明代替居住证？"外来工建议。

每天，闫文静都要用一个多小时整理诉求与建议。她已经很久没逛过街，但她认为一切都是值得的，"我会将外来工融入当地的合理诉求都带到十八大上"。闫文静坚定地说。①

案例分析：

闫文静进入全国公众的视野，是她以"80后"外来务工人员的身份当选为广东省党的十八大代表之后。1986年出生，职业技术院校毕业，六年时间从一个普通外来务工人员成长为党的十八大代表，不能不引起人们的关注。她是怎样做到的呢？

从上文介绍中我们可以看到闫文静身上有着良好的品德修养。在校读书期间，闫文静就热心于志愿关爱活动，积极参加学校义工社活动，经常利用假日与福利院的老人们聊天，帮他们梳头、剪指甲，陪智障儿童玩游戏。这种对志愿服务的热心参与既涵养了她的仁爱、奉献之心，也为她日后行政管理工作的开展做了很好的精神和品德铺垫。

闫文静在实习时表现出勤劳、刻苦的优良品质，不怕苦、不怕累，坚持认真负责完成所有的工作，甚至有时比一线工人干得还要多。这种勤劳、刻苦的品质在工作中就能很快转化为敬业爱岗的职业道德品质。

正是因为有这种干什么都要认真负责，再苦再累也要坚持的品德，当领导把新的行政管理工作交给她时，即使没有相关的知识和经验，她也没有退缩，而是投入更多的时间和精力尽力做好。

---

① 资料来源：中国教育在线，http://campus.eol.cn/xin_zhi_2043/20120820/t20120820_829917.shtml.

在大学读书时做义工的经验使闫文静体会到"赠人玫瑰，手有余香"助人的快乐。从事行政管理工作之后她在公司建立了志愿者义工服务队，经常利用业余时间开展环保爬山、环保进社区、自行车宣传等活动。在玩的同时收集垃圾，宣传环保理念。既丰富了员工的业余生活，提高了外来务工人员与当地社会的接触融合，在活动中也提高了员工的素质和能力，同时为社会做了力所能及的公益服务。这种充满爱心、无私的付出也使闫文静获得了相应的荣誉。2010年她荣获"广东省百佳团支部书记"荣誉称号，2011年荣获"中山市百佳外来务工人员"荣誉称号。

可以说是倡导、组织和坚持志愿服务使公司更多的员工了解了闫文静，也使更多的中山市民认识了她，也使广大的外来务工人员信任她能为自己代言，向党和国家传达自己的心声和愿望。

能够成为广东省最年轻的党代表，既是荣誉，更是责任。为了能够反映外来务工群体的心声和诉求，闫文静在工作之余深入走访调研，关注外来务工人员最关心的问题。她很快将自己的关注点确定为企业基层党建、新老中山人融合、外来务工人员融入城市生活和城市公共服务均等化等问题。这些问题都贯穿一条主线，就是"外来工在中山"。

闫文静的事迹中包含着她个人的品德修养，包含着她组织的义工团队成员们的品德修养，也和中山市倡导的全民"修身"行动相一致。可见，重视修身可以成就一个人，也可以成就一个团队，成就一个城市。

第二节　个人修养与传统文化

> 西方的基督教文化产生了西方人的境界，包括他们的道德境界、审美境界、宗教境界；中国的儒释道三大文化支柱，也各有其相应的精神境界，其中也包括他们各自的道德境界、审美境界等。凡此种种，都说明，要提高个人的精神境界，最重要的是弘扬民族文化。
>
> ——张世英

个人修养的"养"字，从食，羊声，本义：饲养，引申义：供养、奉养、抚育、教养、修养等。从"养"的词源学意义上可知，涉及养的事情，都和提供食物或必需的营养物，有助于生命的存在与生长有关。人的身体需要洁净、丰富的食物不断提供生长所需要的营养，这是人人都知道的常识。和人的身体一样，人的心灵和精神也同样需要好的、丰富的营养来充实。身体需要食物，精神也需要食物。身体的食物是粮食、蔬菜和肉类等，精神的食物则是古今中外优秀的文化。个人修养中的"养"，就是强调人的精神境界和道德水准的提升需要日积月累、源源不断的优秀文化的营养。身体上营养的缺乏会使人的健康和生命受到危害，精神上缺乏营养，内心就空洞、贫乏。因此，个人修养就是个人自觉不断地为自己的心灵输入优秀道德文化的过程。这个过程从幼小时家庭的熏陶开始，到入学后学校的相关课程和活动引导，之后就是自己自觉的吸收和积累，不断加强与完善。

对于个人修养而言，古今中外优秀的道德文化遗产是取之不尽、用之不竭的丰富宝藏。而且"个人的精神境界又是在他所属的社会文化、民族文化的影响下形成的。人生之初，既处于既定的自然环境（自然条件），包括血型、禀赋等遗传因素以及地理环境等之中，同时也处于既定的文化环境之中。一个人的精神境界（个人的性格、人格、对世界的态度等）既受自然环境、自然条件的制约，更受文化环境的熏陶，文化环境的影响力可以达到使人置生死于度外"[①]。即是说个人修养和精神境界的提升离不开自己民族的文化传统。"提高个人的精神境界，最重要的是弘扬民族文化。"任何一个民族文化传统中，道德文化的传承又是这个民族存在和发展的重要纽带。中华文明五千多年一脉相承，绵延至今，成为世界文明史上的奇迹，和我们中华民族有着丰富的道德文化传统直接相关。因此，学习中华民族优良传统文化是我们提高个人修养的重要方法和途径，也是传承与弘扬民族文化的责任与义务。

一、何谓传统文化

英国人类学家泰勒（Edward Burnett Tylor, 1832—1917）在他著名的《原始文化》一书中指出："文化或文明，就其广泛的民族学意义来看，乃是一个复杂的整体，它包括知识、信仰、艺术、道德、法律、习俗以及人作为一个社会成员所获得的任何其他能力和习性。"[②]

传统文化是各民族在历史发展过程中逐渐形成、积淀、传承下来的，反映本民族精神特质的民族文化。世界各地各民族都有自己的传统文化。

中国传统文化是中华民族在几千年漫长历史发展中形成并代代相传，始终在中国人的精神和生活中起作用的民族文化。能够称得上传统的文化就意味着不仅是在遥远的古代社会产生并存在，而且一直延续至今存在着的文化。传统之于生活于其中的人们而言，不管喜欢与否、愿意与否，就是生活本身。"他们的所作所为、所思所想，除去其个体的特性的差异之外，都是对他们出生前人们就一直在做、一直

---

① 张世英著. 境界与文化——成人之道 [M]. 北京：人民出版社，2007：281—282.
② 同上，281.

在想的事情的近似重复。"① "新事物的形式与实质在很大程度上取决于一度存在的事物,并且以这些事物为出发点和方向。"② 我们甚至可以说传统就是现在。

我们今天所说的中国传统文化,是指在先秦诸子百家争鸣基础上奠基,汉魏以后形成的儒家、道家、佛教文化三足鼎立的文化格局。其中儒家以道德修养为人生的最高追求,并提出一系列关于修身、齐家、治国、平天下的道德观念和道德准则,为国家安定、社会稳定、家庭和睦确立了普遍有效的道德规范。形成了中国人以崇尚孝、忠、仁、义、礼、智、信、敬、耻、和等道德观念为核心价值取向的总体文化特征。儒家文化也因此成为中华民族文化的主流与核心。我们在这里所说的传统文化主要指儒家文化。

对传统文化的传承与弘扬一定要分清其中的精华和糟粕,取其精华,去其糟粕,是辩证对待一切历史文化遗产的正确态度。因此,对儒家道德文化传统我们也要做具体分析,不能一概而论,对其中的糟粕要保持警惕。

以汉代董仲舒提出"罢黜百家,独尊儒术"为标志,儒家道德文化从民间的道德智慧转化为官方的意识形态。因此,儒家道德文化实际上有两种形态:一种是春秋时期由孔子创立,后经孟子、荀子发展而成的原生形态的思想体系;另一种是汉代独尊儒术之后被意识形态化、世俗化的儒家思想。前者的"根本出发点是'仁者爱人'的人道主义,理论取向是现世的人文关怀;它主张仁政,强调'德治';重视人生的价值,强调人格的独立;追求'中庸之道'、'天人合一'的精神境界和社会理想"③。后者经过"意识形态化和世俗化两个方面的发展,都产生了另一种面目的儒家思想。它产生的依据既出于儒家经典,更出自于现实的需要;它不是对人类精神的自我反思,而是对现实利益的一种权衡;不是超越于事象之上,具有形而上的普遍性和必然性,而是存在于具体的历史情境中,时过境迁,随波沉浮。它以儒家思想的面目出现的,但又常篡改儒家的原义而行一己之私"④。

其中,在中国漫长历史演进过程中产生广泛影响的是后者,因为其作为封建专治统治的工具,几千年来在历朝官方各种方式的推崇、倡导下,脱离原义,被严重扭曲、强化并日益渗透、熔铸到人们的思想观念、思维方式、生活方式和行为方式之中,甚至积淀为集体无意识,长久、持续、有形无形地支配着人们的精神和作为精神外化的生活与社会实践。而我们学习和弘扬儒家道德文化,要回到孔子创立儒家学说时的初衷和原点,吸纳其中能超越时空、具有人类普遍意义和价值的道德智慧。

---

① 希尔斯.论传统[M].上海:上海人民出版社,1991:45.
② 同上,46.
③ 唐凯麟,曹刚著.重释传统——儒家思想的现代价值评估[M].上海:华东师范大学出版社,2000:2.
④ 同上,15.

二、传统文化为提升个人修养提供了丰富的养分

上文提到中国传统文化是指儒家、道家、佛教文化三足鼎立的文化格局。其中儒家文化因其专注于道德智慧，有利于维护人人之间、天人之间的和谐而成为中国传统文化的主流与核心。儒家道德文化为后世中国人提升个人修养提供了丰富的养分，其中《大学》和《论语》更是个人修养的必修课。

（一）《大学》指明了个人修养的目标和顺序次第

"四书五经"是构成中国文化的重要典籍，其中《大学》被宋代大儒朱熹列为"四书"之首。之所以被列为"四书"之首，恰恰是因为《大学》着重阐述了个人道德修养与社会治乱的关系，是"初学入德之门也"。

"大学"是指15岁以后的上起天子、下至庶人都要学习进修的内容，关于穷理、正心、修己、治人之道。《大学》明确指出个人修养的目标在于"明明德"、"亲民"、"止于至善"。同时又提出修养进阶的八个步骤，即"格物"、"致知"、"诚意"、"正心"、"修身"、"齐家"、"治国"、"平天下"。其中每一个都以前一个为先决条件，而"修身"是其中最根本的、具有决定意义的一步。前四个是"修身"的方法途径，后三个是"修身"的必然效果。而且从天子到庶人"皆以修身为本"。每个社会成员，特别是统治者道德修养的好坏决定着社会的治乱。《大学》明确肯定了道德在社会生活中的作用。

（二）《论语》[①]具体指明了个人修养的方法和措施

首先，个人修养要从学习开始。子曰："学而时习之，不亦说乎？有朋友自远方来，不亦乐乎？人不知而不愠，不亦君子乎？"（《论语·学而篇第一》）学习是孔子教我们的第一件事。"孔子以诗书礼乐教。"（《史记·孔子世家》）孔子以《诗》、《书》、《礼》、《乐》教化学生，因为"不学诗，无以言"，"不学礼，无以立"（《论语·季氏篇第十六》）。诗教是美育，礼教是德育，美善并举才能涵养出和谐、圆融的心性。否则，"好仁不好学，其蔽也愚；好知不好学，其蔽也荡；好信不好学，其蔽也贼；好直不好学，其蔽也绞；好勇不好学，其蔽也乱；好刚不好学，其蔽也狂"。（《论语·阳货篇第十七》）意思是：爱好仁德却不爱好学习，其弊病就是容易被人愚弄；爱耍聪明却不爱好学习，其弊病是容易放荡不羁；爱好诚信却不爱好学习，弊病是容易被人利用反而害了自己；爱好直率却不爱好学习，其弊病是容易说话尖酸刻薄，刺疼人心；爱好勇敢却不爱好学习，弊病是容易捣乱闯祸；爱好刚强

---

① 本章所引《论语》原文出自：钱穆.论语新解[M].北京：九州出版社，2011；杨伯峻今译，刘殿爵英译.论语[M].北京：中华书局，2008。原文释义参考：钱穆.论语新解；杨伯峻中英文对照论语；李泽厚.论语今读[M].合肥：安徽文艺出版社，1998；[清]刘宝楠.论语正义[M].北京：中华书局，1990；[宋]朱熹集注.四书集注[M].长沙：岳麓书社，1985.

却不爱好学习，弊病是胆大妄为。因此，要想使仁、智、信、直、勇、刚真正成为自己的美德，必须好好学习、认真钻研，深究其丰富的内涵和要求才行。

其次，随时随地向一切比自己优秀的人学习。《论语·述而篇第七》中，子曰："三人行，必有我师焉。择其善者而从之，其不善者而改之。"钱穆先生在《论语新解》中，对这句简单易懂的话做了很深刻的解读。他说："孔子之学，以人道为重，斯必学于人以为道。道必通古今而成，斯必兼学于古今人以为道。道在人身，不学于古人，不见此道之远有所自。不学于今人，不见此道之实有所在。不学于道途之人，则不见此道之大而无所不包。"①可见，孔子的目的是教导弟子做人道理最根本的内核从古到今、由远而近永恒不变、无处不在。

《论语·子张篇第十九》中，"卫公孙朝问于子贡曰：'仲尼焉学？'子贡曰：'文武之道，未坠于地，在人。贤者识其大者，不贤者识其小者，莫不有文武之道焉。夫子焉不学？而亦何常师之有？'"这段对话应该发生在孔子离世之后。卫国的公孙朝问子贡说："仲尼那样的学问，是从哪里学来的？"子贡说："周文王、武王的道，并没有失传呀，仍在现今活着的人身上。贤能的人了解道的根本，不贤的人也了解它的末节，他们都传有文王、武王之道啊。我们的老师随处都在学，又何须专门的老师传授呢？"可见，孔子本人就是随时随地学习，从每个人身上、每件事情上学习体会为人之道。孔子还说过："见贤思齐焉，见不贤而内自省也。"（《论语·里仁篇第四》）意思是：每个人都会遇到各种各样的人，贤与不贤，我们都能学到有益之处。从贤者身上我们要看到自己的差距并思考怎样做到一样好，从不贤者身上我们要警醒自己避免犯同样的错误。

第三，内省反思是自我修养的重要方法。《论语·为政篇第二》中，子曰："学而不思，则罔。思而不学，则殆。"意思是：只向外面学，不返回到自己的内心加以认真思考，可能越学越迷惘。只是自己琢磨，不通过学习来扩展验证，只会使自己封闭疲怠。因此，学习和思考要交错并进才能有所收获。

孔子学思并重的思想在《中庸》里被进一步发展为"博学之、审问之、慎思之、明辨之、笃行之"五个学习的步骤，为后生晚学指出了一条系统学习的清晰路径。

《论语·学而篇第一》中，孔子的学生曾子则把老师学思并举的方法具体化为"吾日三省吾身：为人谋而不忠乎？与朋友交而不信乎？传不习乎？"为我们后学做出了很具体的示范。

关于内省反思，孔子还特别指出："君子有九思：视思明，听思聪，色思温，貌思恭，言思忠，事思敬，疑思问，忿思难，见得思义。"（《论语·季氏篇第十六》）意思是：君子要随时随地反思九个方面的事：看的时候，要想想看明白了

---

① 钱穆.论语新解[M].北京：九州出版社，2011：171.

没有（要透过现象看到本质）；听的时候，要想想听清楚了没有（不能道听途说）；要想想脸上的表情够不够温和（不能阴郁难看）；要想想容貌态度是不是恭敬有礼（不可以傲慢无礼）；要考虑说话是不是真诚老实（不能敷衍油滑）；对待工作要考虑认真负责（不可以懈怠懒惰）；遇到疑惑要考虑向人请教（不可以得过且过、不求甚解）；想发火的时候要想想可能带来的后果灾难（不可以意气用事）；见到好处利益要想想是不是合乎义理，得之无愧（不义的好处不可得）。这九个方面涵盖一个人日常生活工作的方方面面，可以说是对自身全面的修养。果真能时时从这九个方面省察自己，个人修养一定会全面提高并不断达到新的境界。

第四，改过是修养自身的关键环节。人非圣贤，孰能无过？犯错是难免的，每个人都会犯错。改过恰是认识自己的局限，提升扩充自我的机会。但是遗憾的是，世人多有喜欢粉饰掩盖、推脱辩解，少有自责内疚、知错就改的。如孔子的学生子夏所说："小人之过也必文。"（《论语·子张篇第十九》）小人有过失总是不愿改过，所以一定会掩饰，然后重复犯错。或者是表面上承认错，但就是不改。《论语·子罕篇第九》中，子曰："法语之言，能无从乎？改之为贵。巽与之言，能无说乎？绎之为贵。说而不绎，从而不改，吾未如之何也已矣！"孔子的意思是说：别人用规矩、好言好语来劝诫我们，能不听从吗？但能真正改过才是可贵的呀！别人用恭顺委婉的辞藻来赞许我们，听了能不高兴吗？但应该认真推究言外的真实意思才好呀。听到好话只知道高兴，而不加分析推究，听到规劝只表示认可，而不肯改过，那我拿他实在也是没有办法了。

因此，孔子特别欣赏弟子颜渊能"不贰过"。《论语·雍也篇第六》中，"哀公问：'弟子孰为好学？'孔子对曰：'有颜回者好学，不迁怒，不贰过，不幸短命死矣，今也则亡，未闻好学者也。'"鲁哀公问孔子说：你的学生们，哪位是最好学的？孔子回答说：颜回是最好学的，他能有怒不迁向别处，有过失能不再犯。可惜他命短离世了，现在没有再如他那样好学的了。孔子讨论好学的弟子，特别表扬颜回，并特别提到看似平常的两条：不迁怒、不贰过，恰恰说明孔子传授的主要是如何修心、如何做人的学问。不迁怒是敢于担当，不贰过是知错就改，能杜绝再犯。能够真正做到这两点的人并不多。

孔子认为有过错并不可怕，可怕的是不知改过。不改过，人就不能进步，学也是白学。所以，孔子感叹："过而不改，是谓过矣！"（《论语·卫灵公篇第十五》）有过错而不知改进，是真正的过错啊！孔子还说："德之不修，学之不讲，闻义不能徙，不善不能改，是吾忧也。"（《论语·述而篇第七》）孔子是说：品德不用心培养，学问不认真研讨讲习，听到正义的感召却不能改变自己而遵从正义，知道自己做得不符合善的原则也不能改正，这些都是我所忧虑的啊。

学习、反思、改过，是孔子教导弟子们提高自身修养的重要方法和途径。同样也是今天我们在生活和工作中每个人不断提高自身修养的方法和途径。特别是就职场的生存与发展而言，每个人步入职场都要面临不断学习的任务：学习相关知识、岗位所需技能、团队协作、如何与职业相关的人和事之间进行良性互动等等。因此学习仍然是我们开始职业生涯的第一步。学习的过程往往也是犯错误的过程，犯了错误是掩饰推脱，还是勇于担当及时改过，影响着人们在职场中的进步与发展。在同一个单位中，有的人好学上进、学思并用、知错就改；有的人不思进取、得过且过，对自己的过错姑息掩饰，假以时日两种人之间的差距就会越来越大。同样的起点，同样的岗位，最后在能力、修养、地位、前途上却有霄壤之别，就是取决于个人是不是注重自己的修养，能不能持续严格要求自己。因此，"修己以敬"、"修己以安人"应该成为我们在职场中不断提高自己修养的座右铭。

三、个人修养是事业有成的关键

古往今来，各行各业，凡是事业有成者，无不是根源于对个人修养的涵养和践履。这一点我们在历史上和生活中都能看到成功的范例。

（一）上海杰出工人技师李斌的启示

在第一章的导入案例中，我们记住了一个叫李斌的工人技师。李斌初中毕业后进入技校学习，技校毕业后仅十余年的时间就成长为具有工程师和高级技师职称的机械行业数控技术应用专家。

同时，由于他为企业解决了很多具体的技术难题，为国家节省了大量的资金，为企业创造了巨大的效益，十余年间李斌也多次荣获国家和上海市的最高荣誉称号。

看到这些成绩和荣誉的时候，值得我们深思的是，是什么样的力量在不断推动李斌进步？从初中生到全国十大杰出青年，这中间的跨度不可谓不大，甚至让人觉得难以企及，若没有强大的动力，则很难想象有如此的跨越。

从关于李斌事迹的介绍中我们能注意到这样几个关键词：学习、创新、奉献。"学习"对李斌而言意味着勤奋、钻研，吃别人不愿吃的苦，学别人不愿学的技术；"创新"对李斌而言意味着花大量的时间研究工作上的技术难关，意味着牺牲别人不肯牺牲的休息时间，意味着对工作的全心全意、专心致志；"奉献"对李斌而言意味着不计较个人的得失，以工作为重，以团队、企业、国家利益为重。

"学知识、学技能，仅仅是我的第一步追求。用知识和技能搞创新，为企业和国家创造更大的效益，才是我的最终追求。""一个人的价值在于有所作为，乐于奉献，特别是要帮助更多的人成才。"从李斌的话语和实际行动中我们找到了答案。

推动李斌不断进步的最深层动力恰恰是勤奋学习的习惯、牺牲和奉献的精神、对企业和工作的忠诚这些善良可贵的品德。这些品德并非与生俱来的，而是自觉修养、不断提升的结果。李斌的成绩和荣誉也许不可复制，但是李斌的精神和品德修养则是可以学习的。一旦我们有了这些优秀品德修养，不管是干哪一行哪一业，都能取得良好乃至优异的成就。

（二）良好的品德修养造就蓝领"先锋"

在2013年获得全国"五一劳动奖章"的1224人中，23岁的中国石油天然气第一建设公司工人裴先峰是最年轻的一位。裴先峰凭着精湛的技艺在2011年举行的第41届世界技能大赛上夺得焊接项目银牌，成为60多年来在该赛事上获得奖牌的第一个中国人。

一位出身农村，"90后"的技校毕业生是如何做到的？

在介绍他事迹的报道中我们注意到这样几件事。一是2006年8月，裴先峰和哥哥俩人先后考上高中和大学。但拿着两张录取通知书，父母忧喜交加，大儿子一年学费就要8000多元，两个孩子同时升学，全家人不吃不喝也难以承担。在父母一筹莫展之际，16岁的裴先峰做了一个让家人意想不到的决定：让哥哥上大学，自己打工分担父母压力。裴先峰小小年纪能牺牲自己成全哥哥，主动为父母排忧解难，其善良和孝悌之心难能可贵。

二是技校毕业那年暑期，裴先峰请老师帮忙推荐地方实习工厂，当时报名去了10个人。由于实习工厂条件太艰苦，一个月以后，就剩下裴先峰和另外一名同学。裴先峰坚持一直干到完工，并把挣来的600多块钱，一分不少地交给母亲补贴家用。造就一个人成功的因素一定不止一个，但是孝敬父母的品德一定是裴先峰不懈努力最根本的动力和支点。裴先峰的成就再次印证了儒家文化关于：修身、齐家、治国、平天下的理念与成才规律。

三是在裴先峰的心中，一切成绩的取得都要感谢他的师傅们：还是得谢谢我师傅，遇到问题我首先要找到我师傅，我大部分东西都是我师傅们教的，我这一路走来，离不开师傅的帮助。

四是面对成绩，裴先峰说：我感觉岗位不分高低贵贱，只要你重视自己所从事的事业，你在自己的岗位做出一定的工作业绩，企业会认可你，包括社会也会尊重你。下一步就是好好工作，争取能做出更多的成绩。

大河报的记者总结得好：谦虚懂事、不哗众取宠、懂得感恩，这是记者眼里的裴先峰。像不少老师说到的，裴先峰起先的成绩并不是最好的，但假以时日，他总会凭着自己的努力和悟性，让人放心地把某种责任交给他。有了这些优秀的品质，裴先峰迟早会成为蓝领的先锋。

(三) 重视个人修养的曾国藩

作为一位历史人物，曾国藩在经、史、子、集方面都有很深造诣。他治学有方，终生笔耕不辍，留下了卷帙浩繁的著作，在清代士林中享有很高的声誉和地位。

曾国藩最为时人与后人敬仰称颂的是曾国藩对个人修养的重视与持续不断的严格践履。"在翰林院工作期间，曾国藩把修身当作日常很重要的一个部分。……对自己的人生修炼，有五个字。首先是'诚'，诚实、诚恳，为人的表里一致，自己的一切都可以公之于世，要修炼自己的诚；第二个就是'敬'，所谓'敬'就是敬畏，人要有畏惧，不能无法无天，要有敬畏，表现在内心就是不存邪念，表现在外就是持身端庄严肃有威仪；第三个就是'静'，是指人的心、气、神、体都要处于安宁放松的状态；第四个字是'谨'，指的就是言语上的谨慎，不说大话、假话、空话，实实在在，有一是一，有二是二；第五个字是'恒'，是指生活有规律，饮食有节、起居有常。

"这五个字的最高境界是'慎独'，就是人应该谨慎地对待自己的独处，也就是指在没有任何监督的情况下，都要按照圣人的标准，按照最高准则来对待。这是修身的最高境界。

"曾国藩慎独的手段是记日记。每天记日记，对自己一天言行检查、反思，对自己在修身方面做检讨。最为可贵的是，从31岁所开始的修身，一直贯穿他的后半生。在此后的30年中，即便身为军事统帅，每天在杀戮声中度过，他每天仍然'三省吾身'。可以说，修身是曾国藩事业成功最重要的原因。"①

(四) 成就本杰明·富兰克林的"十三项美德"

本杰明·富兰克林（Benjamin Franklin，1706—1790）是一个让美国人永远骄傲的名字。这个名字和美国独立运动、《独立宣言》、美利坚合众国的建立永久连在一起。此外，这个名字还意味着印刷商、出版商、记者、作家、慈善家、外交家、发明家、科学家等。很难想象一个人能够在如此众多的领域都取得显著成就。本杰明·富兰克林做到了。支持他做到这些的，恰恰是他对美德持续不断的修养与追求。

本杰明·富兰克林在他的自传里写道："我想出了一个达到完美品德的大胆而费力的计划。我希望我一生中在任何时候能够不犯任何错误，我要克服所有缺点，不管它们由天生的爱好，或是习惯，或是交友不善所引起的。

"但是不久我发现了我想做的工作比我想象的要困难得多。正当我聚精会神地在克服某一缺点时，出乎我意料以外的另外一个缺点却冒出来了。习惯利用了一时的疏忽，理智有时候又不是癖好的敌手。后来我终于断定，光是抽象地相信完善的

---

① 唐浩明.曾国藩的修身与治国 [J].领导文萃，2006，(8)：82—83.

品德是于我们有利的，还不足以防止过失的发生，坏的习惯必须打破，好的习惯必须加以培养，然后我们才能希望我们的举止能够坚定不移始终如一地正确。为了达到这个目标，我想出了下面的一个方法。"①

这个办法就是为世界人民所熟悉的"十三种德行"。这十三种德行分别是："一、节制。食不过饱，饮酒不醉。二、沉默寡言。言必与人与己有益，避免无益的聊天。三、生活秩序。每一样东西应有一定的安放的地方，每件日常事务当有一定的时间。四、决心。当做必做，决心要做的事应坚持不懈。五、俭朴。用钱必须与人或与己有益，换言之，切戒浪费。六、勤勉。不浪费时间，每时每刻做些有用的事，戒掉一切不必要的行动。七、诚恳。不欺骗人；思想要纯洁公正，说话也要如此。八、公正。不做不利于人的事，不要忘记履行对人有益而又是你应尽的义务。九、中庸适度。避免极端；人若给你应得处罚，你当容忍之。十、清洁。身体、衣服和住所力求清洁。十一、镇静。勿因小事或普通的不可避免的事故而惊慌失措。十二、贞节。除了为了健康或生育后代起见，不常举行房事，切戒房事过度，伤害身体或损坏你自己和他人的安宁或名誉。十三、谦虚。仿效耶稣和苏格拉底。"②

富兰克林不仅总结提炼了十三种人所必须具有的德行，而且一生身体力行。他在晚年回顾自己一生的经历时说："他长期的健康和他那迄今还强健的结实体格归功于节制；他早年境遇的安适和他的财产的获得和一切使他成为一个有用公民和使他在学术界得到一些声誉的知识，这一切当归功于勤勉和俭朴。国家对他的信任和国家给他的光荣的职位当归功于诚恳和公正。"③

值得我们欣慰的是，有足够的资料证实富兰克林在提出和践行"十三种美德"的时期曾受到中国文化的影响，特别是儒家文化的影响。1738年，富兰克林在他主办的周报《宾西法尼亚公报》上发表《孔子的伦理》(*From the Morals of Confucius*)一文。文章中对《大学》中如何"正心"、"诚意"和"修身"，即关于砥砺自身道德的原则和方法的内容做了节录和评论。在文章中，富兰克林把孔子视为一个道德思想家，从三个方面展现了孔子作为一位哲人所关注和讨论的事。在富兰克林看来，孔子作为一位哲人关注和讨论的主要是三个方面的事情：一是为了培育我们的思想和规范我们的行为方式，我们应该做什么？二是指导和教育他人的方法。三是每个人都应该追求至善，通过坚持至善达到安详宁静④。

---

① 姚善友译.富兰克林自传[M].北京：生活·读书·新知三联书店，1958：117.
② 同上，118—119.
③ 同上，128.
④ 王学良.本杰明·富兰克林对中华文明的汲取——纪念富兰克林诞辰300周年[J].哈尔滨工业大学学报（社会科学版），2006,（7）：1—7.

案例与分析:

一手拿《论语》，一手拿算盘
——日本现代企业之父涩泽荣一

涩泽荣一（1840—1931）是日本明治和大正时期的大实业家，被称为"日本企业之父"。他出身琦玉县的豪农家庭，早年曾参加尊王攘夷活动。由于精明能干，被德川庆喜重用。1867年随庆喜之弟访问欧洲，回国时幕府已经倒台。1868年创立日本第一家银行和贸易公司。1869年到大藏省任职，积极参与货币和税收改革。1873年因政见不合辞职，任日本第一国立银行总裁。10年后创办大阪纺织公司，确立他在日本实业界的霸主地位。此后，他的资本渗入铁路、轮船、渔业、印刷、钢铁、煤气、电气、炼油和采矿等重要经济部门。1916年退休后致力于社会福利事业，直到91岁去世。

作为日本历史上最伟大的儒商，涩泽荣一一生崇拜孔子，并积极致力于将《论语》中的道德教诲运用到经商实践之中。有感于《论语》对他人生的深刻影响，他撰写了著作《论语与算盘》，在书中他写道："我一生都尊崇圣人孔子的教导，把《论语》当成一生的必修课。""在我看来，算盘因有了《论语》而打得更好；而《论语》加上算盘才能悟出真正的致富之道。""如何才能有效地增加财富并让财富永存呢？唯一的方法就是立足于仁义道德，用正当的手段去致富，这样的财富才能长久。因此，当务之急就是要缩短论语与算盘的差距，让二者更紧密地结合在一起。"①

案例分析:

2006年中央电视台经济频道播出了12集电视纪录片《大国崛起》，记录了葡萄牙、西班牙、荷兰、英国、法国、德国、俄国、日本、美国9个世界级大国相继崛起的过程，并总结了各大国崛起的规律。在介绍日本时，多次提到被日本人尊称为"日本现代企业之父"的涩泽荣一。其中特别提到"一生创办了500多家企业的涩泽荣一，被称为'日本的现代企业之父'，从投身实业的那一天起，他就把中国儒家经典《论语》当作自己的行动指南。他到处演讲，号召日本人做一手拿《论语》、一手拿算盘的企业家。涩泽荣一提出了义利合一的经商理念"。

涩泽荣一是一位日本的企业家，自幼在家庭中接受中国传统文化的熏陶与教

---

① 涩泽荣一.论语与算盘[M].余贝译.北京：九州出版社，2012.

育，并对《论语》情有独钟。在日后的经商过程中，他活学活用《论语》中的道德智慧，取得了几乎无往而不胜的骄人业绩。因此也被公认为"日本的现代企业之父"。更难能可贵的是，涩泽荣一深感《论语》中道德智慧的弥足珍贵，有心把《论语》的道德智慧在日本发扬光大。因此，他晚年结合自己办实业、经商的成功心得、体悟写成《论语与算盘》一书，对日本工商业界产生了深远的影响。

《论语》是中华文化的瑰宝，其中蕴含的道德智慧普适于全世界，有外国友人能对我们中华民族的优秀道德文化推崇有加，是中国人的光荣。这也提醒我们，继承并弘扬中华民族优良道德文化更是中国人自己义不容辞的责任和使命。

自古以来，人们把《论语》中的道德要求和智慧看成培养"君子"的标准，很多人未学先怯，望而却步。但涩泽荣一给我们的启示则是：学习并践行《论语》既能成就美好的人格，也能成就职场事业。正如他晚年所说："实际上我站在这一知行合一的立场，咀嚼《论语》直到84岁的今天，遵奉《论语》为公私内外行动的准绳，努力于富国强国平天下。请同胞实业家也认真读解《论语》，希望民间辈出知行合一的实业家和品行高尚的时代精英。"①涩泽荣一所说的话和他的著作都值得我们深思！

第三节　融会贯通，增长职场智慧

《论语》之最大价值，在教人以人格的修养。修养人格，决非徒恃记诵或考证，最要是身体力行，使古人所教变成我所得。

孔子讲的人格标准，凡是人都要遵守的，并不因地位的高下生出义务的轻重来。

——梁启超

良好职业道德意识的形成离不开个人品德修养的底蕴，个人品德修养的建构离不开中华民族优秀传统道德文化的滋养。中华民族在几千年漫长的历史发展中逐渐形成了儒家、道家、佛教文化并立互补、三足鼎立的文化传统。而其中由孔子开创的儒家文化，因其积极关注人们现世、现实的生活，始终围绕一个人如何修养自我、出来做事如何尽职尽责，居于高位如何安邦治国等问题展开，因此持续不断地影响着一代又一代的中国人。儒家文化也就成为中华民族文化传统中最主流、最核心的部分。

---

① ［日］涩泽荣一.日本人读《论语》（涩泽荣一〈论语〉言习录）[M].李均洋.［日］佐藤利行译审.北京：中国工人出版社，2010：6.

孔子是中国历史上第一位伟大的教育家，对教育的影响力有远见卓识。孔子"有教无类"，只要是有心学习者，无不欣然接纳，收受为徒。他开创了"因材施教"的教育模式，即按照每个人的原初资质、兴趣爱好、性格特点、未来志向等进行针对性引导、教育与培养。因此，记载他教学言论的著作《论语》也就成为一本每个人都能从中读出自己安身立命、为人处世所需道理的宝典。国学大师南怀瑾先生曾做过一个生动的比喻，他说：儒家的孔孟思想是粮食店，是天天要吃的。每个人都离不开粮食，每个人都能从这个粮食店中获得安身立命必要的营养。因此，从古到今，我们看到无数的学者、君王、各级各类官员，甚至各行各业的人们都从《论语》中学习为人处世的道理，逐渐形成了中国人特有的思维与行为风范。宋朝著名宰相赵普曾说：半部《论语》治天下，半部《论语》修身养性。可见，《论语》对古人的影响之大。

随着时代变迁，今天的社会生活与孔子当年已有霄壤之别，孔子学说、孔子所执着的"道"在今天是不是已经过时了呢？对这个问题，看看现在遍布世界各地的近400所孔子学院和500多所中小学孔子课堂就可以找到答案。历经2500多年，世事沧桑巨变，孔子的学说、儒家文化虽然有过低谷与沉寂，但是每个中国人无不直接或间接受其教化影响，其传承与延续从未间断。而且，孔子学说也早已随着华人的足迹走出国门，并在所到之处开花结果。美国宗教社会学家彼得·伯格教授长期关注第三世界国家现代化发展问题，他在深入研究东南亚地区各国经济、政治与文化之后认为：儒家文化是经济发展的动力。中国移民在世界各地都很成功，尤其是在东南亚，便是个例证。上文提到的被日本人尊称为"日本现代工业之父"的涩泽荣一，总结自己事业成功的心得就是一生都尊崇圣人孔子的教导，把《论语》当成一生的必修课。

中国大陆，一些成功的企业家，也在以各种方式把儒家文化和中国传统文化的核心与精华作为企业文化的灵魂。中国杰出的大型民营企业华为技术有限公司，不定期对所有总监级以上的高层员工进行中华传统文化思想的培训。海南航空公司请国学大师南怀瑾先生为海航人题写的《海航同仁共勉十条》，成为海航企业文化的宣言。"团体以和睦为兴盛，精进以持恒为准则；健康以慎食为良药，诤议以宽恕为旨要；长幼以慈爱为进德，学问以勤习为入门；待人以至诚为基石，处众以谦恭为有理；凡事以预立而不劳，接物以谨慎为根本。"海航作为中国航空业后起之秀，其发展的稳健和取得的成就应该说与企业对儒家文化的倡导与践行直接相关。

学习以《论语》为核心的儒家道德文化，将其中的精华融会贯通，仍然是我们今天提高个人修养、增长职场智慧的重要途径。

一、己所不欲，勿施于人：职场生涯在于从己心处人事

仔细品味《论语》一书中孔子说过的话，我们能注意到孔子多次提到一个概念——"己"。这个词每个人都非常熟悉，因为每个人都是一个"己"或"我"。自己或自我是对主体的界定，也是人类社会每一个行动的出发点。不管是个人的行为还是社会群体行为，无不是由单个的"己"或"群己"所发出。因此我们考察任何个人行为或社会行为莫不要归到一个"己"字上。如钱穆先生所说："人莫不各有一己，己莫不各有一心。"[①]孔子的教育是道德教育，对己的强调就是告诫人们：行仁立德全靠自己，这既是"己"的责任，也是"己"的使命。

（一）"己所不欲，勿施于人"是职业生活中应该坚守的最基本原则

"己所不欲，勿施于人"是几乎每个受过教育的中国人都熟悉的一句话，出自《论语·卫灵公篇第十五》。"子贡问曰：'有一言而可以终身行之者乎？'子曰：'其恕乎！己所不欲，勿施于人'。"这句话教会了我们"恕"的道理，就是做人做事要推己及人，将心比心。因为"人莫不有己，己莫不有心"，将心比心才能人同此心，心同此理，由同情而达至对他人的理解，己之心与人之心才能和谐融洽。

人和动物最大的区别在于人不仅是自然生命，同时是社会生命。职业是人社会生命最重要的存在状态。人在职业中延续自己的自然生命，展开并完善自己的社会生命。人的社会生命主要是人通过职业而和他人交往的过程。所有的职业都是指向他人、为他人服务的。因此，"己所不欲，勿施于人"，这句孔子告诫自己的学生要终身践行的话表达了人我关系相处最基本的原则，也是我们在职业生活中应该坚守的、最基本的原则。设想一下，如果从事各行各业的人士普遍认同"己所不欲，勿施于人"的"恕道"，地沟油还会堂而皇之端上人们的饭桌吗？毒奶粉还会导致众多儿童生病甚至死亡吗？假冒伪劣产品还会大行其道吗？反之，如果己所不欲，广施于人，结果如何呢？生产地沟油的也许会买到豆腐渣楼盘，建豆腐渣工程的也许会买到假药，做假药的会买到毒奶粉……如果邪恶大行其道，整个社会又有谁能最终幸免呢？

每个人对于自己而言是"己"，对于别人而言就是他人，每个人都是"己"与"人"的统一体。因此，美国著名学者爱默生说：此生最美妙的报偿之一是，凡真心尝试助人者，没有不帮到自己的。

职业是我们立身社会、成就自己的起点，也是我们服务他人、为社会尽一己之责的契机。

---

① 钱穆.孔子传[M].北京：生活·读书·新知三联书店，2002：95.

(二)"己欲立而立人，己欲达而达人"是职业生活中人际相处的重要理念

"己欲立而立人，己欲达而达人"，也是我们耳熟能详的孔子的教导，出自《论语·雍也篇第六》。"子贡曰：'如有博施于民而能济众，何如？可谓仁乎？'子曰：'何事于仁！必也圣乎！尧舜其犹病诸！夫仁者，己欲立而立人，己欲达而达人。能近取譬，可谓仁之方也已。'"子贡问孔子说：如果有个人能广泛地给人民好处并能普遍救济大家，这个人怎么样？可以说他是个仁者了吗？孔子回答：何止是仁者啊！应该是圣人了！尧和舜可能都难以做到呢！能够称得上仁者的，是自己想站得住，也让别人站得住；自己想成功也让别人成功。能够根据自己内心的愿望而推想别人的愿望，从而推己及人，可以说找到行仁道的方法和路径了。

如果说"己所不欲，勿施于人"是从消极的一面设定了人我关系的底线，那么这句话则从积极的一面对人我关系做了进一步的拓展。仅仅"己所不欲，勿施于人"还是不够的，只有当自己想立想达，同时也想到别人也想立想达，从而理解并认可、帮助别人立与达，在做人的境界上则又进了一个台阶，达到了行仁的境界。孔子倡导的立人、达人，从每个人的"己"心处着眼，道理非常质朴简约，既不难懂也不难做。但是我们放眼当代社会，却不难发现，信奉甚至尊崇"走自己的路，让别人无路可走"生存理念的大有人在。殊不知，如果人人秉持这样的理念，社会生活就由丛林规则所掌控，弱肉强食就是唯一的王道。我们不妨把爱默生先生的话改为：凡居心叵测伤害他人的人没有不伤害到自己的。

职场不是战场，职场是安身立命、立己达己、立人达人，发挥我们的潜能、实现我们个人价值和社会价值的用武之地。

(三)"为仁由己，而由人乎哉？"培养与恪守职业道德重在自觉自律

"为仁由己，而由人乎哉？"出自《论语·颜渊篇第十二》。"颜渊问仁。子曰：'克己复礼为仁。一日克己复礼，天下归仁焉。为仁由己，而由人乎哉？'"颜渊问怎样才能做到仁，孔子说：约束我们自己，使言语行动都能合乎礼，那就是仁了。如果有一天人人都这样做了，那天下就都回到仁了。践行仁德全凭自己，还能靠外人吗？孔子在这句话中把践行仁德明确规定为"由己"，就是说"己"的使命就是行仁德。而完成这个使命，要首先学会严格要求自己，对自己的内心、言语、行动多加约束。因为孔子清醒地认识到，每个人行事都由己心己身，如果专以己心己身为主，就不会顾及他人的心与身，而这种对自己的放纵与对他人的忽视是一切不仁不义行径的根源。因此，践行仁道一定是以能约束自己为第一要务。

如果说孔子把他思想的逻辑起点放在每个人的"己"上，而其思想的逻辑延伸，或者说由"己"为出发点，"己"的指向则是"人"，即"己"以外的"他人"。因此在孔子的思想体系中最核心的价值指向是"他人"，是"己"如何行事才有

利于他人，从而有利于群体、社会，乃至整个人类。孔子所倡导的道德学说之所以能够跨越时空，不断给一代又一代人以影响、启迪，就在于他的学说不玄虚、不空泛，句句落实到己与人的关系、心与事的关系、内与外的关系。如钱穆先生所总结："孔子之教，心与事相融，内与外相洽，内心外事合成一体，而人道于此始尽。"①

因此，步入职场，我们首先要正确认识"己"与"人"的关系，在人己关系中明确自己的任务、责任与使命。"为仁由己"，职场漫长的道路要靠自己一步一步走下去，职业道德的培养与恪守要靠自己的自觉与自律。唯有"己所不欲，勿施于人"、"己欲立而立人，己欲达而达人"，才能立己达己，立人达人。

二、仁者爱人：职场最根本的道德智慧

"仁"字最早见于甲骨文，殷周时期就有关于"仁"的思想。汉代许慎著《说文解字》中说："仁，亲也，从人从二。"仁的含义是人与人之间的亲善关系。孔子是最早对"仁"进行归纳、概括、充实与丰富的。"仁"是孔子全部学说的灵魂与核心，其后诸子百家不断从不同角度论述并丰富，从而使"仁"成为中国古代最高的道德规范和政治原则。孔子的学说也被称为"仁学"，孔子追求与弘扬的道也被称为"仁道"。

（一）"仁"既是生活操守的最高原则，也是职业操守的最高原则

"仁"是《论语》一书中统摄全篇的概念，是孔子教导弟子为人处世的出发点和落脚点。"仁"在不同的情境下有各种具体的内涵，如上文所述"己所不欲，勿施于人"、"己欲立而立人，己欲达而达人"，都是仁德的具体要求和表现。但其最根本的内核则是两个字——"爱人"。《论语·颜渊篇第十二》中："樊迟问仁。子曰：'爱人。'"概括起来说，孔子认为"己"的责任与使命就在于不断学习、修养、践履，从而成为一个能通过自己的言行传达对他人爱与关怀的"仁"者。

"仁"既是生活操守的最高原则，也是职业操守的最高原则。从职业本身的社会学意义来看，任何一种职业都承载着众多生命的价值。每一种职业的产生都是基于人们生存的需要，和人们的生命、生活、工作、事业息息相关。对每一位从业者而言，职业是脱离自然人成为社会人的途径与方式，职业赋予人社会定位，是人的身份标识。每一种职业都有特定的社会功能，都服务于社会群体中的千家万户。所有的职业都承载着特定的社会责任，比如医生这种职业，承载着全社会治病救人的社会负责；教师这种职业，承载着育人成才、传承文化的社会责任。如果一个医生

---

① 钱穆.孔子传[M].北京：生活·读书·新知三联书店，2002：92.

缺乏仁心、仁德，病人的痛苦和需要就不能被感同身受，后果我们在一些有关医疗事故的报道中不难发现；如果一个教师缺乏仁心、仁德，就很难指望其能出色完成教书育人的重大使命，甚至会误人子弟。

有一在中国家喻户晓的著名企业，把"仁"作为企业的核心价值并始终以弘扬"仁德"为企业和每个员工的责任，从而几百年基业长青，是继承并践行孔子所倡导"仁道"的优秀范例。这家企业叫"同仁堂"。企业的理念是"同修仁德，济世养生"，堂训则是"炮制虽繁必不敢省人工，品味虽贵必不敢减物力"。

"同仁堂"是商家，是企业，追求利润最大化是天经地义的。但是，"同仁堂"逐利有道，循道获利，甚至在利与道相冲突时弃利而守道，始终坚持企业"同修仁德，济世养生"，把仁德放在第一位。《论语·里仁篇第四》中："子曰：'德不孤，必有邻'"；《论语·为政篇第二》中："子曰：'为政以德，譬如北辰居其所而众星共之。'"仁德出于"己心"，达至人心。几百年来，无数中国人用充分的信任、爱戴维系了"同仁堂"的繁荣和发展；"同仁堂"也以一如既往的"仁德"呵护着无数中国人的健康与幸福。"同仁堂"对以"仁德"为核心的企业文化的崇尚和持守与某些弄虚作假、唯利是图、鼠目寸光的企业形成天差地别的对照，对每一位步入职场或立志创业的人应该有深刻的启发，也是大家学习的楷模。

以"仁"为职场最高道德原则意味着，我们要看到职业中所承载的人的生命、社会的责任，从而以庄重、虔敬之心从事职业、完成职责。而在我们能以庄重、虔敬之心，通过完成职责传达对他人生命的关爱与呵护的同时，我们自己也在工作中发挥、发展了自己的潜能与才华，展现了自己的爱心与智慧，享受到工作的乐趣，同时也能在职业中成就自我的个人价值与社会价值。

（二）修养"仁德"很难吗？

修养"仁德"很难吗？对于这样的疑问，孔子在《论语》中有明确的回答。《论语·卫灵公篇第十五》中："子曰：'君子求诸己，小人求诸人'"，即是说关键在于通过自己的努力去实现"仁"。《论语·颜渊篇第十二》中："颜渊问仁。子曰：'克己复礼为仁。一日克己复礼，天下归仁焉。为仁由己，而由人乎哉？'"这句话更加明确地回答了为"仁"就是自己的责任与使命。《论语·述而篇第七》中："子曰：'仁远乎哉？我欲仁，斯仁至矣。'"孔子说：仁离我们很远吗？我想要仁，仁就来了。孔子此言直指仁道出自人心，人皆有心，心皆有爱，只要愿意为仁，就能做到仁，就看你是想为还是不想为。

（三）怎样才算做到"仁"呢？

孔子不仅让每个人都有"为仁"的信心，更进一步具体化"为仁"的步骤，从而使每个人都能从行脚举步之处涵养自己的仁爱之心，训练自己"为仁"的能力。《论语·子路篇第十三》中:"樊迟问仁。子曰:'居处恭,执事敬,与人忠。虽之夷狄,不可弃也。'"意思是说:居家时容貌态度要端正,办事时要严肃认真,为别人服务要忠心诚意。这几项就算是到了夷狄之邦,也不可以不坚持。这样就能达到仁。

《论语·阳货篇第十七》中:"子张问仁于孔子。孔子曰:'能行五者於天下,为仁矣。''请问之?'曰:'恭、宽、信、敏、惠。恭则不侮,宽则得众,信则人任焉,敏则有功,惠则足以使人。'"子张问仁道于孔子。孔子说:能以五种品德为人处世,就是仁了。子张问:哪五种品德呢?孔子说:稳重、宽厚、诚信、勤敏、慈惠。恭敬稳重就不致遭受侮辱,宽厚则能得到众人拥护,诚信就能得到别人的任用,勤快、应事敏捷就能取得成绩,能对人有恩惠就容易调动别人。"恭、宽、信、敏、惠"几乎涵盖为人处世的方方面面,对即将步入职场的年轻人应该是非常重要的指导和教诲,值得每天不断体会与实践。随着人际关系的和谐与事功的积累,对这五个字会有更切身的感悟与领会。

《论语·子路篇第十三》中:"子曰:'刚、毅、木讷,近仁。'"《论语·学而篇第一》中:"子曰:'巧言令色,鲜矣仁!'"意思是少说多做、刚强、勇毅就接近仁了;相反,花言巧语、面目伪善的人是不会有多少仁德的。把《论语》中孔子诠释"仁"的所有话语联系在一起,我们可以看到孔子强调"仁"出自每一个人的内心,但是要把内心的善念变成仁德,则需要在生活和工作中从一点一滴、方方面面完善自己的道德修养。因此"仁"这个概念事实上逐渐成为中国传统伦理道德规范的总和,后世儒家把它视为"全德"。

三、执事敬:做事的首要原则

《说文解字》中对"敬"的解释是:"敬,肃也。""肃,持事振敬也。"概括起来就是严肃认真地对待要做的事情。《说文》中还说:"惰,不敬也,慢,惰也。怠,慢也,懈,怠也。"惰慢、懈怠都是不敬。因此,"敬"就是对事情不惰慢、不懈怠,严肃认真、勤勉努力。

"敬"是孔子道德教育中的一个重要德目,是做到"仁爱"重要的态度依据,是主体人格对责任使命的内在尊重。一个人内心有"敬",对人对事才不至于骄肆放纵。《论语》中孔子从两个角度诠释了"敬"的内涵:一是对人的态度,二是对事的态度。而对人的"仁爱"终究要通过事情来体现和落实。

(一)"敬"是处理各种人际关系应该持有的基本态度

孔子在《论语》中提到各种人际关系,"敬"是涉及这些关系时孔子最重视的概念。比如子女对长辈的关系是孝，而孝的内核就是对父母的"敬"，即所谓的"孝敬"。《论语·为政篇第二》中："子游问孝。子曰：'今之为孝者，是谓能养。至于犬马，皆能有养；不敬，何以别乎？'"子游问怎样对待父母才是孝敬。孔子说：现在的所谓孝，是说能养活父母就行了；可是，犬和马也都被养活；如果对父母不尊敬，那么赡养父母和饲养犬马又怎么能区别开来呢？

人与人之间的交往也要注重一个"敬"字，这样才能持久、和谐。《论语·公冶长篇第五》中："子曰：'晏平仲善与人交，久而敬之。'"孔子说：晏平仲善于与人相交，他和人相处久了，仍能保持敬爱不减。孔子通过评价晏婴的为人，告诫大家与人相交最重要的态度是"敬"。不敬就会生嫌隙、疏远，甚至反目成仇。

上下级之间的关系也离不开一个"敬"字。《论语·公冶长篇第五》中："子谓子产：'有君子之道四焉。其行己也恭，其事上也敬，其养民也惠，使民也义。'"孔子谈到子产时说：子产有君子之道四项，他行为总是很谦恭，对上位的人总是很尊敬，养护民众有恩惠，使唤人民有法度。从这段话可知孔子主张下级对上级要"敬"。但孔子认为"敬"不仅是下级对上级应该有的态度，同样也是上级对下级应该有的态度。《论语·八佾篇第三》中："定公问曰：'君使臣，臣事君，如之何？'孔子对曰：'君使臣以礼，臣事君以忠。'"孔子的意思是说君王在使唤臣子时要符合礼的规范，臣子自会尽心尽力侍奉君主。而礼的核心就是敬，因此"敬"是人与人交往时应该持有的最基本的态度。

（二）"敬"是孔子对每个人临事执业的态度要求

对事的"敬"，是因为所有的事都是人事，都与人相关。而且，对人的"敬"最终是通过做事体现和落实的。因此"执事敬"是"敬"这个道德规范侧重的方面。临事执业是人生重大的责任，也是每个人必尽的义务，是安身立命的基础。以什么样的态度对待事业决定着一个人人格的品质、生存状态的品质，也影响着涉事所有相关的人。因此，"敬"是孔子对每个人临事执业的态度要求。

《论语·子路篇第十三》中："樊迟问仁。子曰：'居处恭，执事敬，与人忠，虽之夷狄，不可弃也。'"孔子的学生樊迟问如何行仁道。孔子回答：平常独居能不惰不放肆，做事时能严肃认真，与人交往能诚实守信，这几个方面，就算到了夷狄之邦，也不可以弃之不做。这样就是行仁道了。在此孔子明确用"敬"来规范执事或行事、做事。

孔子对另一个学生子张也说了类似的话。《论语·卫灵公篇第十五》中："子张问行。子曰：'言忠信，行笃敬，虽蛮貊之邦，行矣。言不忠信，行不笃敬，虽州里，行乎哉？立则见其参于前也，在舆则见其倚于衡也，夫然后行。子张书诸绅。'"意思是：子张问做事如何才能行得通。孔子回答：只要说话能诚实守信，做事能足够认真严肃,就算去到偏远的蛮貊之邦,也行得通。相反,如果言而无信,做事马虎散漫,就算近在家门口,行得通吗?因此站着就要看到忠信、笃敬就像在眼前,坐在车里就要看到忠信、笃敬好像依靠在车前的横木上,能坐立不忘忠信、笃敬,自然就会到处行得通了。子张把这番话写在他衣服的长带子上。"笃"是专一、厚实的意思,强调'敬'的程度。

(三)"敬业"是古今中外共同尊崇的职业道德规范

作为临事执业的态度和行为规范,"敬业"是从古到今职业道德规范中居于首位的要求。今天,职场中考核和评价员工的标准,排在首位的仍是敬业爱岗。因为能够一心一意、全神贯注、严肃认真、勤勉努力地对待工作,就能竭诚尽智完成自己的职责。孔子在两千五百多年前从人性的庄重与对他人的爱出发倡导"执事敬",与德国著名社会学家马克斯·韦伯(1864—1920)提出的"天职观"形成了奇特的呼应。

1920年马克斯·韦伯正式出版他最负盛名的代表作《新教伦理与资本主义精神》。在书中,他考察了16世纪宗教改革以后的基督教新教的宗教伦理与现代资本主义的关系。分析了资本主义社会能创造出巨大财富与人们对职业的态度之间的关系。新教伦理的职业态度是"天职观":职业是上帝安排的任务,只有在生前勤勉、努力地工作并不断创造财富,才能在死后得到上帝的救赎。"个人道德活动所能采取的最高形式,应是对其履行世俗事务的义务进行评价。正是这一点必然使日常的世俗活动具有了宗教意义,并在此基础上首次提出了职业的思想。这样,职业思想便引出了所有新教教派的核心教理:上帝应许的唯一生存方式,不是要人们以苦修的禁欲主义超越世俗道德,而是要人完成个人在现世里所处地位赋予他的责任和义务。这是他的天职。"[①]因此"天职观"是资本主义精神最重要的内涵之一。"仅当财富诱使人无所事事,沉溺于罪恶的人生享乐之时,它在道德上方是邪恶的;仅当人为了日后的穷奢极欲,高枕无忧的生活而追逐财富时,它才是不正当的。但是,倘若财富意味着人履行其职业责任,则它不仅在道德上是正当的,而且是应该的,必须的。"[②]从世俗意义上翻译,"天职观"就是"敬业观",因为职业是上帝安排的任务,所以要严肃、认真、勤勉地工作。

可见,不管是中国文化还是西方文化,不管是从人性本身的庄严和人与人之间的仁爱关系,还是完成上帝安排的任务,对职业精神的倡导都离不开一个"敬"字。敬是一个有神圣性的概念,是严肃、认真、庄重的概念。和西方人从上帝出发思考如何对待工作相比,孔子从"己"与"爱人"出发倡导"执事敬"更能彰显人性自身的担当和力量!

---

① [德]马克斯·韦伯.新教伦理与资本主义精神[M].北京:生活·读书·新知三联书店,1987:59.
② 同上,127.

四、人无信不立：职场生存与发展不可或缺的品质

早在《周易》中，"信"就被作为一种做人的准则提出来了，"天之所助者，顺也；人之所助者，信也"。"信"在孔子的"仁道"系统中也是非常重要的环节。《论语·述而篇第七》中记载："子以四教：文，行，忠，信。"这句话概括了孔子对学生们施教最核心的内容主要是四项：一是先代典籍遗文，二是道德行事，三是对人对事的尽心尽力，四是与人交往的诚实守信。认真研读《论语》，确能体会出孔子和他的弟子们对"信德"的推崇。

《论语》第一章"学而篇"共十六条内容，其中六条都与"信"有关。我们不妨罗列于此：

第四条：曾子曰："吾日三省吾身。为人谋，而不忠乎？与朋友交，而不信乎？传不习乎？"

第五条：子曰："道千乘之国，敬事而信，节用而爱人，使民以时。"

第六条：子曰："弟子入则孝，出则弟，谨而信，泛爱众，而亲仁。行有余力，则以学文。"

第七条：子夏曰："贤贤易色，事父母能竭其力，事君能致其身，与朋友交，言而有信，虽曰未学，吾必谓之学矣。"

第八条：子曰："君子不重则不威。学则不固。主忠信。无友不如己者。过则勿惮改。"

第十二条：有子曰："信近于义，言可复也。恭近于礼，远耻辱也。因不失其亲，亦可宗也。"

在这几条中可以发现一个很有趣的情况：这六条中除三条由孔子所说之外，孔子的三个学生曾子、子夏、有子各说一条。《论语》一书相传主要是这三个学生整理、编纂而成。从这三个学生对"信"的强调可以见出孔子对"信"德培养的重视。考察以上这几条中提到的"信"，和《论语》后面各章中对"信"的进一步诠释，我们可以概括出"信"这个德目内在丰富的含义。

和《论语》中的"孝"、"弟"是规范亲人之间的关系不同，"信"是规范亲人以外的关系。虽然中国古代是宗法家族制，人们活动的范围主要是在宗族内部，但是社会是由不同宗族构成的，人们打交道的范围总会超出家族熟人的圈子。因此在一个不断往外扩展的范围与人交往应该怎么做就是关系到社会整体运行的更高层次的问题。这也是当代社会"信"越来越成为一个重要道德规范的原因。社会文明程度越高，人们交往的范围越大，尤其是在今天网络科技高度发达的时代，人们对

"信"的要求越来越迫切，对"失信"的危害也认识得越来越深刻。

曾子、子夏所说的"信"是针对朋友之间交往而言，这是"信"适用的第一层关系圈。孔子所说的"谨而信，泛爱众"，其中的"信"已不仅仅限于朋友圈，而扩大到朋友以外的陌生人，孔子还特别强调了"信"是政治家必须具备的品德，"道千乘之国，敬事而信"，在此，"信"也是对君臣关系的规范。

（一）"信"最基本的含义是信用，就是说到做到

《论语·子路篇第十三》中："子贡问曰：'何如斯可谓之士矣？'子曰：'行己有耻，使于四方，不辱君命，可谓士矣。'曰：'敢问其次。'曰：'宗族称孝焉，乡党称弟焉。'曰：'敢问其次。'曰：'言必信，行必果，硁硁然小人哉！抑亦可以为次矣。'"意思是：子贡问：如何才算士？孔子回答：一个人做事有羞耻心，能有所为有所不为，出使四方能不辱君命，可算是士了。子贡又问：如果再次一等要做到怎样才能称为士呢？孔子说：宗族称赞他孝顺父母，乡里称赞他恭敬尊长。子贡又问：请问再次一等呢？孔子说：言语信实、行为坚决，这是不问是非黑白而只管自己贯彻言行一致的小人呀！但也可以说是再次一等的士了。对于这段话，初读可能会觉得有些奇怪，当今社会一个人能做到言必信、行必果已经是很难得了，为什么孔子说做到这样只能算勉强及格的"士"呢？宋代大思想家朱熹曾分析，孔子所说的"小人"是指识量浅狭者，并非指邪恶小人，虽然他们只能局限于说到做到，并不能真正分辨该不该说、该不该做，但是毕竟他们和荒诞、放纵、敷衍马虎、卑鄙之徒不可同日而语，还算是有所持守。因此勉强也可以算个士了。从这里我们可以看出孔子思想的严谨、深远。言必信、行必果固然是恪守了信用，但是说什么、所说的符不符合道义才是最关键的。不符合道义的话，说出来就已经错了，再坚持做下去就是错上加错。

信用在任何年代都是不可或缺的，都是社会秩序正常运行的保障，当代社会尤其离不开信用。当代社会，人们的社会交往日益扩大，每个人的生活起居、工作娱乐都和大千世界息息相关，如果人与人之间不讲信用，生活将变得举步维艰。对此孔子曾有生动的比喻，《论语·为政篇第二》中："子曰：'人而无信，不知其可也。大车无輗，小车无軏，何以行之哉？'"意思是说：做人不讲信用，是根本行不通的。正如车上的辕木与横木之间，若没有了灵活的接榫，无论大车、小车，如何能行进呢？

（二）"信"意味着承诺要慎重

《论语·颜渊篇第十二》中说道："子曰：'仁者其言也讱。'""为之难，言之得无讱乎？"意思是真正的仁者不会轻易承诺，承诺一件事要先考量这件事是否符合道义，所以不能随意表态。《论语·宪问篇第十四》中孔子还说："君子耻其言而

过其行。"君子耻于话说出去了却没有做到。因此仁者、君子都会"谨其言"、"慎其行"。

不轻易承诺，但是一旦承诺，就要说到做到，这是人的"立身之道"。个人如此，国家也要这样，"信"也是"立政之本"。《论语·颜渊篇第十二》中："子贡问政。子曰：'足食，足兵，民信之矣。'子贡曰：'必不得已而去，于斯三者何先？'曰'去兵。'子贡曰：'必不得已而去，于斯二者何先？'曰：'去食。自古皆有死，民无信不立。'"意思是：任何时候政府都不能失信于民，政府失信于民，国家就会从内部瓦解了。反之，就算什么都没有了，只要人民对政府有信心，一切都还可以从头再来。

（三）诚实是"信"内在的根据

一个人所说的话是不是可信，能不能落实，取决于其所说的话是真心、真实的，还是虚妄、欺诈的。"信"是真实、能兑现的，"不信"就是虚妄、欺骗。《中庸》中说："诚者天道，诚之者人之道也。"孟子也说过："诚者，天之道也；思诚者，人之道也。"宋代理学家朱熹解释："诚者，真实无妄之谓。"大自然是真实无妄的，这是天道；追求诚信，效法自然，这是做人之道。人内心有诚，出言也好，行事也罢，都能落到实处不虚妄。因此，虽然"诚"和"信"在意思上有别："诚"指真实、不虚妄，不欺骗自己，是人心内在的拷问；"信"指不欺骗别人，是人与人之间的审视。但是，如果"诚"不外化为言行，很难确证自己；"信"没有内心的真情、真实做底蕴，也无法真正兑现。因此，"诚"是"信"的内涵，"信"是"诚"的外化，它们一体两面。汉代许慎在《说文解字》中就用这两个字互为解释："诚，信也。""信，诚也。"

《论语·述而篇第七》中："子曰：'君子坦荡荡，小人长戚戚。'"君子能够效法天道，以"诚"为贵，在为人处世上自然就能表现为：内不自欺，外不欺人。不自欺就是取信于己，就是自律、慎独；不欺人就是取信于人，谨言慎行，言必信，行必果。能够做到内不自欺，外不欺人，自然内心坦荡、光明磊落。

（四）"信"必须符合"义"，义高于信

上文提到的有子说"信近于义，言可复也"，就是从"义"的高度来界定"信"。真正的"信"是完成符合大义、符合正义的约定，是做正确的事。正是在这个意义上孟子说："大人者，言不必信，行不必果，惟义所在。"（《孟子·离娄下》）意思是：有大境界的人能高瞻远瞩，不一定要死守诺言，不一定要做出结果，维护正义才是最根本的。孟子是告诫人们守信不是死守教条，也不是不分场合不分情况地讲诚实，而是要根据具体情况，在坚守正义的原则下审时度势、灵活把握。

从古到今，凡是诚实守信的人，都会受到世人的敬重和爱戴，反之，言而无信，无不遭到世人的鄙夷和唾弃。战国时期，楚人有一句话：得黄金百斤，不如得季布一诺。季布是楚国人，为人重诺守信，答应过的事，必尽力去做，因而美誉远播，深得楚人信任。所以人们认为只要得到季布应允一句话，比得到黄金还宝贵。这就是"一诺千金"的典故。反之，西周的最后一个君王周幽王为了博美人褒姒一笑，竟频频点起联络各路诸侯的烽火，诸侯们被折磨得苦不堪言。最后真正大敌来临，周幽王的烽火台已经失去了号令诸侯的作用，结果落得国破家亡。

（五）职业生活离不开诚信之德

如孔子所言，如果一个人缺乏信用，就像车没有接榫，是寸步难行的。缺乏诚信，就算能一时侥幸蒙蔽他人，但终究会被识破。美国总统林肯先生有句名言：你可以在所有的时间欺骗一些人，你也可以在一些时间欺骗所有的人，但你不能在所有的时间欺骗所有的人。言而无信，或信而不义终究都令人不齿。所以，在工作中无论大事小情，诚实守信、勇于担当是首要的品质。否则，一次失信于人，可能就会断送自己的职业前途。在目前职场竞争激烈的形势下，所有的职位都会青睐德才兼备的人，因为只有这样的人才能做到："行己有耻，使于四方，不辱君命。"德才兼备的人能恪守正确的原则，能出色完成上级交付的各项任务。

职场立足离不开诚信之德，职场发展更取决于能否长期恪守诚信之德。我们在前面提到孔子说过："能行五者于天下，为仁矣。""恭、宽、信、敏、惠。恭则不侮，宽则得众，信则人任焉，敏则有功，惠则足以使人。"其中"信则人任焉"说的就是职场发展的道理：诚信就能得到别人的任用。因此，修诚信之德既是做人必须的品质，也是职业对从业者最基本的要求。认识不到这一点，总想走捷径，最后会得不偿失！

五、行己有耻：职场有所为有所不为

早在《诗经·国风·相鼠》中，就有："相鼠有齿，人而无止！人而无止，不死何俟？"此处"止"通假我们今天的"耻"字。意思是说：看那老鼠都有齿，有的人反而无耻了，人如果无耻，不死还等什么呢？言外之意，无耻者该死！话说得是狠了点，但是古人对无耻者的鄙视、痛恨之情却也表达得痛快淋漓！

《周礼》中也明确讲道："耻诸嘉石，役使司空。"意思是说处罚邪恶之人坐到嘉石之上，使其蒙受羞辱，然后再交给司空去服劳役。

可见，"耻"在中国文化的源头就已是一种评价和规范人行为善恶好坏的重要标准。在《论语》中孔子进一步丰富和充实了"耻"的内涵。从而确定了"耻"在中国文化道德谱系中独特的地位。《论语》一书有十处明确说到"耻"或"耻辱"。

仔细研读体会可以发现，和《论语》中孔子倡导的其他重要的道德规范相比，如和前文提到的"仁"、"敬"、"信"等从人性的正面生发而出，"耻"是从人性负面生发出的一个概念，是对人性中可能存在和膨胀的缺点与恶的自我警觉。人可以是"仁"的，也可能不"仁"；可以是有"敬"的，也可能失"敬"；可以是守"信"的，也可能弃"信"。对"耻"的强调就是警醒人们，不仁不义、背信弃义、失敬无礼等等都是可耻的，内心常有"耻"，行为举止才能杜绝"耻"。

正是在这个意义上，孔子说："行己有耻。"意思是：心中有耻，才能知道哪些事不可为，知不可为，才足以有所为。心中没有耻，就会为所欲为。为所欲为，人和禽兽还有什么区别呢？

（一）哪些行为在孔子看来是可耻的

《论语·公冶长篇第五》中："子曰：'巧言令色足恭，左丘明耻之，丘亦耻之。匿怨而友其人，左丘明耻之，丘亦耻之。'"孔子说：满嘴好话，从容貌到手足做出一副讨好人的样子以取悦于人，左丘明认为可耻，我也认为可耻。内心怨恨某人，表面上还要和他做朋友，左丘明认为可耻，我也认为可耻。这里可以看出，孔子耻于人心不诚、行为伪善。因为不诚者不信，诚信是一体两面。

《论语·宪问篇第十四》中："子曰：'君子耻其言而过其行。'"《论语·里仁篇第二》中："子曰：'古者言之不出，耻躬之不逮。'"意思都是说君子以失信、言过其实为耻。所以君子都不敢轻易做出承诺，怕自己的行为跟不上，那是很可耻的。

《论语·泰伯篇第八》中："子曰：'邦有道，贫且贱焉，耻也。邦无道，富且贵焉，耻也。'"《论语·宪问篇第十四》中："宪问耻。子曰：'邦有道，谷。邦无道，谷，耻也。'"这两段话，孔子从做人的大节"有为"、"无为"两方面探讨"耻"，提高了对"耻"认识的深度。天下有道，如果人不思进取，安于贫贱，是可耻的；天下无道，安享荣华富贵，也是可耻的。天下有道，人应该有所作为；天下无道，人应该有所不为。

（二）孟子和宋明理学大师们对"耻"认识的深化与补充

孔子从耻于不诚、伪善，耻于失信，耻于有道不为和无道有为等方面强调做人要"行己有耻"，内涵不可谓不深厚。在此基础上，孔子学说的继承者孟子更进一步认识到知"耻"对人的重要意义。《孟子·公孙丑上》中，孟子指出："无恻隐之心，非人也；无羞恶之心，非人也；无辞让之心，非人也；无是非之心，非人也。"一个人若没有羞耻心，不能称之为人，可见羞耻之心在孟子心目中是做人的一个根本性原则规范。《孟子·尽心上》还说："人不可以无耻，无耻之耻，无耻矣。"意思是说人不能不知道羞耻，不知羞耻的那种羞耻，才真是无耻。

孔子开创的儒学在宋代有大的发展，出现了像朱熹这样的一代鸿儒。朱熹对

"耻"也非常重视,他曾从三个方面论证了羞耻之心对人而言不可或缺。第一"人有耻,则能有所不为"①,意思是有羞耻心,才知道该做什么,不该做什么;第二"人须知耻,方能过而改,故耻为重"②,意思是人有羞耻心,才能知错认错,有错能改;第三"耻者,吾所固有羞恶之心也,存之则进于圣贤,失之则入于禽兽,故所系为甚大"③,意思是,有了羞耻心,可以不断进取而成为高尚的人,失去羞耻心,则会道德沦丧,变成禽兽。

对于失去羞耻心人会变成禽兽这一点,与朱熹同时代的大学者陆九渊有生动描述。他在《陆九渊集·拾遗·人不可以无耻》中列举了无耻的种种表现,文中说到:一个人言而无信,反复无常,违法乱纪,不走正道,种种劣迹已完全暴露,不以为耻,反而洋洋自得,处之泰然,毫不羞愧。真不知道这种人和长毛的猪狗、栖息山水之间的动物有什么区别。到了这一步,还怎么能叫作人呢?

明清之际的思想家顾炎武在他的名著《日知录·廉耻》中更进一步强调说:"廉耻,立人之大节","礼义廉耻,国之四维,四维不张,国乃灭亡……然而四者之中,耻尤为要"。知耻不仅是立人之大节,更是治世之大端。

清代康有为也有类似的看法,他在《孟子微·卷六》中说:"人之有所不为,皆赖有耻心。如无耻心,则无事不可为矣。风俗之美,在养民知耻。耻者,治教之大端。"意思是说人之所以知道有些事该做,有些事不该做,全是因为人有羞耻心。假如没有羞耻之心,那就什么事都敢做了。社会风气就在于培养人民的知耻心。因此,知耻是治国与教化的开端,只有知耻才能保持自身的德行,也才能维护社会的良好风尚。

(三)"耻"最核心的内涵是做人做事要有所不为

知耻之心、有所不为在当代社会更加重要。市场经济的繁荣带来了社会财富的快速积累,也刺激了人们对与金钱相关的各种物质利益的贪欲。为了金钱、权力、地位、荣誉等所谓的好处,不顾廉耻者有之,铤而走险者有之,违法乱纪者有之。就职场而言,我们也能看到有些人或为求职,或为升职,或为业绩,或为地位,或为金钱等不择手段、为所欲为,把职场变成名利场。人性不是在此提升,而是在此堕落。

其实对这样的人和事,孔子两千五百多年前就已预言:"富与贵,是人之所欲也,不以其道,得之不处也。"(《论语·里仁篇第四》)不义而得的富与贵,就算一时得到,也是不可能长久的。因此,《论语·述而篇第七》中:"子曰:'饭疏食,饮

---

① 黎靖德.朱子语类卷十三[M].北京:中华书局,1986:241.
② 同上,2400.
③ 朱熹集注.四书集注[M].长沙:岳麓书社,1985:445.

水,曲肱而枕之,乐亦在其中矣。不义而富且贵,于我如浮云。'"孔子说:吃简单的粗饭,喝白水,曲臂当枕头用,也可以乐在其中。不义而来的富贵,对我而言仅像天际浮云而已。孔子的伟大不在高深,恰在告诉人们要将心安放在最真诚、朴素之处。其实,今天看来,不义日益升级为不法,不义、不法而来的富贵岂止是"不处也"、"如浮云",而是牢狱之灾,甚至灭顶之灾。遗憾的是,世人常存侥幸心理,往往只看眼前好处,总觉没到来的灾难和自己无关。殊不知,天不藏奸,善恶有报。

"行己有耻"。"有耻"才能明辨是非善恶,"有耻"才能有所为有所不为。不为损人利己之事,不为不义不法之事,为利人利己之事、为利国利家之事。真能做到这样,职场之路一定走得踏实,人生之路一定走得稳健!

拓展阅读:

诚实是最好的策略

冯友兰

从社会的观点看,信是一个重要的道德。在中国的道德哲学中,信是五常之一。所谓常者,即谓永久不变的道德也。一个社会之所以成立,全靠其中的分子的互助。各分子要互助,须先能互信。例如我们不必自己做饭,而即可有饭吃,乃因有厨子替我们做饭也。在此方面说,是厨子助我们。就另一方面说,我们给厨子工资,使其能养身养家,是我们亦助厨子。此即是互助。有此互助,必先有互信。我们在此工作,而不忧虑午饭之有无,因为我们相信,我们的厨子必已为我们预备也。我们的厨子为我们预备午饭,因他相信,我们于月终必给他工资也。此即是互信。若我们与厨子中间,没有此互信,若我们是无信的人,厨子于月终,或不能得到工资,则厨子必不干;若厨子是无信的人,午饭应预备时不预备,则我们必不敢用厨子。互信不立,则互助即不可能,这是显而易见的。

从个人成功的观点看,有信亦是个人成功的一个必要条件。设想一个人,说话向来不当话,向来欺人。他说要赴一约会,但是到时一定不赴。他说要还一笔账,但是到时一定不还。如果他是如此地无信,社会上即没有人敢与他来往、共事,亦没有人能与他来往、共事。如果社会上没有人敢与他来往、共事,没有人能与他来往、共事,他即不能在社会内立足,不能在社会上混了。反过来说,如一个人说话,向来当话,向来不欺人,他说要赴一约会,到时一定到。他说要还一笔账,到时一定还。如果如此,社会上的人一定都愿意同他来往、共事,这就是他做事成功的一个必要的条件。譬如许多商店都要虚价。在这许多商店中,如有一家,真正是"货真价实,童叟无欺"。这一家虽有时不能占小便宜,但愿到他家买东西的人,比较别家多。往长处看,他还是合算的。所以西洋人常说:"诚实是最好的政策。"①

磨砺心志的"六项精进"

稻盛和夫

当然,不仅领导者需要磨炼心志、提升心性,所有的人都要朝这个方向努力。不仅要机敏,而且要正直;不仅要提高能力,而且要塑造人格。甚至可以说,这就是人生的目的和意义所在。我们的人生无非就是提升人性、提升心志的过程。

那么,所谓提升心志究竟是怎么回事呢?这不难,这并不是指要达到参悟的境界。我想,带着比呱呱落地时稍稍美好的心灵告别人世,这就够了。

死亡时的灵魂比出生时略有进步,就是心灵稍经磨炼的状态。抑制自我放纵的情感,让心灵宁静,让关爱之心萌芽,让利他之心滋长,哪怕是一点点。让我们与生俱来的灵魂向美好的方向变化,这就是我们人生的目的。

诚然,相对于浩瀚宇宙的历史长河,我们的人生不过是一闪而过。但正因为如此,在我们稍纵即逝的人生中,我们的灵魂在终结时的价值必须高于降生时的价值,这才是我们生存的意义和目的。这是我的人生观。进一步说,朝这个方向努力的过程本身就体现了人的高贵,就揭示了人生的本质。

饱尝苦痛、伤悲、烦恼,一边挣扎,一边又感受生命的喜悦和乐趣,体味人生的幸福。人生的戏剧一幕一幕展开,在一去不复返的现世中我们拼命地努力。

喜怒哀乐、悲欢离合的人生体验,像砂纸一样砥砺我们的心志。人生谢幕时的灵魂只要能比开幕之初高尚一点点,我们就算活出了价值,就算不虚此生。

那么怎样才能磨炼心志、净化灵魂呢?方法、途径各种各样。好比登上山顶可以从360度任何一个地方出发、有无数条路径。

我从自己的经验中归纳出如下的"六项精进",作为磨炼心志的指针,我认为十分重要,并向周围的人介绍。

①付出不亚于任何人的努力

努力钻研,比谁都刻苦。而且锲而不舍,持续不断,精益求精。有闲工夫发牢骚,不如前进一步,哪怕只是一寸,努力向上提升。

②谦虚戒骄

"谦受益"是中国的古话,意思是谦虚之心唤来幸福,还能净化灵魂。

---

① 冯友兰.三松堂全集(第4卷)[M].郑州:河南人民出版社,2001:443—444.

③天天反省

每天检点自己的思想和行为,是不是自私自利,有没有卑怯的举止,自我反省,有错即改。

④活着就要感谢

活着就已经是幸福,培育感恩之心,滴水之恩也不忘相报。

⑤积善行、思利他

"积善之家有余庆。"行善利他,言行之间留意关爱别人。行善积德有好报。

⑥不要有感性的烦恼

不要老是忿忿不平,不要用忧愁支配自己的情绪,不要烦恼焦躁。为此,要全力以赴、全神贯注投入工作,以免事后懊悔。

我们经常将这"六项精进"挂在嘴上,提醒自己实行。虽然字面上平凡之极,都是理所当然的事情,但必须一点一滴去实践,融入每天的生活之中。不是把这些道理当成摆设,关键是在日常生活中贯彻落实。①

士魂商才

涩泽荣一

从前,在日本平安前期有个文人兼政治家——菅原道真,他非常提倡把日本固有的民族精神和中国学问相结合的"和魂汉才",我觉得很有意思,也非常赞同。为此,还提出了自己的"士魂商才"。

所谓的"和魂汉才"就是要以日本所特有的日本魂作为根基,认真学习在政治和文化上都领先自己的中国,以培养自己的人才。

中国是一个历史悠久的国家,文化发展比较早,又有像孔子、孟子这样的伟大圣人作为先驱,因而中国的文化、学术和书籍浩瀚无边。其中又以记载孔子及其弟子言行的《论语》为中心。另外,据说就连记述禹、汤、文、武、周公事迹的《尚书》《诗经》《周礼》《仪礼》等都是由孔子编撰而成的,所以一提到汉学,首先就想到了孔子。据说记载孔子及其弟子言行的《论语》,是菅原道真公最喜欢读的书。相传在应仁天皇时代,菅原道真公还把百济学者王仁进献给朝廷的《论语》和《千字文》亲自抄录了一遍,献给了伊势神庙,这就是现存的菅原版的《论语》。

"士魂商才"也正是这个意思,如果想在这个社会上找到自己的一席之地,受世人敬仰和爱戴,那在为人处世上就一定要有士魂,但如果仅有士魂而无商才的话,也不能在经济上立于不败之地,所以士魂与商才在人之修为上缺一不可。那又

---

① [日]稻盛和夫.活法[M].曹岫云译.北京:东方出版社,2012:112—114.

该如何培养士魂呢？书本当然是一处可以汲取这门知识的好地方。不过我认为，所有书籍，只有《论语》才是最能培养士魂底蕴的根本。

至于商才，《论语》同样也是学习的不二选择。

乍一看，一本关于说道德的书跟商才应该没有什么具体关系，可是，我们不能忘了，商才是以道德为本的。没有道德的商才，即不道德、浮夸、谎话连篇、欺上瞒下等投机取巧的小聪明，绝对称不上是商才。因此商才离不开道德，因而就只能靠论述道德的《论语》来提高自身修养了。同时，社会上鱼龙混杂，如何才能更好地在这世事多艰的环境下生存也成了重中之重，如果你熟读《论语》，相信它一定会带给你很大的惊喜。因此，我一生都尊崇圣人孔子的教导，把《论语》当成一生的必修课。①

《论语》是适合所有人的经典

涩泽荣一

自从我在明治六年（1873）辞去官职，开始从事梦寐以求的实业以来，就和《论语》结下了不解之缘。初成商人的我除了有欣喜之外，更多的就是迷惑与不安。因为商人素来都是以锱铢必较而闻名的，那我最终也会不会变成一个唯利是图的商人呢？我如何才能在这浑水里，始终保持清醒的头脑，一展自己的远大抱负呢？对于这个问题，我很庆幸自己之前就读过《论语》。在我看来，它不仅是一本能教导人修身养性的好书，而且能在它的教诲下更好地经商，大展宏图。

那时，有一位后来官至大审院院长的姓玉乃的人，他在书法和文章方面的造诣都很高，而且为人严谨认真。在所有官员里边，数我和他最投机也最亲近，大家都叫我们循吏（认真、守法、热心为百姓的好官）。我们两人几乎同时晋升到副部长一级，并且为了日后能成为国务大臣而一同努力着。

所以，对于我突然辞官而从商这一举动，他是最痛惜也是最不能接受的人，因而屡屡劝阻我。那时我正担任井上先生的次官，他因为在官制问题和内阁意见不同，所以愤然退出了政界，而我也追随他离职了。我与井上先生的意见一致，可是，我离职的原因却不是因为与内阁的意见不合，而是另有想法。

当时的日本，无论是政治，还是教育，都有要完善的地方。可我认为当务之急却是商业。日本的商业处于一个最低谷的时期，商业不振，就无法为国家创造财富。因此，在改善其他方面的同时也必须要大力振兴商业。当时日本的固有观念就是"经商无需学问"，还流传着什么"有了学问，反而有害"、"富不过三代"和"第

---

① [日]涩泽荣一.论语与算盘[M].余贝译.北京：九州出版社，2012：3—4.

三代是危险的一代"等无稽之谈。我对此不屑一顾，下定决心一定要靠真正的知识来经商赚钱。

我这突如其来的举动也确实让我周围的朋友们难以理解。在他们看来，我前程一片光明，在不久的将来就能官至次长，而后就是国务大臣。他们都认为我是被金钱冲昏了头脑，放着好好的为民请命的事不做，转而投身一个满是铜臭味的大染缸中。对于他们的想法，我一方面报以理解，另一方面也大大地反驳了他们的观点。我对玉乃还有其他一些朋友们说起了《论语》，说起了赵普对《论语》的看法，有了"半部《论语》治天下"、"半部《论语》助自己修身养性"和"金钱不是罪，没有金钱，国家怎么能富强？人民怎么能安居乐业？"和"人生在世，并不是只有做官才是唯一的出路"等等这样的有利证词，连玉乃最终都被我说服了。

从此，我更加努力地钻研起《论语》了，无论多忙，我都不会错过中村敬宇和信夫恕轩先生所讲关于《论语》的课。最近，我还常去请教大学里专为孩子们讲解《论语》的宇野老师，只要是他的课，我必到，并且提出自己的疑问和见解，从中学到了很多。他的教学方法就是逐章讲解，让大家共同思考，等到大家都真正明白之后再往下讲。虽然进度很慢，可大家却真正学到了东西，所以他的课很受大家欢迎。

到目前为止，我已经听过五个人的《论语》讲解了。因为我不是专业研究《论语》的学者，所以在之前的研究过程当中难免会碰到一些深刻以至于不能理解的地方。例如，《论语·泰伯》中有这样一句话："邦有道，贫且贱焉，耻也；邦无道，富且贵，耻也。"直到今天，我才真正理解它的含义。

由于这次是劲头十足地研究《论语》，所以我又从中领悟到了很多之前未曾领悟的道理。由此看来，《论语》并没有我们想象中那么高不可攀，并不是只有学富五车的学者们才可以钻研和理解的一门学问。《论语》本来是很好懂的。只是，经过我们一些学者的一番故弄玄虚之后，它被复杂化了，使得农、工、商阶级的人不敢碰它了。其实，孔子他就是一位平易近人的老师，无论是农民还是商人都可以向他请教，而且他的言论都是很实用的，通俗易懂。[1]

教子日课——慎独、主敬、求仁、习劳

一曰慎独则心安

自修之道，莫难于养心。心既知有善、知有恶，而不能实用其力以为善去恶，

---

[1] ［日］涩泽荣一.论语与算盘[M].余贝译.北京：九州出版社，2012：9—11.

则谓之自欺。方寸之自欺与否,盖他人所不及知,而已独知之。故《大学》之"诚意"章,两言慎独。果能好善如好好色,恶恶如恶恶臭;力去人欲,以存天理,则《大学》之所谓"自慊",《中庸》之所谓"戒慎恐惧",皆能切实行之。即曾子之所谓"自反而缩",孟子之所谓"仰不愧"、"俯不怍",所谓养心莫善于寡欲,皆不外乎是。

故能慎独,则内省不疚,可以对天地、质鬼神,断无行有不慊、于心则馁之时。人无一内愧之事,则天君泰然。此心常快足宽平,是人生第一自强之道,第一寻乐之方,守身之先务也。

二曰主敬则身强

"敬"之一字,孔门持以教人,春秋士大夫亦常言之,至程、朱则千言万语不离此旨。内而专静纯一,外而整齐严肃,"敬"之功夫也;出门如见大宾,使民如承大祭,"敬"之气象也;修己以安百姓,笃恭而天下平,"敬"之效验也。程子谓上下一于恭敬,则天地自位,万物自育,气无不和,四灵必至,聪明睿智,皆由此出。以此事天飨帝,盖谓敬则无美不备也。

吾谓"敬"字切近之效,尤在能固人肌肤之会、筋骸之束。庄敬日强,安肆日偷,皆自然之征应。虽有衰年病躯,一遇坛庙祭献之时,战阵危急之际,亦不觉神为之悚,气为之振,斯足知敬能使人身强矣。若人无众寡事无大小,一一恭敬,不敢懈慢,则身体之强健,又何疑乎?

三曰求仁则人悦

凡人之生,皆得天地之理以成性,得天地之气以成形。我与民物,其大本乃同出一源。若但知私己,而不知仁民爱物,是于大本一源之道已悖而失之矣。至于尊官厚禄,高居人上,则有拯民溺救民饥之责;读书学古,粗知大义,即有觉后知、觉后觉之责。若但知自了而不知教养庶汇,是于天之所以厚我者,辜负甚大矣。

孔子教人,莫大于求仁,而其最切者,莫要于"欲立立人、欲达达人"数语。立者自立不惧,如富人百物有余,不假外求;达者四达不悖,如贵人登高一呼,群山四应。人敦不欲己立、己达?若能推以立人、达人,则与物同春矣。

后世论求仁者,莫精于张子之《西铭》。彼其视民胞物与,宏济群伦,皆事天者性分当然之事。必如此,乃可谓之人;不如此,则曰悖德,曰贼。诚如其说,则虽尽立天下之人,尽达天下之人,而曾无善劳之足言,人有不悦而归之者乎?

四曰习劳则神钦

凡人之情,莫不好逸而恶劳;无论贵贱、智愚、老少,皆贪于逸而惮于劳,古今之所同也。人一日所着之衣、所进之食,与一日所行之事、所用之力相称,则旁人韪之,鬼神许之,以为彼自食其力也。若农夫织妇,终岁勤动,以成数石之粟,数尺之布;而富贵之家终岁逸乐,不营一业,而食必珍羞,衣必锦绣,酣豢高眠,一呼百诺，此天下最不平之事，鬼神所不许也，岂能久乎？

古之圣君贤相，若汤之昧旦丕显，文王日昃不遑，周公夜以继日、坐以待旦，盖无时勤劳自勉。《无逸》一篇，推之于勤则寿考，逸则夭亡，历历不爽。为一身计，则必操习技艺，磨练筋骨，困知勉行，操心危虑，而后可以增智慧而长才识；为天下计，则必己饥、己溺，一夫不获，引为余辜。大禹之周乘四载，过门不入，墨子之摩顶放踵，以利天下，皆极俭以奉身，而极勤以救民。故荀子好称大禹、墨翟之行，以其勤劳也。

军兴以来，每见人有一材一技，能耐艰苦者，无不见用于人，见称于时。其绝无材技、不惯作劳者，皆唾弃于时，饥冻就毙。故勤则寿，逸则夭；勤则有材而见用，逸则无能而见弃；勤则博济斯民而神祇钦仰，逸则无补于人而神鬼不歆。是以君子欲为人神所凭依，莫大于习劳也。

余衰年多病，目疾日深，万难挽回。汝及诸侄辈，身体强壮者少。古之君子，修己治家，必能心安身强而后有振兴之象，必使人悦神钦而后有骈集之祥。今书此四条，老年用自儆惕，以补昔岁之愆。并令二子，各自勖勉，每夜以此四条相课，每月终以此四条相稽；仍寄诸侄共守，以期有成焉。（同治九年十一月初四日于金陵节署中）①

大学②

大学之道，在明明德，在亲民，在止于至善。知止而后有定，定而后能静，静而后能安，安而后能虑，虑而后能得。物有本末，事有终始，知所先后，则近道矣。古之欲明明德于天下者，先治其国；欲治其国者，先齐其家；欲齐其家者，先修其身；欲修其身者，先正其心；欲正其心者，先诚其意；欲诚其意者，先致其知，致知在格物。物格而后知至，知至而后意诚，意诚而后心正，心正而后身修，身修而后家齐，家齐而后国治，国治而后天下平。自天子以至于庶人，一是皆以修身为本。其本乱而末治者否矣。其所厚者薄，而其所薄者厚，未之有也。此谓知本，此谓知之至也。所谓诚其意者，毋自欺也。如恶恶臭，如好好色，此之谓自谦，故君子必慎其独也。小人闲居为不善，无所不至，见君子而后厌然，掩其不善，而著其善，人之视己，如见其肺肝然，则何益矣？此谓诚于中，形于外，故君子必慎其独也。曾子曰：十目所视，十手所指，其严乎？富润屋，德润身，心广体

---

① 曾国藩.曾国藩家训[M].长沙：岳麓书社，1999：279—282.
② 朱熹集注.四书集注[M].礼记·大学.长沙：岳麓书社，1985：20.

胖，故君子必诚其意。《诗》云：瞻彼淇澳，绿竹猗猗。有斐君子，如切如磋，如琢如磨。瑟兮僩兮，赫兮喧兮。有斐君子，终不可諠兮。如切如磋者，道学也；如琢如磨者，自修也；瑟兮僩兮者，恂栗也；赫兮喧兮者，威仪也；有斐君子，终不可諠兮者，道盛德至善，民之不能忘也。《诗》云：於戏！前王不忘。君子贤其贤而亲其亲，小人乐其乐而利其利，此以没世不忘也。《康诰》曰：克明德。《太甲》曰：顾諟天之明命。《帝典》曰：克明峻德。皆自明也。汤之盘铭曰：苟日新，日日新，又日新。《康诰》曰：作新民。《诗》曰：周虽旧邦，其命惟新。是故君子无所不用其极。《诗》云：邦畿千里，惟民所止。《诗》云：缗蛮黄鸟，止于丘隅。子曰：於止，知其所止，可以人而不如鸟乎？《诗》云：穆穆文王，於缉熙敬止。为人君，止于仁；为人臣，止于敬；为人子，止于孝；为人父，止于慈；与国人交，止于信。子曰：听讼，吾犹人也。必也使无讼乎？无情者不得尽其辞，大畏民志，此谓知本。所谓修身在正其心者，身有所忿懥，则不得其正；有所恐惧，则不得其正；有所好乐，则不得其正；有所忧患，则不得其正。心不在焉，视而不见，听而不闻，食而不知其味。此谓修身在正其心。所谓齐其家在修其身者，人之其所亲爱而辟焉，之其所贱恶而辟焉，之其所畏敬而辟焉，之其所哀矜而辟焉，之其所敖惰而辟焉。故好而知其恶，恶而知其美者，天下鲜矣！故谚有之曰：人莫知其子之恶，莫知其苗之硕。此谓身不修不可以齐其家。所谓治国必先齐其家者，其家不可教，而能教人者，无之。故君子不出家而成教于国。孝者，所以事君也；弟者，所以事长也；慈者，所以使众也。康诰曰：如保赤子。心诚求之，虽不中，不远矣。未有学养子而后嫁者也。一家仁，一国兴仁；一家让，一国兴让；一人贪戾，一国作乱。其机如此。此谓一言偾事，一人定国。尧、舜帅天下以仁，而民从之；桀、纣帅天下以暴，而民从之。其所令反其所好，而民不从。是故君子有诸己而后求诸人，无诸己而后非诸人。所藏乎身不恕，而能喻诸人者，未之有也。故治国在齐其家。诗云：桃之夭夭，其叶蓁蓁。之子于归，宜其家人。宜其家人，而后可以教国人。诗云：宜兄宜弟。宜兄宜弟，而后可以教国人。诗云：其仪不忒，正是四国。其为父子兄弟足法，而后民法之也。此谓治国，在齐其家。所谓平天下在治其国者，上老老，而民兴孝；上长长，而民兴弟；上恤孤，而民不倍；是以君子有絜矩之道也。所恶于上，毋以使下；所恶于下，毋以事上；所恶于前，毋以先后；所恶于后，毋以从前；所恶于右，毋以交于左；所恶于左，毋以交于右：此之谓絜矩之道。诗云：乐只君子，民之父母。民之所好好之，民之所恶恶之，此之谓民之父母。诗云：节彼南山，维石岩岩。赫赫师尹，民具尔瞻。有国者不可以不慎，辟，则为天下僇矣。《诗》云：殷之未丧师，克配上帝。仪监于殷，峻命不易。道得众则得国，失众则失国。是故君子先慎乎德。有德此有人，有人此有土，有土此有财，有财此有用。德者本也，财者末也。外本内末，争民施夺。是故财聚则民散，财散则民聚。是故言悖而出者，亦悖而入；货悖而入者，亦悖而出。康诰曰：惟命不于常。道善则得之，不善则失之矣。楚书曰：楚国无以为宝，惟善以为宝。舅犯曰：亡人无以为宝，仁亲以为宝。《秦誓》曰：若有一个臣，断断兮，无他技，其心休休焉，其如有容焉。人之有技，若己有之；人之彦圣，其心好之；不啻若自其口出，寔能容之，以能保我子孙黎民，尚亦有利哉！人之有技，媢嫉以恶之；人之彦圣，而违之俾不通；寔不能容，以不能保我子孙黎民，亦曰殆哉！唯仁人，放流之，迸诸四夷，不与同中国，此谓唯仁人为能爱人，能恶人。见贤而不能举，举而不能先，命也；见不善而不能退，退而不能远，过也。好人之所恶，恶人之所好，是谓拂人之性，灾必逮夫身。是故君子有大道，必忠信以得之，骄泰以失之。生财有大道，生之者众，食之者寡，为之者疾，用之者舒，则财恒足矣。仁者以财发身，不仁者以身发财。未有上好仁，而下不好义者也；未有好义其事不终者也；未有府库财，非其财者也。孟献子曰：畜马乘，不察于鸡豚；伐冰之家，不畜牛羊；百乘之家，不畜聚敛之臣。与其有聚敛之臣，宁有盗臣。此谓国不以利为利，以义为利也。长国家而务财用者，必自小人矣。彼为善之。小人之使为国家，灾害并至。虽有善者，亦无如之何矣。此谓国不以利为利，以义为利也。[①]

思考与讨论：

1. 如果你是一名企业家，你希望企业的员工应该具备怎样的品德修养？

2. 通过对中国优秀传统道德文化的学习，你觉得在自己未来的职业生活中哪些品德是至关重要的？你怎样理解这些品德的内涵？

3. 为什么说个人修养是职业道德的基础？

4. 你有没有自己的"修身"计划？

5. 你觉得在个人修养上自己还存在哪些不足？怎样克服这些不足，不断提升自己的个人修养？

6. 你最想阅读和学习的中国传统文化经典书籍有哪些？

---

① 朱熹集注.四书集注［M］.长沙：岳麓书社，1985：20—24.

主要参考文献

[1] 蔡元培.《中国伦理学史》[M].北京：商务印书馆，1999.
[2] 冯友兰.《中国哲学简史》[M].北京：北京大学出版社，1985.
[3] 冯友兰.《三松堂全集》（第4卷）[M].郑州：河南人民出版社，2001.
[4] 荀况.《荀子》[M].上海：上海古籍出版社，1996.
[5] 黎靖德.《朱子语类》[M].北京：中华书局，1986.
[6] 李萍.《现代道德教育论》[M].广州：广东人民出版社，1999.
[7] 李肃东.《个体道德论》[M].武汉：华中理工大学出版社，1994.
[8] 李泽厚.《论语今读》[M].合肥：安徽文艺出版社，1998.
[9] 梁启超.《新民说》[M].沈阳：辽宁人民出版社，1994.
[10] 梁启超.《德育鉴》[M].北京：北京大学出版社，2011.
[11] 刘宝楠.《论语正义》[M].北京：中华书局，1990.
[12] 刘家林主编.《财经职业道德》[M].北京：经济科学出版社，2002.
[13]《论语》[M].杨伯峻今译，刘殿爵英译.北京：中华书局，2008.
[14] 罗国杰.《当代中国职业道德建设》[M].北京：企业管理出版社，1994.
[15] 罗肖泉.《专业伦理教育论纲》[M].北京：知识产权出版社，2011.
[16] 茅于轼.《中国人的道德前景》[M].广州：暨南大学出版社，2003.
[17] 蒙培元.《中国哲学主体思维》[M].北京：人民出版社，1993.
[18] 钱穆.《孔子传》[M].北京：生活·读书·新知三联书店，2002.
[19] 宋辉.《社会主义职业道德论》[M].沈阳：辽宁大学出版社，2011.
[20] 唐凯麟.《伦理学》[M].北京：高等教育出版社，2001.
[21] 万俊人.《寻求普世伦理》[M].北京：商务印书馆，2001.
[22] 汪子嵩，范明生，陈村富，姚介厚.《希腊哲学史》（第2卷）[M].北京：人民出版社，1993.
[23] 王唤明.《岗位精神》[M].北京：机械工业出版社，2010.
[24] 王易，邱吉.《职业道德》[M].北京：中国人民大学出版社，2009.
[25] 肖平主编.《工程伦理学》[M].北京：中国铁道出版社，1999.
[26] 张俊民.《商务伦理与会计职业道德》[M].上海：复旦大学出版社，2008.
[27] 张克主编.《职业人文读本》[M].桂林：广西师范大学出版社，2011.
[28] 张世英.《境界与文化——成人之道》[M].北京：人民出版社，2007.
[29] 曾凡龙.《职业道德教程》[M].上海交通大学出版社，2005.
[30] 曾国藩.《曾国藩家训》[M].长沙：岳麓书社，1999.
[31] 周中之.《职业道德》[M].大连：东北财经大学出版社，2002.
[32] 朱熹集注.《四书集注》[M].长沙：岳麓书社，1985.

［33］朱贻庭主编.《中国传统伦理思想史》(增订本)[M].上海：华东师范大学出版社，2003.
［34］[美]本杰明·富兰克林.《富兰克林自传》[M].北京：生活·读书·新知三联书店，1958.
［35］[英]伯特兰·罗素.《罗素自选文集》[M].北京：商务印书馆，2006.
［36］[美]布莱尔·沃森.《评价世界500强用人标准》[M].北京：朝华出版社，2005.
［37］[日]稻盛和夫.《活法》[M].北京：东方出版社，2012.
［38］[德]恩斯特·卡西尔.《人论》[M].上海：上海译文出版社，2003.
［39］[英]弗朗西斯·培根.《新工具》[M].北京：商务印书馆，1984.
［40］[德]卡尔·雅斯贝斯.《历史的起源与目标》[M].北京：华夏出版社，1983.
［41］[俄]列宁.《哲学笔记》[M].北京：人民出版社，1956.
［42］[德]马克思.《1844年经济学哲学手稿》[M].北京：人民出版社，2000.
［43］[德]马克思，恩格斯.《马克思恩格斯选集》[M].北京：人民出版社，2012.
［44］[德]马克斯·韦伯.《新教伦理与资本主义精神》[M].北京：生活·读书·新知三联书店，1987.
［45］[美]威廉·K.弗兰克纳.《善的求索——道德哲学导论》[M].沈阳：辽宁人民出版社，1987.
［46］[英]希尔斯.《论传统》[M].上海：上海人民出版社，1991.
［47］[英]西季威克.《伦理学方法》[M].北京：中国社会科学出版社，1993.
［48］[日]新渡户稻造.《武士道》[M].北京：商务印书馆，1993.
［49］[古希腊]亚里士多德.《尼各马可伦理学》[M].北京：商务印书馆，2009.
［50］[美]约翰·杜威.《杜威在华教育讲演》[M].北京：教育科学出版社，2007.
［51］[美]约翰·杜威.《杜威全集·早期著作(1882—1898)》[M].上海：华东师范大学出版社，2010.

后 记

《职业道德与成就自我》是由深圳职业技术学院思想政治理论教学部"思想道德修养与法律基础"教研室的老师们在繁忙的教学工作之余，经过辛勤写作共同完成的。全书共分六章，具体写作分工如下：第一、二章由周春水执笔；第三章由景艳执笔；第四章由孙晓玲执笔；第五章由葛桦执笔；第六章由刘静执笔，并由其负责全书的提纲设计与统稿工作。在本书的编写过程中，陈国梁教授作为主审，百忙之中审阅了本书的全稿。

本书第一章"人生与道德"，主要的写作思路是从引导学生思考人生开始，思考人生与道德的关系、道德对人生的意义。把对道德的学习与实践和人生联系起来，帮助学生树立：道德是人之为人的根本，善是人生最高的追求，德性是人生的最高成就。做人要做有道德的人，成长是不断提升自我道德修养的过程。

职业是人生重要的内容，人们要通过职业安身立命，确立自己在社会中的身份定位。从整个人生的过程来看，前职业阶段是为职业生涯做准备，后职业阶段人生开始步入晚年。因此选择一种职业并把职业赋予自己的责任与使命尽心尽力地完成，是人生的重大使命。任何一种职业都离不开相关的知识和技能，但仅有职业知识和技能远远不够，能够使职业人出色与卓越的是职业道德。职业道德关系着个人职业生涯的成败、关系着企业的兴衰、关系着与职业相关的所有受众的利害，也关系着国家社会的和谐。这也是第二章"职业与职业道德"的论述重点。

明确了职业对人生的意义、职业道德是成就职业生涯最核心的品质，第三章"职业道德的基本要求"进一步引导学生了解职业道德的基本要求。这些基本要求是所有职业都需要的共同的、基本的品质。

职业道德的基本要求是所有职业人共同遵守的，但是不同的职业还有其具体而特殊的规范和要求。如果说基本职业道德要求体现的是职业道德的共性，职业道德的特殊要求则体现了职业道德的个性。针对不同的职业方向，职业道德教育还要侧重于相关的职业道德特殊规范和要求。这既是第四章"职业道德的特殊要求"的重点，也是对第三章探讨的深入。

从理论上明确了人生与道德的关系，职业与职业道德的关系，职业道德的基本要求和特殊要求之后，第五章"职业道德修养的途径与方法"旨在引导学生学会选择正确的途径与方法，不断提升自己的道德素质和职业道德修养。

第六章"职业道德与个人修养"重点围绕良好职业道德观的形成离不开个人品德修养的底蕴这一论题，详细阐释了个人品德修养的建构离不开中华民族优秀传统道德文化的滋养。在引导学生思考职业道德和个人修养的关系，个人修养与传统文化的关系，传统文化和职场智慧的关系的基础上，从职业生活的角度系统梳理融会贯通儒家道德文化的内容，帮助学生全面提高对中国优秀传统道德文化的认识，提升个人修养的自觉性，进而增长职场道德智慧。

通过以上对书稿内在写作结构的梳理，不难看出本书立足现行教学与社会实际，从引导学生思考人生开始，帮助学生树立善是人生的最高追求，德性是人生最高成就的价值观，具体阐明了职业道德的内涵与培养途径。全书形成了以生命成长为线索，以职业道德的基本要求、特殊要求、培养方式为核心内容，以个人品德修养建构和中国优秀传统道德文化学习为底蕴的完整合理的内容结构。因此，本书既是一次有益的理论探索，也是职业院校思想德育课程的创新完善；既可作为高职院校的职业道德教育的教材，也可以作为"思想道德修养与法律基础"课程的辅助教材。

本书写作与出版得到深圳市哲学社会科学"十二五"规划课题"构建有深圳文化特色高职院校学生思想道德教育模式研究"（项目编号125A094）的资助，是该课题的最终成果。本书的写作与出版同时也得到深圳职业技术学院"文化育人"专项经费的资助。在此衷心感谢党委书记、校长刘洪一教授对本书写作与出版事宜的关心与支持。

在本书的写作过程中，参考了国内外相关的研究成果和文献资料，充实丰富了本书的内容，在此一并表示衷心感谢！深圳职业技术学院人文学院陈国梁院长、陈永力副书记一直关心并为老师们的写作提供了很多必要的支持。商务印书馆教育室苑容宏主任对本书的写作提出了宝贵的意见，为本书的顺利出版做了大量工作。在此，表示最衷心的感谢！由于我们水平有限，书中难免有不足之处，真诚希望得到专家、同行、读者提出中肯的建议。

编　者

2014年10月